Vorwort

Bei der Erstellung eines Bauwerkes können Architekten und Bauingenieure auf gewachsene Erfahrungen im Bereich der Planung, Bemessung und Bauausführung zurückgreifen. Im Gegensatz dazu existieren bis heute noch keine integrierten Planungsinstrumente bzw. kaum objektive Planungsgrundlagen, die es ermöglichen, umweltliche Aspekte von Anfang an in die Entscheidungsfindung bei der Bauwerksplanung einfließen zu lassen.

Ökobilanzen stellen heute ein etabliertes und standardisiertes Verfahren zur umweltlichen Bewertung von Produkten und Dienstleistungen dar. In der Vergangenheit wurden Ökobilanzen für die unterschiedlichsten Baustoffe erstellt. Ein Vergleich dieser Bilanzen untereinander ist jedoch vielfach nicht möglich. Dies liegt zum einen an der uneinheitlichen Anwendung der Methodik, zum anderen an der inkonsistenten Verwendung von Basisdaten.

Der Inhalt dieses Buches zeigt das Ergebnis einer interdisziplinären Zusammenarbeit mehrerer Institute unter enger Einbeziehung der Industrie. Die Vielzahl der Projektteilnehmer machte es möglich, aktuelle und repräsentative Daten zu erheben. Methodisch entstand eine Systematik zur ökologischen Bilanzierung von Baustoffen, Bauteilen und Gebäuden, wobei der Bilanzrahmen im Konsens mit allen Projektpartnern festgelegt wurde.

Den Lesern dieses Buches, ob Planer, Architekten, Bauherren, Interessenvertreter oder Entscheidungsträger in Politik und Wirtschaft wollen wir folgende Hinweise zum Gebrauch der Informationen geben:

- Was Sie vergleichen, muß auch aus Sicht der technischen und wirtschaftlichen Kriterien vergleichbar sein. Dies bedeutet, daß sich Bauprodukte nur in der Anwendung von vergleichbaren Konstruktionen gegenüberstellen lassen.

- Gebäude sind für eine lange Nutzung als Lebens- oder Arbeitsräume ausgelegt. Vergessen Sie deshalb nicht, die Nutzungsphase in Ihren Betrachtungen zu berücksichtigen. Diese dominiert oft die Umwelteinwirkungen im Lebenszyklus.

- Sie werden zu den Bauprodukten jeweils mehrere Kennzahlen als Indikatoren für die ökologische Nachhaltigkeit finden. Eine Gewichtung dieser untereinander wurde im Projekt nicht vorgenommen, da hierfür bislang kein gesellschaftlicher Konsens besteht. Dies erfordert von jedem Einzelnen seine Werthaltung kritisch zu hinterfragen und in anstehende Entscheidungen einfließen zu lassen.

- Gebäude sind in ihren Zusammenhängen zu kompliziert, um einfache Aussagen über „gute" oder „schlechte" Baustoffe treffen zu können. Die ökologischen Potentiale liegen in der optimalen Kombination der Bauprodukte zu Konstruktionen und Gebäuden.

Das nun bereitgestellte Wissen muß effizient in die Entwicklung von Konstruktionen seitens der Bauindustrie und frühzeitig in die Planung von Gebäuden einfließen. Software und Datenbanken werden in der Zukunft dieses Buch ergänzen. Ein erster Schritt hierzu ist der im Projekt entstandene Software-Prototyp. Unsere zukünftigen Anstrengungen gehen dahin, solche Werkzeuge in bestehende Planungsumgebungen zu integrieren. Damit können dann interaktiv und iterativ die ökologischen Kenngrößen eines Gebäudes während des Planungsprozesses analysiert und verbessert werden.

Das vorliegende Buch ist das Ergebnis einer Gemeinschaftsarbeit. Allen Projektteilnehmern sei an dieser Stelle für die Aufgeschlossenheit und Zusammenarbeit gedankt. Nur dadurch erhielt das Buch die nötige Substanz. Den Mitarbeitern gebührt besonderer Dank für die inhaltliche und organisatorische Leistung der Durchführung des Projekts sowie für ihren unermüdlichen Einsatz bei der Erhebung und Auswertung der Daten. Die spontane Zusage des Birkhäuser-Verlags, das Manuskript in seine Reihe BauPraxis zu übernehmen, sei hier dankbar erwähnt.

Stuttgart, Juni 2000   *Peter Eyerer*
                                                                 Hans-Wolf Reinhardt

Inhaltsverzeichnis

1 Einleitung

Die Planung, die Gestaltung und die Ausführung von Gebäuden wurde in der Vergangenheit primär durch ästhetische, technische und ökonomische Aspekte geprägt. Die Schnittmenge dieser Aspekte definierte die gesellschaftlich akzeptierte planerische Freiheit. Somit konnten Generationen von Architekten und Bauingenieuren auf diesbezügliche Erfahrungen und Planungshilfen zurückgreifen.

In den letzten 25 Jahren sind verstärkt ökologische Aspekte in den Mittelpunkt des gesellschaftlichen und politischen Interesses – auch in Bezug auf Baumaßnahmen – gerückt. Somit ist es notwendig geworden ökologische Aspekte von Anfang zur Entscheidungsunterstützung bei der Bauwerksplanung einfließen zu lassen. Mit Blick auf die steigenden anthropogenen Einflüsse auf die Umwelt ist erkannt worden, daß eine nachhaltigere Wirtschaftsweise von Nöten ist. Die Nachhaltigkeit einer anthropogenen Maßnahme ist eng mit dem Entlaß von Stoffen wie beispielsweise Emissionen in die Umwelt auf der einen und mit dem sinnvollen Umgang von Ressourcen aus der Umwelt auf der anderen Seite verknüpft. Somit stellt der Aspekt der Umweltbeeinflussung durch eine anthropogene Maßnahme – hier eine Baumaßnahme – ein komplexes Netzwerk an Aktionen und Reaktionen innerhalb des Ökosystems „Erde" dar.

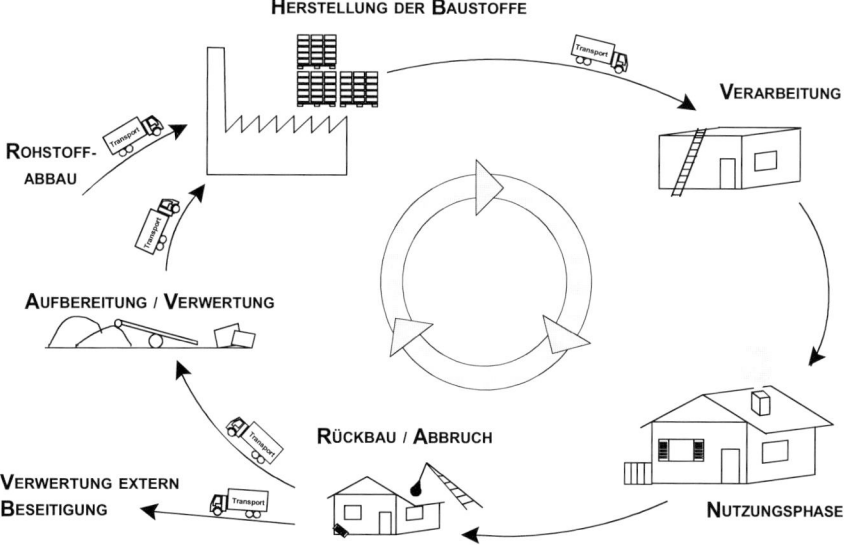

Abbildung 1: Lebenszyklus von Gebäuden

Um eine Aussage bezüglich der Umweltbeeinflussung eines Gebäudes treffen zu können, ist eine Analyse des gesamten Lebensweges notwendig. Beginnend bei der Rohstoffgewinnung und Verarbeitung über die Nutzung und Instandhaltung bis hin zur Entsorgung in Form der Verwertung oder Beseitigung müssen sämtliche Einwirkungen auf die Umwelt wie z.B. Emissionen in Luft und Wasser, Abfälle, Energie- und Rohstoffverbrauch etc. berücksichtigt werden. Ein hierzu geeignetes Instrument ist die Ganzheitliche Bilanzierung, die – basierend auf technischen und wirtschaftlichen Pflichtenheften – die umweltlichen Auswirkungen von Produkten, Systemen oder Dienstleistungen über den gesamten Lebenszyklus analysiert.

Das umweltliche Verhalten eines Gebäudes über seinen Lebenszyklus darf nicht einfach als Summe der Umweltbelastungen von einzelnen Materialien verstanden werden. Daher sind isolierte Betrachtungen, wie ein Vergleich der Bilanzen einzelner Baustoffe ohne Hintergrundinformationen zur Systemqualität und zu Wechselwirkungen in Zusammenhang mit dem Gebäude nicht zielführend. Die Grundlage einer konsistenten Vorgehensweise der Bilanzierung ist eine Datenbasis, in der die umweltrelevanten Interventionen der Einzelbaustoffe enthalten sind. Des weiteren ist eine Modellbildung vor dem Hintergrund des Gesamtsystems „Gebäude" nötig.

Bisher wurden von den unterschiedlichsten Akteuren Baustoff-Ökobilanzen erstellt. Eine Verwendung dieser Informationen ist jedoch vielfach auszuschließen, da diese Daten unter unterschiedlichen Randbedingungen und Systemgrenzen erhoben wurden.

Ausgehend von dieser Situation wurde an der Universität Stuttgart vom Institut für Kunststoffprüfung und Kunststoffkunde (IKP) und dem Institut für Werkstoffe im Bauwesen (IWB) in Zusammenarbeit mit Unternehmen und Verbänden der Baustoffindustrie, Bauunternehmen und Gebäudeausrüstern das Forschungsprojekt – Ganzheitliche Bilanzierung von Baustoffen und Gebäuden – initiiert.

Das Projekt wurde in einer Arbeitsgemeinschaft vom Institut für Kunststoffprüfung und Kunststoffkunde (IKP), dem Institut für Werkstoffe im Bauwesen (IWB) und der PE Product Engineering GmbH durchgeführt.

Innerhalb des Forschungsprojektes werden die mit der Herstellung von Baustoffen verbundenen Einwirkungen auf die Umwelt erfaßt und eine Datenbasis mit konsistenten, nach gleicher Methodik und vergleichbaren Randbedingungen erhobenen Daten geschaffen. Aufbauend darauf werden Konstruktionen bzw. Bauteile wie Wand- oder Deckenaufbauten betrachtet. Die Auswahl der Konstruktionen erfolgt anhand von Leistungskriterien, welche z.B. auf statischen, bauphysikalischen oder nutzungsbedingten Anforderungen basieren können. Abschließend werden aus den zuvor betrachteten Konstruktionen – unter Berücksichtigung der gegenseitigen Wechselwirkungen – Beispielgebäude modelliert.

Dies ermöglicht es, Umwelteinwirkungen ausgehend von Gebäuden über den gesamten Lebenszyklus abzubilden und Optimierungspotentiale aus ganzheitlicher Sichtweise, mit dem Ziel diese Umwelteinwirkung zu reduzieren, darzustellen. Eine Betrachtung des gesamten Lebenszyklus gewährleistet, daß Umweltlasten nicht von einer Lebensphase in die andere verlagert werden, ohne dies zu erkennen. Scheinoptimierungen können erkannt und verhindert werden.

Es besteht die Möglichkeit, daß sich durch bestimmte Maßnahmen in einem Lebenszyklusabschnitt die Umweltlasten in diesem Abschnitt zwar erhöhen, in einem anderen jedoch drastisch reduzieren und eine Bewertung dieser Maßnahme nur über eine Betrachtung des gesamten Lebenszyklus erfolgen kann. Als klassisches Beispiel kann hier die Frage gelten, bis zu welchem k-Wert sich der nicht linear steigende Mehraufwand für die Herstellung einer besser isolierten Wand im Vergleich zu den Einsparungen an Heizenergie und den Emissionen des Heizens in der Nutzungsphase lohnt.

Der vorliegende Bericht führt in die Thematik über die Beschreibung der methodischen Grundlagen der Ganzheitlichen Bilanzierung – respektive ökologisch-technischen Bilanzierung – im allgemeinen ein. Es folgt die detaillierte Beschreibung der in die Bilanzierung eingegangen Baustoffe, (Bau-) Produkte, Bauteile und Baustellenprozesse mit Randbedingungen und Baustoffprofilen, welche als Basis der weiterführenden Methode gelten. In einem nächsten Schritt wird die entwickelte Methode zur Bilanzierung ganzer Gebäude ausführlich beschrieben. Es schließt sich die Beschreibung der parallel entwickelten und angepaßten Software zur Datenverwaltung und Bilanzierung an. Die Verifikation der Methode an Beispielen zeigt die Praktikabilität bezüglich konkreter Objekte und ist als beispielhafte Umsetzung der Projektergebnisse zur Demonstration zu verstehen.

Die Ergebnisse und Erfahrungen dieses Projektes ermöglichen ökologisch-technisch motivierte Analysen und Optimierungen von Produkten des Baubereichs anhand aktueller, konsistenter Daten durchzuführen. Die Struktur der Methode stellt die Bearbeitung von Fragestellungen der Praxis – mit deren Anforderungen an die Benutzerführung und Detailtiefe – ebenso sicher wie detaillierte Analysen auf akademischer Basis.

2 Motivation, Voraussetzungen, Ziele und Projektgruppe

Die Ziele des Forschungsvorhabens sind im Rahmen der Einleitung erläutert worden. Als übergeordnetes Ziel dieses und ähnlich gearteter Forschungsvorhaben ist der Schutz der Umwelt zu nennen. Der Schutz der Umwelt ist in direktem Zusammenhang mit einer Erhaltung und/oder Verbesserung der Lebensqualität zu sehen. Die Basis für zukünftige Entscheidungen bilden die Quantifizierung der Belastung und Identifizierung der komplexen Zusammenhänge und Wechselwirkungen wobei eine isolierte Betrachtung ökologischer Aspekte nicht zielführend ist.

Die zwei wesentlichen Kernpunkte des Forschungsvorhabens bildeten die Schaffung einer konsistenten Datenbasis sowie die Entwicklung einer Methode zur Bilanzierung von Gebäuden. Eine konsistente Datenbasis setzt aktuelle, nach vergleichbaren Randbedingungen und Methodik erhobenen Daten voraus. Dies erfordert neben der methodischen Kompetenz eine genaue Kenntnis im Bereich der Fertigungstechnik sowie der Marktstruktur. Diese Anforderungen können nur durch intensive Zusammenarbeit zwischen Wissenschaft und Industrie erfüllt werden.

Die Abteilung Ganzheitliche Bilanzierung des Instituts für Kunststoffkunde und Kunststoffprüfung beschäftigt sich seit 1989 ausschließlich mit der Bewertung von Produkten, Verfahren und Dienstleistungen aus ökologischer, technologischer und ökonomischer Sicht. Dabei kann auf einen Erfahrungsschatz aus zahlreichen Multi-Client-Projekten mit der Industrie (u.a. Automobil, Lacktechnik, Elektronik) zurückgegriffen werden. Die Grundlagenforschung konzentriert sich auf die Entwicklung theoretischer Modelle zur Abbildung der technisch-ökologisch-ökonomischen Wechselwirkungen von Systemen der Technosphäre über deren Lebensweg.

Ein Forschungsschwerpunkt des Instituts für Werkstoffe im Bauwesen bildet das Arbeitsgebiet Umweltschutz und Ökologie. Dieser erstreckt sich von konstruktiven Bereichen über baustofftechnische Aspekte bis hin zu Fragen der ökologischen Bewertung im Bauwesen. Forschungsschwerpunkte sind dabei unter anderem demontables Bauen, Recycling von mineralischen Baustoffen, Beton für Umweltschutzbauten und die ganzheitliche Betrachtung von Ingenieurbauwerken.

Die am Projekt beteiligten Industriepartner sind in Abbildung 2 dargestellt. Aus organisatorischen Gründen und zur Steigerung der Effizienz wurde die Projektgruppe in die Bereiche Steine-Erden, Dämmstoffe, Fenster, Hersteller der Heizungssysteme untergliedert.

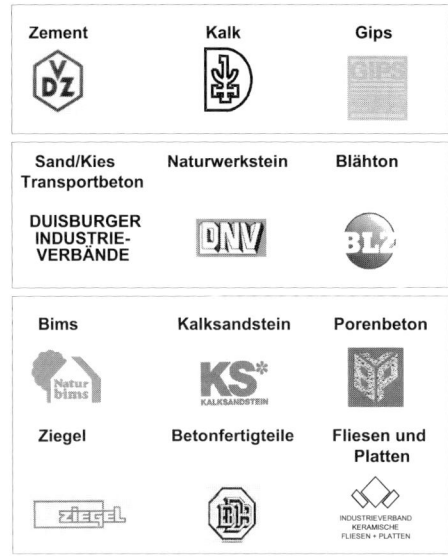

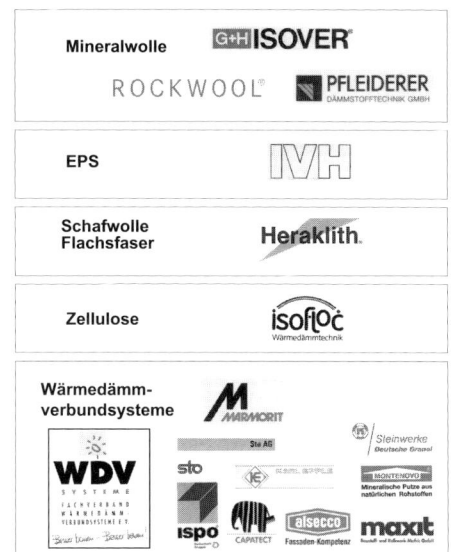

Abbildung 2: Am Projekt beteiligte Unternehmen und Verbände

3 Grundlagen der Ganzheitlichen Bilanzierung

Die Ganzheitliche Bilanzierung (GaBi) ist in der Lage, umweltliche Aussagen anhand einer Ökobilanz darzustellen und darüber hinaus auch die Dimensionen Technik und Wirtschaft in die Analyse mit einzubeziehen. Die Ganzheitliche Bilanzierung ist definiert als ein Instrumentarium zur Erhebung, Dokumentation und Aufbereitung umweltlicher Parameter von Produkten, Verfahren, Systemen oder Dienstleistungen auf der Basis technischer und wirtschaftlicher Pflichtenhefte [1]. Die Zusammenhänge werden in Abbildung 3 grafisch dargestellt.

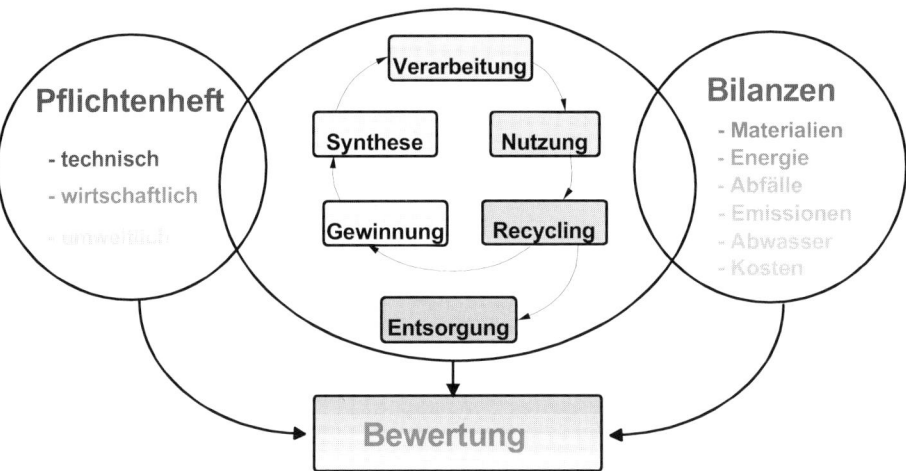

Abbildung 3: Systematik der Ganzheitlichen Bilanzierung

Die Ganzheitliche Bilanzierung beinhaltet somit die in der Norm EN ISO 14040 ff [3, 4, 5, 6] beschriebene Systematik der Ökobilanz und führt die Methode zu einer Anwendung in Form einer Entscheidungsunterstützung. Anwendungen und Umsetzungen der Methode liegen laut der Norm außerhalb der Ökobilanz. Die Entscheidungsunterstützung in der Praxis ist jedoch als Motivation für die Durchführung von Bilanzierungen zu sehen, da sich viele Produkt- oder Verfahrensentscheidungen im Entscheidungsdreieck Technik–Kosten–Umwelt bewegen.

Somit ist die Umsetzung von Erkenntnissen ein wichtiger Punkt der Anwendung von Bilanzen. Die Umsetzung kann in Form der Entscheidungsunterstützung erfolgen oder alternativer Produkt- oder Verfahrensvarianten aufzeigen, die technisch realisierbar, ökologisch und gesellschaftlich akzeptabel und wirtschaftlich vertretbar sind.

Die Identifikation eines Optimums oder eines optimalen Kompromisses bedingt daher die Kenntnis der Wechselwirkungen zwischen Ökologie, Ökonomie und Technik. Die ökologische Analyse innerhalb dieses Spannungsfeldes entspricht der Ökobilanz, die so als Teilbereich der Ganzheitlichen Bilanzierung betrachtet werden kann. Zur Berechnung, Darstellung und Analyse der teils sehr komplexen Zusammenhänge bietet sich die Verwendung entsprechender Software an [8, 9].

3.1 Einordnung und Bedeutung von Ökobilanzen

Im Rahmen einer Ökobilanz werden umweltliche Einflüsse, die bei der Herstellung, Nutzung und Entsorgung von Produkten entstehen, erfaßt und bewertet. Sie bietet sich so als Instrument an, ökologische Aspekte in die Ganzheitliche Bilanzierung einfließen zu lassen.

Die Vorläufer der heutigen Ökobilanzen sind in den 70er Jahren im Zusammenhang mit den Energiekrisen entstanden. Schäfer [10] gilt als Pionier der Betrachtung von energetischen Aufwendungen. Müller-Wenk [11] in der Schweiz und Hunt [12] in den USA erweiterten die Diskussion der Quellenverknappung, d.h. die Verknappung der Ressourcen, auf die ebenfalls stattfindende aber bis zu diesem Zeitpunkt unbeachtete Verknappung der Senken (Deponieraum). Der Begriff Ökobilanz taucht 1978 erstmalig in Studien der EMPA (Eidgenössische Materialprüfungsanstalt St. Gallen) auf [13]. Untersucht wurden Verpackungsmaterialien, wobei das erste Mal neben Rohstoff- und Energieverbräuchen auch anfallende Schadstoffe und Reststoffe betrachtet wurden. Boustead [14] berücksichtigt 1981 bei seinen Bilanzen von Energiesystemen erstmals den Gedanken des Recycling. Die SETAC (*Society of Environmental Toxicology and Chemistry*) nahm sich als erste der Problemstellung der Vereinheitlichung in der Vorgehensweise zur Ökobilanzierung durch Einführen von Standardisierungsmodellen an [15].

Neben dem Begriff und der Methodik der Ökobilanz gibt es heute eine Vielzahl von Ansätzen, die im Zusammenhang mit umweltlicher Bilanzierung verwendet werden. Diese verfolgen jedoch zum Teil sehr unterschiedliche Zielsetzungen [11, 16, 17, 18, 19]. Betrachtungen theoretischer Natur werden ebenfalls in einer Reihe von Veröffentlichungen angestellt [20, 21, 22, 23, 24, 25, 26]. Einen Überblick über die zeitliche Entwicklung der Arbeiten auf diesem Gebiet gibt die Abbildung 4.

Die vielfältigen Aktivitäten in den unterschiedlichsten Bereichen gipfelten in der Normungsarbeit Anfang der neunziger Jahre. Der Rahmen einer Ökobilanz umfaßt nach EN ISO 14040 die Festlegung des Ziels und des Untersuchungsrahmens, die Sachbilanz, die Wirkungsabschätzung und die Auswertung der Ergebnisse, mit den in Abbildung 5 dargestellten Wechselwirkungen.

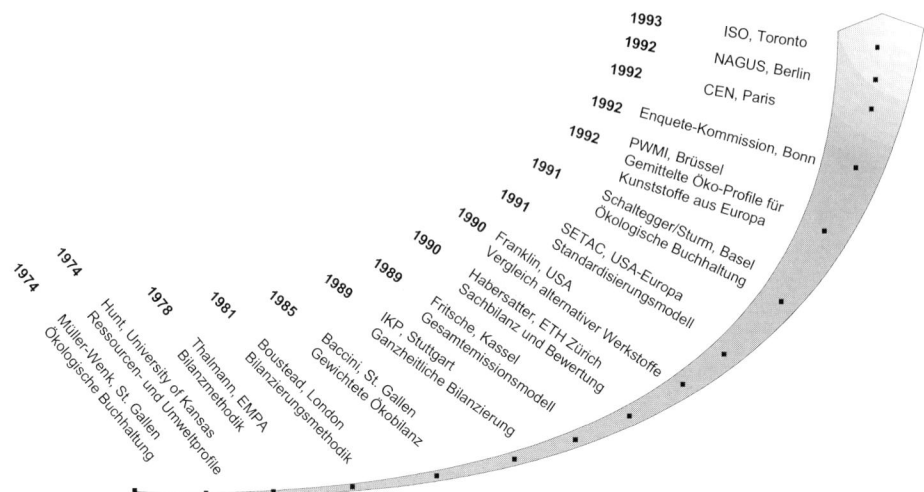

Abbildung 4: Meilensteine der Entwicklung umweltlicher Bilanzen [1]

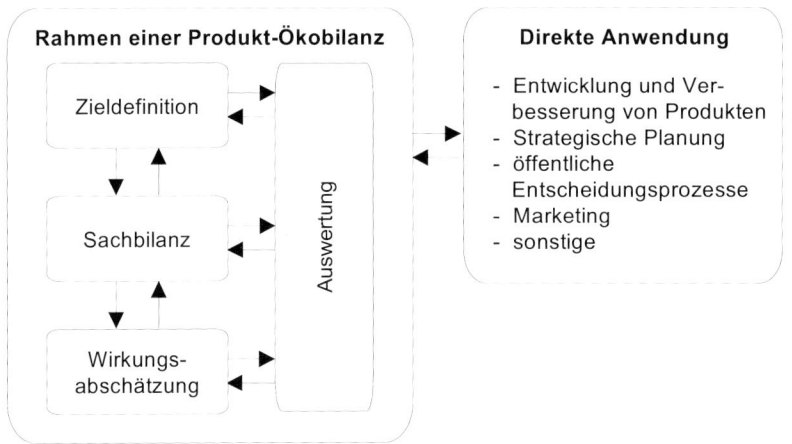

Abbildung 5: Phasen einer Ökobilanz [3]

Wie aus Abbildung 5 deutlich wird, beeinflussen sich Zieldefinition und Sachbilanz wie auch Sachbilanz und Wirkungsabschätzung gegenseitig. Die Auswertung oder Interpretation der Ergebnisse stellt ein weiteres Bindeglied zwischen den verschiedenen Phasen der Ökobilanz dar.

Bilanzen von Gebäuden, die aufgrund der Erkenntnisse und Ergebnisse dieses Projektes erstellt werden, sollten sich aus Gründen der Akzeptanz an der internationalen Norm orientieren.

3.2 Festlegung des Ziels und des Untersuchungsrahmens

3.2.1 Ziel dieser Studie

Primäres Ziel dieser Studie ist es, die Rahmenbedingungen, die Grundlagen, die Methode und eine Datenbasis zur Bilanzierung von Gebäuden zu erarbeiten. Den Ausgangspunkt stellen repräsentative, weitgehend aus der Industrie stammende, aktuelle, konsensuell unter vergleichbaren Randbedingungen und Systemgrenzen erhobene Daten dar, wodurch die Wirkungsabschätzung und die Ergebnisinterpretation unter vergleichbarer Voraussetzung und Vorgehensweise ermöglicht wird.

In der Wirkungsabschätzung werden folgende Wirkkategorien betrachtet:

- Treibhauseffekt, **G**lobal **W**arming **P**otential (GWP) in kg CO_2-Äquivalente,
- Stratosphärischer Ozonabbau, **O**zone **D**epletion **P**otential (ODP) in kg R11-Äquivalente,
- Versauerung, **A**cidification **P**otential (AP) in kg SO_2-Äquivalente,
- Überdüngung, **N**utriphication **P**otential (NP) in kg PO_4-Äquivalente,
- Sommersmog, **P**hotochemical **O**zone **C**reation **P**otential (POCP) in kg C_2H_4-Äquivalente.

Als aggregierte Werte werden ausgewiesen:

- Primärenergiebedarf aus nicht erneuerbaren Quellen in MJ,
- Primärenergiebedarf aus erneuerbaren Quellen in MJ, bestehend aus
  - Primärenergiebedarf aus nachwachsenden Rohstoffen in MJ,
  - Primärenergiebedarf aus Wasserkraft in MJ,
- Einsatz von Sekundärbrennstoffen,
- Abraum,
- Erzaufbereitungsrückstände,
- Hausmüll,
- Sondermüll.

Da auf der Ebene der Wirkungsabschätzung die Modelle der Toxizitätspotentiale noch in Entwicklung sind und nicht als allgemein anerkannt gelten können, wird bei der Darstellung der Wirkkategorien auf Toxizitätsgrößen verzichtet. Die Sachbilanzparameter zur Abbildung der heute diskutierten Toxizitätspotentiale wurden in den Betrieben aufgenommen um auch für mögliche zukünftige Berechnungen eine konsistente Datenbasis zu haben.

Auf Sachbilanzebene wird der Parameter „Lärm" nicht mit aufgenommen. Dies liegt zum einen am sehr stark lokalen Charakter des Lärms und zum anderen an der nicht-stofflichen Art des Lärms, der überwiegend indirekt auf die Umwelt wirkt und sich bisher nur schwer quantifizieren läßt. Es ist **nicht** Ziel der Studie, Baustoffe als solche zu vergleichen.

3.2.2 Ziele folgender Studien

Das Ziel einer Studie, der die in diesem Projekt erarbeitete Methodik zugrunde gelegt wird kann unterschiedlicher Natur sein. Zu nennen wären beispielsweise:

- Optimierung von Baustoffen mit Analyse des Systemverhaltens bezüglich des Gebäudes,
- Identifikation von Anwendungsgebieten eines Baustoffes,
- Schwachstellenanalysen,
- Bauteiloptimierung,
- entwicklungsbegleitende Bilanzierung,
- Entscheidungsunterstützung im Marketing,
- Verfahrensoptimierung von Prozessen,
- oder Produkt- und Qualitätskontrolle bezüglich des angestrebten Marktsegments,

jeweils vor den Hintergrund des gesamten Lebenszyklus eines Gebäudes.

Des weiteren kann ein Ziel einer solchen Studie sein,

- strategische Entscheidungen zu unterstützten,
- oder mögliche Veränderungen der gesellschaftlichen und politischen Rahmenbedingungen frühzeitig zu erkennen und wirksame Alternativen zu identifizieren (Produkthaftung, CO_2-Gesetzgebung, Energiepolitik, Abfallwirtschaft und Abgabenentwicklung).

Zielgruppe sind primär interne Entscheidungsträger, die die Informationen und Ergebnisse zur Optimierung der Produkte verwenden. Auf den Festlegungen und Erkenntnissen einer Zieldefinition aufbauend können Produktdesign, Werbung, Marketing, Verbraucherinformation usw. gestaltet bzw. als übergeordnete Ziele verwirklicht werden.

3.2.3 Untersuchungsrahmen

Die Funktionen des Produktsystems müssen im Untersuchungsrahmen beschrieben werden. Hierbei ist zu bemerken, daß das Produktsystem auf unterschiedlichen Ebenen des Gesamtsystems angesiedelt sein kann. Handelt es sich bei dem Produkt um einen Baustoff, kann die Funktion des Systems sowohl die Herstellung einer definierten Menge Baustoff, wie auch die Bereitstellung eines Gebäudes sein. Der Baustoff steht im Verbund mit anderen Baustoffen und definiert die Bauteilebene (Außenwand, Fenster,...) oder Gebäudeebene.

Die funktionelle Einheit des zu untersuchenden Produktsystems ist ebenfalls auf unterschiedlichen Ebenen anzusiedeln. Bei Vergleichen zwischen verschiedenen Baustoffen oder Produktsystemen ist darauf zu achten, daß die funktionelle Einheit auf gleiche Leistungsmerkmale (z.B. Wärmedurchgang, Schallschutz, Wirkungsgrad, Kosten, statische Anforderungen) bezogen ist. Lediglich gleiche (physikalische) Einheiten stellen noch nicht sicher, daß eine Vergleichbarkeit von Baustoffen und Bauprodukten vorliegt.

Beispiel: *Es ist weder sinnvoll, einem kg Baustahl ein kg Zement gegenüberzustellen und aufgrund der ermittelten Kennzahlen ökologische Interpretationen durchzuführen, noch ein kg Ziegel mit einem kg Kalksandstein zu vergleichen, da sich auf dieser Produktebene keine Aussagen über diejenigen Funktionen der Produkte machen lassen, die das ökologische Profil nachhaltig beeinflussen. Erst der Verbund mit anderen Materialien und Baustoffen ermöglicht einen Vergleich auf Basis vergleichbarer Leistungsmerkmale wie beispielsweise dem k-Wert einer Wandkonstruktion.*

Die funktionelle Einheit hängt mit dem Ziel der Studie und der zu erfüllenden Funktion des Produktes zusammen und kann deshalb auf Baustoffe, Bauteile oder auf ein gesamtes Gebäude bezogen werden. Eindeutige Aussagen welche funktionelle Einheit welchem Produktsystem zuzuordnen ist, können aufgrund der Variationsmöglichkeiten in Modellierungstiefe und Systemaufbau nicht getroffen werden. Die Sinnhaftigkeit ist am Einzelfall zu überprüfen. Es können jedoch Anhaltspunkte für die Identifikation einer sinnvollen funktionellen Einheit gegeben werden. Beispiele zeigt Tabelle 1.

Tabelle 1: Beispiele funktioneller Einheiten

Funktionelle Einheit	Ziel der Studie	Funktion des Systems	Beispiel
Massen- oder Volumeneinheit Baustoff	Schwachstellenanalyse eines Produktionsprozesses	Bereitstellung einer definierten Menge Baustoff	kg Zement
Massen- oder Volumeneinheit Baustoff	Optimierung von Fertigungsabläufen	Konditionierung einer definierten Menge Baustoff	kg Baustahl
Massen- oder Volumeneinheit Baustoff	Verfahrenstechnische und logistische Optimierungen	Bereitstellung einer definierten Menge Baustoff	m^3 Bimsstein
Flächeneinheit eines Bauteils	Produkt- und Qualitätskontrolle	Bereitstellung eines Bauteils mit definierten k-Wert und g-Wert	m^2 Fenster
Flächeneinheit eines Bauteils	Bauteiloptimierung	Bereitstellung eines Bauteils mit definierter Statik und k-Wert	m^2 Wand
Flächeneinheit eines Bauteils	Analyse neuer oder optimierter Applikationen	Bereitstellung eines Bauteils mit definiertem Aufbau (Dämmung x, Wandbaustoff y, k-Wert)	m^2 Wand
Gesamtgebäude	Komplettlösungen und integrale Bauteiloptimierung	Bereitstellung eines Bauteils mit optimiertem Systemverhalten	1 Gebäude
Gesamtgebäude	Sensitivitäts- oder Dominanzanalyse	Bereitstellung einer definierten Nutzfläche bestimmter Randbedingungen	1 Wohnhaus mit 120m^2 WF
Gesamtgebäude	Strategische Entscheidungen	Wettbewerbsfähigkeit sichern	1 Gebäude
Gesamtgebäude	Politische Rahmenbedingungen verbessern (Gesetzgebung)	Innovationsfähigkeit des Produktsystems oder der Branche stärken	1 Gebäude

Das zu untersuchende Produktsystem ist zu beschreiben und die Grenzen zu definieren. Alle unmittelbar im Zusammenhang mit der Bereitstellung, Produktion, Logistik, Nutzung und Nachnutzung entstehenden Aufwendungen und Einwirkungen auf die Umwelt sind zu erfassen. Es ist sicherzustellen, daß alle Informationen aus Datenbanken oder Quellen nach vergleichbaren Bilanzierungsgrundsätzen und Detailtiefen bilanziert sind. Außerhalb des Untersuchungsrahmens liegen:

- Ökologisch nicht relevante Input- und Outputströme,
- Errichtung der Produktionsstätten,
- menschliche Arbeitskraft,
- Errichtung und Unterhalt der Infrastruktur,

3.2.4 Abschneidekriterien Input

Innerhalb der Systemgrenzen liegen bei den in der Datenbank abgelegten Produktsystemen auf der Inputseite in der Summe 99% der Massen- und Primärenergieflüsse. Es kommt also das Abschneidekriterium der %-Regel nach ISO (siehe auch [22, 26, 27]) zur Anwendung. Bei der Erstellung additiver Datensätze ist darauf zu achten, daß eine vergleichbare Modellierungstiefe zur Anwendung kommt. Für alle nicht in die Bilanz aufgenommenen Vorstufen ist zu prüfen, ob mit ihnen evtl. Umweltbeeinflussungen verbunden sind, die von ökologischer Relevanz sind. Dabei ist der Stand der Kenntnisse zu berücksichtigen.

3.2.5 Abschneidekriterien Output

Die Anzahl der zu betrachteten Emissionen ist auf die relevanten und umweltlich wirksamen einzugrenzen, um den Meß- und Bilanzierungsaufwand in einem vertretbaren Rahmen zu halten. Ziel ist es, den Aufwand zu reduzieren, ohne die Qualität und Aussagekraft des Bilanzergebnisses signifikant zu beeinflussen. Eine Möglichkeit, das von der ISO Norm geforderte Kriterium der ökologischen Relevanz zu prüfen, besteht im Schwellenwertverfahren. Anhand des Schwellenwertverfahrens wird durch eine Abschätzung festgestellt, inwieweit eine Emission an einer bestimmten Wirkung auf die Umwelt beteiligt ist. Hierzu werden für jede emissionsbeeinflußte Wirkategorie, sogenannte Leitgrößen definiert, aus denen sich die Schwellenwerte errechnen. Emissionen, deren potentielle Wirkung unterhalb des Schwellenwertes liegen, müssen nicht in die Bilanz aufgenommen bzw. genauer bestimmt werden.

Die Bestimmung der Leitgröße wird im folgenden beschrieben. Es hat sich herausgestellt, daß innerhalb der einzelnen Wirkategorien bestimmte Emissionen die Ergebnisse überproportional beeinflussen. Die Emission mit dem größten Einfluß innerhalb einer Wirkategorie stellt die Leitgröße dar, auf welche die anderen Emissionswirkungen bezogen werden. Beispielsweise spielt für Brennprozesse im Bereich der Steine-Erden-Industrie CO_2 in der Wirkategorie Treibhauspotential eine dominierende Rolle.

Da die Bestimmung der Leitgrößen vor der Datenaufnahme zu erfolgen hat, werden diese hier bereits angegeben. Die Auswahl beruht dabei auf der Erfahrung durchgeführter Bilanzierungen und muß gegebenenfalls den Bedingungen vor Ort angepaßt werden.

Die Wahl der Leitgröße hat keinen Einfluß auf das Ergebnis der Bilanz, wohl aber auf die Durchführung. Eine ungeeignete, beispielsweise im Rahmen der durchzuführenden Bilanzierung unwichtige Emission, hat zur Folge, daß auch Emissionen aufgenommen werden müssen, die das Ergebnis nicht signifikant beeinflussen. Das heißt, das Ergebnis bei nicht sachgemäßer Wahl der Leitgröße ist dasselbe, der Aufwand zu dessen Bestimmung jedoch unterschiedlich.

Zur Bestimmung des Schwellenwertes muß das Wirkpotential der Leitgröße bestimmt werden. Das Wirkpotential ergibt sich aus dem Produkt der gemessenen Konzentration und dem Wirkungsfaktor (Kapitel 3.4). Der Schwellenwert wird als 1% des Wirkpotentials der Leitgröße definiert.

Um zu verhindern, daß durch eine sehr geringe Konzentration der Leitgröße (die Anteile an der Wirkkategorie werden dann voraussichtlich von untergeordnetem Interesse sein) ein überhöhter Meß- und Bilanzierungsaufwand entsteht, ist es zulässig, die Konzentration der Leitgröße auf 25% des gesetzlichen Grenzwertes dieser Emission festzulegen.

In diesem Fall muß jedoch überprüft werden, ob nicht ein anderer Stoff einen größeren Beitrag zum Wirkpotential der entsprechenden Wirkkategorie liefert als die vorgeschlagene Leitgröße und somit als eigentliche Leitgröße zu fungieren hat.

Die Tabelle 2 gibt die Wirkkategorien und deren Leitgrößen sowie Wirkungsfaktoren so an, daß mit den gemessenen Konzentrationen der entsprechenden Emissionen direkt der Schwellenwert errechnet werden kann.

Die angegebenen Leitgrößen sind nur für Brennprozesse in der Steine-Erden-Industrie gültig. In anderen Industrien und für andere Prozeßtypen können andere Leitgrößen maßgebend sein. Die Emissionswerte **einer** Wirkkategorie müssen auf der gleicher Meßbasis beruhen.

Die Bestimmung des Schwellenwertes ist in der Abbildung 6 nochmals vom Ablauf her schematisch dargestellt.

Tabelle 2: Leitgrößen bei Brennprozessen (Steine-Erden-Industrie)
[1] ODP als Umweltwirkung entfällt für Brennprozesse, da nur reaktionsträge chlor- und bromhaltige Kohlenstoffverbindungen Ozonabbau in der Stratosphäre bewirken. Diese treten nicht als Verbrennungsprodukte auf.

Wirkkategorie	Leitgröße	Wirkpotential				Schwellen-wert
		Konzen-tration	Wirkungs-faktor		Schwelle 1%	
Treibhauspotential (GWP)	CO_2	x	1	x	0,01	=
Ozonabbaupotential (ODP)	[1]					
Versauerungspotential	SO_2	x	1	x	0,01	=
Eutrophierungspotential	NOx	x	0,13	x	0,01	=
Oxidantienbildungspotential	NMVOC	x	0,416	x	0,01	=

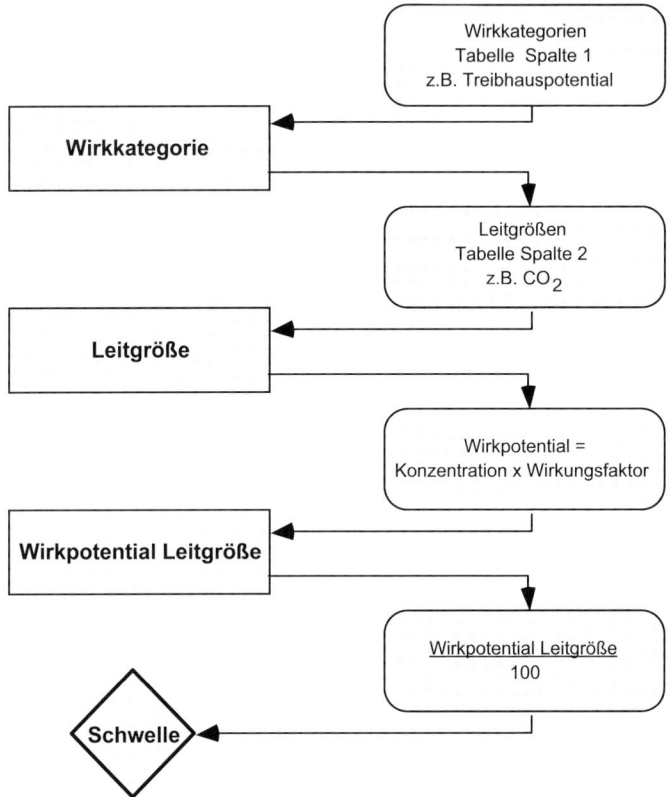

Abbildung 6: Vorgehen zur Bestimmung des Schwellenwertes [2]

Es sind nun die zu betrachtenden Emissionen zu bestimmen. Dazu sind für alle relevanten Emissionen die Konzentrationen in einem ersten Schritt abzuschätzen. Sind einzelne Werte nicht bekannt, ist zu überprüfen, ob nicht Werte von vergleichbaren Anlagen vorliegen, die übertragen werden können. Liegen Konzentrationsbereiche vor, so ist der Mittelwert zu verwenden.

Für jede ermittelte Emission ist das Wirkpotential (Wirkungsfaktoren siehe Kapitel 3.4) zu bestimmen und mit dem Schwellenwert zu vergleichen. Dabei ist zu berücksichtigen, daß einzelne Emissionen in mehreren Wirkkategorien auftreten bzw. ein Potential besitzen.

Ist das Wirkpotential kleiner als der Schwellenwert, reicht die bisherige Abschätzung der einzelnen Emission aus, ist es größer, muß diese Emission genau bestimmt werden (falls dies nicht bereits schon geschah). Nun zeigt sich auch, ob die richtige Leitgröße verwendet wurde.

Als letzter Schritt ist zu überprüfen, ob beim betreffenden Prozeß Emissionen auftreten, die nicht in der Emissionsliste geführt sind und einen signifikanten Beitrag zu einer Wirkungskategorie leisten könnten. Es ist zu dokumentieren, welche Emissionen abgeschätzt und welche gemessen wurden.

3.2.6 Pflanzliche Ressourcen als Brennstoff

Beim Einsatz von pflanzlichen Ressourcen als Brennstoff ist das Wachstum der Pflanzen in die Systemgrenze zu integrieren [30]. Dies hat zur Folge, daß die beim Brennprozeß entstehenden CO_2-Emissionen durch CO_2-Aufnahme beim Wachstum der Pflanzen aufgehoben werden und somit in der Bilanz als neutral angesehen werden können [31, 32]. Dies gilt nur für CO_2-Emissionen aus der Verbrennung der nachwachsenden Ressource; andere CO_2-Emissionen (z.B. Ernte, Transport usw.) gehen in die Bilanz ein, wenn fossile Energieträger verwendet werden. Voraussetzung dafür ist allerdings, daß das Prinzip der Nachhaltigkeit in der Land- und Forstwirtschaft gewährleistet ist.

3.2.7 Bilanzzeit

Die Bilanzzeit ist so zu wählen, daß durch die Bilanz eine repräsentative Momentaufnahme mit hoher Aussagekraft entsteht. Anzustreben ist ein Zeitraum, der Anfahrvorgänge der Produktion mit kurzzeitig erhöhten Umweltlasten, jahreszeitliche oder saisonale Schwankungen etc. mit erfaßt, so daß sich im Endeffekt ein Mittelwert ergibt.

Beim Vergleich von Bilanzen ist es wichtig, daß diese sich in etwa auf denselben Zeitraum beziehen. Nur so kann man vermeiden, daß Bilanzen verglichen werden, die zu Zeiten unterschiedlicher Konjunktur und den damit verbundenen verschiedenen Auslastungen der Produktionen, erstellt wurden. Die Bilanzzeit beträgt in der Regel 1 Jahr.

3.2.8 Bilanzraum

Bauprodukte werden meist marktnah produziert und vertrieben. Dies gilt besonders für Steine-Erden-Produkte, die sich stark an Ressourcen orientieren. Viele Vorkommen von Steine-Erden-Rohstoffen, wie Kies oder Sand, sind flächendeckend, wenn auch mit unterschiedlichen Qualitäten, über Deutschland verteilt. Dennoch sind einige Rohstoffe, wie z.B. Naturgips, nicht überall verfügbar. Darüber hinaus gibt es regional aus traditionellen Gründen unterschiedliche Bauweisen unter Verwendung der jeweils heimischen Baustoffe. Um diese regionalen Unterschiede nicht in den Vordergrund zu stellen und Aussagen für einen größeren Geltungsbereich zu erhalten, sind Ökobilanzen im Bausektor auf Deutschland auszurichten. Dies hat zur Folge, daß die für Deutschland relevanten Vorstufen, wie Strom- oder Energieträgerbereitstellung zu verwenden sind. Dies bedeutet dabei nicht, daß nur die in Deutschland stattfindenden Umweltbeeinflussungen erfaßt werden, vielmehr werden die für Deutschland gültigen Randbedingungen an die Bilanzen angelegt. Die Systemgrenze der Bilanzierung umfaßt alle relevanten Stoff- und Energieströme bis zurück zur Ressource. Bei der Verwendung von Erdöl als Energieträger bedeutet dies beispielsweise, daß die Aufwendungen und Belastungen vom „Bohrloch" an betrachtet und somit alle weltweit auftretenden, relevanten Einflüsse berücksichtigt werden. Der Bilanzraum

ist somit die Welt, der Bilanzbezugsraum, auf den die Randbedingungen angepaßt sind, ist Deutschland.

3.2.9 Datenqualität

Für alle untersuchten Module und Systeme sind die Daten auf Plausibilität und
Vollständigkeit zu überprüfen.

- **Plausibilität**

  Anhand der Eingangsstoffe in einen Prozeß und der speziellen Prozeßart kann
  eine Abschätzung der Emissionen vorgenommen werden. So sind z.B. Ver-
  brennungen immer mit Kohlendioxid, Kohlenmonoxid, Stickoxiden, Rußparti-
  keln und je nach Schwefelgehalt des Brennstoffs und des Rohmaterials mit
  Schwefeldioxidemissionen verbunden. Ein funktionaler Zusammenhang der
  Eingänge und Produkte eines Prozesses, wie für chemische Reaktionen, läßt
  sich dabei selten finden. Für jeden Prozeß sollte zusätzlich eine Massenbilanz
  durchgeführt werden.

- **Vollständigkeit**

  Fehlen Angaben über bestimmte zu bilanzierende Emissionsfrachten von Ab-
  luftströmen oder Abwässern, bestehen mehrere Möglichkeiten die Lücken zu
  füllen.

  1. Werte aus der Betriebsstatistik: Die Betriebsstatistik stellt u.a. meist Infor-
     mationen über Stoffströme im Werk, (gesetzlich vorgeschriebene) Meßwerte
     und Daten zu Verbräuchen und Einsätzen von Betriebsmitteln bereit.

  2. Werte aus Messungen: Dies bildet die genaueste Möglichkeit. Da Jahresmit-
     tel zu bestimmen sind, ist darauf zu achten, daß ein durchschnittlicher Be-
     triebszustand betrachtet wird.

  3. Umrechnung von Werten: Liegen entsprechende Werte für vergleichbare
     Prozesse vor, können diese u.U. verwendet werden bzw. auf den vorliegen-
     den Fall umgerechnet werden. Dies ist jedoch nur statthaft, falls der Einfluß
     auf die Bilanzergebnisse gering ist oder eine sehr gute Vergleichbarkeit der
     Prozesse vorliegt (z.B. gleiche Anlage).

  4. Schätzung: Bei chemischen Umwandlungsprozessen kann im letzten Fall aus
     der Zusammensetzung der eingesetzten Stoffe und der stattfindenden Reak-
     tion die Emission berechnet werden. Hier sind u.U. Annahmen über Voll-
     ständigkeit der chemischen Umsetzung und Verunreinigungen zu treffen
     (z.B. können über den Ausbrandgrad der Fackel bei der Erdölförderung die
     Kohlenwasserstoffemissionen abgeschätzt werden).

Werden Ersatzwerte oder Schätzungen verwendet, sind diese Werte in jedem
Fall als solche auszuweisen und zu begründen.

In Abhängigkeit von der Zieldefinition sind Bezugsraum, Bezugseinheit und
betrachtete Technologien zu dokumentieren und sonstige Annahmen zu erläu-
tern.

Es sind Datenqualitätsindikatoren (DQI) in Entwicklung, können jedoch
noch nicht konsistent umgesetzt werden. Die DQI werden in Zukunft eine zen-
trale Rolle spielen.

3.3 Sachbilanzierung

3.3.1 Allgemeine Beschreibung

Sachbilanzen umfassen Datensammlungen und Berechnungsverfahren zur Quantifizierung relevanter Input- und Outputflüsse eines Produktsystems. Diese Inputs und Outputs können sich auf die Beanspruchung von zum System gehörenden Ressourcen sowie auf Emissionen in Luft, Wasser und Boden beziehen. Aus diesen Daten können, in Abhängigkeit vom Ziel und Untersuchungsrahmen der Studie, Auswertungen ermöglicht werden. Diese Daten bilden auch die Grundlage zur Wirkungsabschätzung. Der Prozeß zur Erstellung einer Sachbilanz ist iterativ. Während Daten gesammelt und das System näher untersucht wird, können neue Datenanforderungen oder Einschränkungen erkannt werden, die eine Änderung der Verfahren zur Datensammlung erfordern, damit die Ziele der Studie noch erfüllt werden können. Es ist auch möglich, daß Sachverhalte festgestellt werden, die eine Änderung des Ziels der Studie nahelegen.

3.3.2 Vorgehen bei der Datenaufnahme

Vor der eigentlichen Datenaufnahme sind die notwendigen Regeln zur Datenverrechnung und Bilanzerstellung festzulegen und zu dokumentieren. Wichtige Punkte, die einen großen Einfluß auf das Ergebnis haben können und auf unterschiedliche Weise in die Bilanz einfließen, sind z.B. die Behandlung von Recycling, der Einsatz von Sekundärrohstoffen und Sekundärbrennstoffen, die Betrachtung von Koppel- und Nebenprodukten sowie dazu die Anwendung von Verteilungsregeln.

Eine modulare Gliederung des zentralen Produktionsprozesses (bilanzierter Betrieb oder Unternehmen) ist meist ohne Probleme möglich, so daß die Sachbilanz des Werkes (Werksbilanz) als sogenannte „Foreground"-Datensätze (Informationen meist aus erster Hand direkt verfügbar) erstellt werden kann. Außerhalb dieses Verantwortungsbereichs und mit zunehmender Anzahl von Vorprodukten wird es schwieriger, den Produktlebenszyklus zu erfassen, da Informationen zu vergangenen Prozessen (Vorketten) nötig sind. Sind diese Informationen nicht als sogenannte „Background"-Datensätze in einer Datenbank hinterlegt und verfügbar, steigt der Aufwand der Datenerhebung stark an. Background-Datensätze sind bereits erhobene, skalierte oder an die jeweilige Situation angepaßte Daten aus einer kompatiblen Prozeßkettenmodellierung oder einer vorhanden Datenbank). Es sind daher prinzipiell zwei Arten von Modulen (Prozessen) zu unterscheiden. Erstens sogenannte Basismodule (oder Background-Daten) zur Beschreibung allgemeiner Prozesse wie z.B. Transporte und die Bereitstellung von Energieträgern und Strom. Zweitens Module zur Beschreibung produkt- bzw. produktionsspezifischer Prozesse (Foreground-Daten). In Abbildung 7 ist eine Auswahl oftmals wichtiger Input- und Outputströme dargestellt. Es wird zwischen verknüpften und unverknüpften Strömen unterschieden:

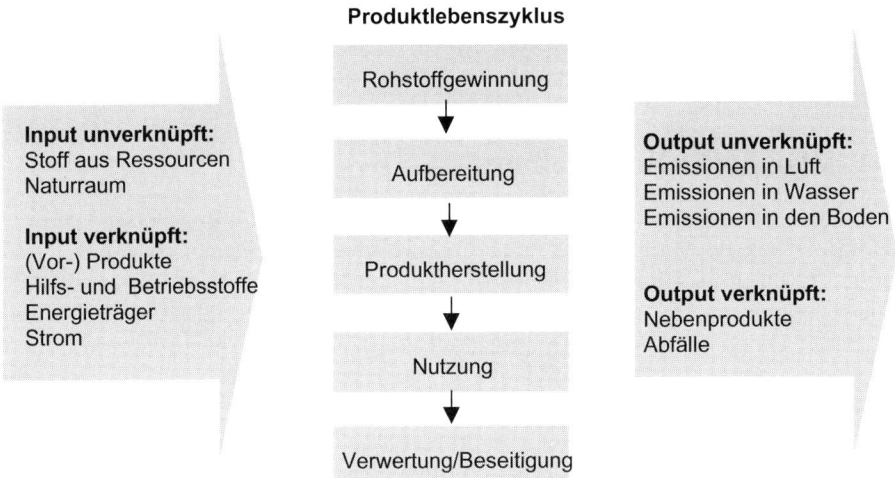

Abbildung 7: Beispiele für Input- und Outputströme entlang eines Produktlebenszyklus

- verknüpfte Ströme: diese Ströme sind mit vorgelagerten Prozessen wie Abbau oder Energiebereitstellung bzw. mit noch folgenden Prozessen zur Weiterverarbeitung in Beziehung zu setzen, bis die Flüsse nur noch Größen darstellen, die aus der Quelle „Erdkruste" kommen und in die Senke „Umwelt" abgegeben werden;
- unverknüpfte Ströme: diese Ströme stellen die Flüsse dar, die aus der Quelle „Erdkruste" kommen und in die Senke „Umwelt" abgegeben werden.

Nach der Datenaufnahme müssen diejenigen Inputströme, welche in Form von Vorprodukten, Hilfs- und Betriebsstoffen und Energieträgern in den Lebenszyklus des Produktes eingehen, mit den entsprechenden Vorstufen verknüpft werden. Dies hat zur Folge, daß beispielsweise beim Einsatz von Heizöl in einem Verbrennungsprozeß nicht nur prozeßbedingte Emissionen, sondern auch Einwirkungen auf die Umwelt durch Förderung, Aufbereitung und Bereitstellung des Heizöls in die Bilanz mit einfließen. Ebenso sind die Outputströme mit den nachfolgenden Prozessen zu verknüpfen, die weder direkt in die Umwelt, noch in einen anderen Produktlebenszyklus eingehen. Es handelt sich dabei im wesentlichen um die Beseitigung durch Entsorgungsverfahren.

Ebenfalls müssen für sämtliche Input- und Outputströme die durch anfallende Transporte entstehenden Umwelteinwirkungen erfaßt und verknüpft werden.

3.3.3 Verteilungen/Allokationen

Die Frage der Verteilung, auch als Allokation bezeichnet, stellt sich immer dann, wenn in einer Produktion oder einem Prozeßschritt mehrere Produkte erzeugt oder neben dem Hauptprodukt ein oder mehrere Nebenprodukte oder Abfälle zur Verwertung anfallen.

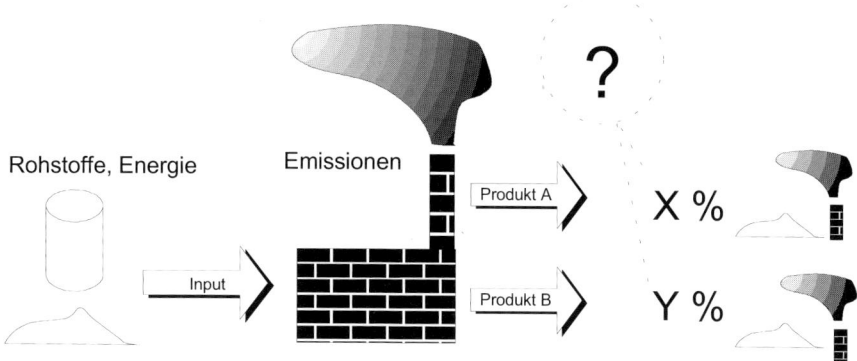

Abbildung 8: Situation bei der Verteilung

Es gilt nun, die durch die Produktion entstandenen Aufwendungen und somit auch die Einwirkungen auf die Umwelt (z.B. Energieverbräuche oder Emissionen) auf die einzelnen Produkte oder Nebenprodukte zu verteilen.

Können einzelne Produktlinien aus einem Produktsystem modular ausgegliedert werden, so wird keine Verteilung durchgeführt. Dies setzt voraus, daß sämtliche Input- und Outputströme eindeutig den Einzelprozessen zuzuordnen sind.

Wichtig bei der Auswahl des Verteilungsverfahrens ist, daß die Art der Verteilung die Prozeßintention oder den Prozeßzweck widerspiegelt, dies heißt, daß dem Hauptprodukt auch die Hauptlasten zugeschrieben werden. Die Wahl des Verteilverfahrens ist in jedem Fall zu dokumentieren.

Zweck der Allokation ist die Verteilung des In- und Output eines Prozesses auf die Produkte, um die Belastungen und Aufwendungen für ein einzelnes Produkt quantifizieren zu können.

Verteilung stellt immer eine Form der Bewertung dar. Je nach Verteilung können unterschiedliche Bilanzergebnisse entstehen. Falls es nicht von vorne herein eindeutig feststeht, welches Verteilverfahren das geeignete ist, sind die in Frage kommenden anzuwenden und die Auswirkungen anhand einer Sensitivitätsanalyse darzustellen.

Verschiedene Parameter können als Verteilungskriterium angewandt werden:

1. **Masse:** Dieses Kriterium bietet sich bevorzugt bei Produkten an, die sehr ähnlich in ihrer Zusammensetzung sind. Hier werden den einzelnen Produkten entsprechend ihrem massemäßigen Anteil an der Gesamtproduktion dem zu verteilenden In- und Output zugeschrieben.

2. **Heizwert:** Dieses Verfahren bietet sich bei Produkten an, die als Brennstoff eingesetzt werden und somit einen konkreten Heizwert besitzen.

3. **Interesse:** Dies bildet eine Möglichkeit, Produkte, die keine sinnvolle gemeinsame physikalische Eigenschaft haben, zu behandeln. Das Interesse an einem Produkt läßt sich beispielsweise durch dessen Marktwert beschreiben.

4. **Volumen:** Ist Analog zum Massekriterium zu sehen.

5. **Andere:** Weitere Möglichkeiten der Verteilung werden ggf. im branchenspezifischen Teil dieses Buches bei den entsprechenden Fällen erläutert.

Hierbei ist zu beachten, daß die Schließbedingungen

$$\frac{\sum\limits_{Input} m_{input}}{\sum\limits_{Output} m_{output}} = \frac{\sum\limits_{Input} m_{input} \cdot h_{input}}{\sum\limits_{Output} m_{output} \cdot h_{output}} = 1 \tag{1}$$

für Masse m und Energie, hier als Enthalpie H mit

$$H = m \cdot h \tag{2}$$

für den zu *verteilenden Prozeß* eingehalten werden. Durch die Verteilung verlassen Massen- und Energieströme eines Prozesses die *Systemgrenzen des Produktlebenszyklus*, was scheinbar zu Fehlern führt. Es hat z.B. bei der Verteilung nach Masse den Anschein, als ob die Energiebilanz nicht aufgeht und umgekehrt bei Verteilung nach Energie scheint sich ein Massendefekt einzustellen. Zieht man jedoch den unverteilten Prozeß heran, wird klar, daß hier kein Rechenfehler vorliegt, sondern die restlichen Massen- und Energieströme außerhalb der Systemgrenzen liegen und deshalb nicht mehr in die Bilanz eingehen. Dieser Sachverhalt kann bei Durchführung eines Verteilungsbeispieles leicht nachvollzogen werden.

Unter vielen Fachleuten und Wissenschaftlern der Ökobilanz-Gemeinschaft besteht heute Konsens, bei der Entscheidung über Allokationskriterien primär beim Urheber eines Stoffes und am Interesse eines Prozesses anzusetzen.

3.3.4 Behandlung von Recycling

Das Recycling hat die Hauptaufgabe, Wirtschaftsgüter möglichst lange im Wirtschaftskreislauf zu halten, um die natürlichen Ressourcen zu schonen und Abfälle zu vermeiden oder zu vermindern und damit Deponieraum zu schonen. Gleichzeitig sind durch die Wahl des entsprechenden Recyclingverfahrens die damit verbundenen umweltlichen Aufwendungen und Belastungen zu minimieren. Im Zusammenhang mit der Bilanzierung eignen sich die Definitionen des „Vereins Deutscher Ingenieure" (VDI) besonders.

Das folgende Bild zeigt die unterschiedlichen Recyclingpfade nach der Definition der VDI-Richtlinie 2243 [28] unterteilt. Es wird darin unterschieden, ob ein Produkt dem gleichen (Wieder-) oder einem anderen (Weiter-) Anwendungsfall zugeführt wird, und ob es sich um ein Produktrecycling (-verwendung) oder ein Materialrecycling (-verwertung) handelt.

Man spricht beim Einsatz für den gleichen Anwendungsfall auch von „Closed Loop Recycling", bei einem anderen Anwendungsfall von „Open Loop Recycling".

Alle diese Recyclingmöglichkeiten setzen voraus, daß es sich um ein Produkt handelt, welches bereits eine Nutzungsphase durchlaufen hat. Wird ein Produktionsreststoff wieder in den Verarbeitungs- oder Herstellungsprozeß zurückgeführt, spricht man dagegen von Produktionsrecycling (z.B. Recycling von Restbeton).

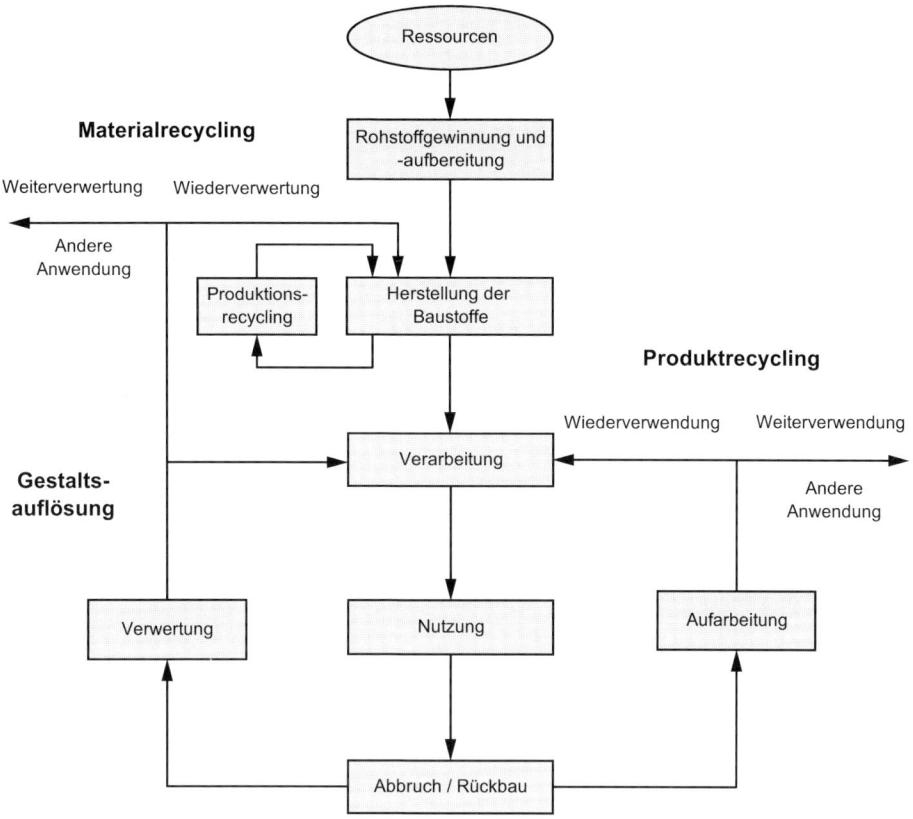

Abbildung 9: Recyclingformen und Kreislaufarten [29]

Die Behandlung von Recyclingströmen in der Ökobilanz stellt im Grunde eine Frage der Verteilung dar. Durch einen Recyclingprozeß wird beeinflußt, ob und in welchem Maße Belastungen aus der Primärherstellung eines Stoffes dem Rezyklat zugewiesen werden können und so ein Teil der primären Aufwendungen an einen weiteren Lebenszyklus „weitergegeben" werden können. Nach ISO/DIS 14041 ist Recycling als ein Spezialfall einer Verteilung (zeitinvariante Betrachtung) zu verstehen.

Es gilt allgemein, daß alle Materialströme, welche die Systemgrenze überschreiten, berücksichtigt werden müssen.

Es wird unterschieden zwischen Produkten und Abfällen. Eine alleinige Unterscheidung in Produkte und Abfälle reicht im Falle des Recycling/Verwertung nicht aus, da per Definition am Ende einer Nutzungsphase ein Produkt/Material Abfall ist. Diese Aussageschärfe ist im Rahmen einer Ökobilanz an dieser Stelle zu gering. Daraus ergeben sich die folgenden Fälle:

Recycling von Produkten und Abfällen zur Verwertung mit positivem Marktwert

Werden Produkte rezykliert führt dies normalerweise dazu, daß nach einer Aufbereitung ein Material das betrachtete System verläßt und von einem anderem System aufgenommen wird. Die Aufbereitung ist dabei immer dem betrachteten System zuzuordnen. Das über die Systemgrenze tretende, aufbereitete Material ist als Koppelprodukt zu behandeln. Je nach Rezyklatqualität besteht die Möglichkeit, einen bestimmten Anteil der Primärwerkstoffherstellung an den folgenden Lebenszyklus zu weiterzugeben.

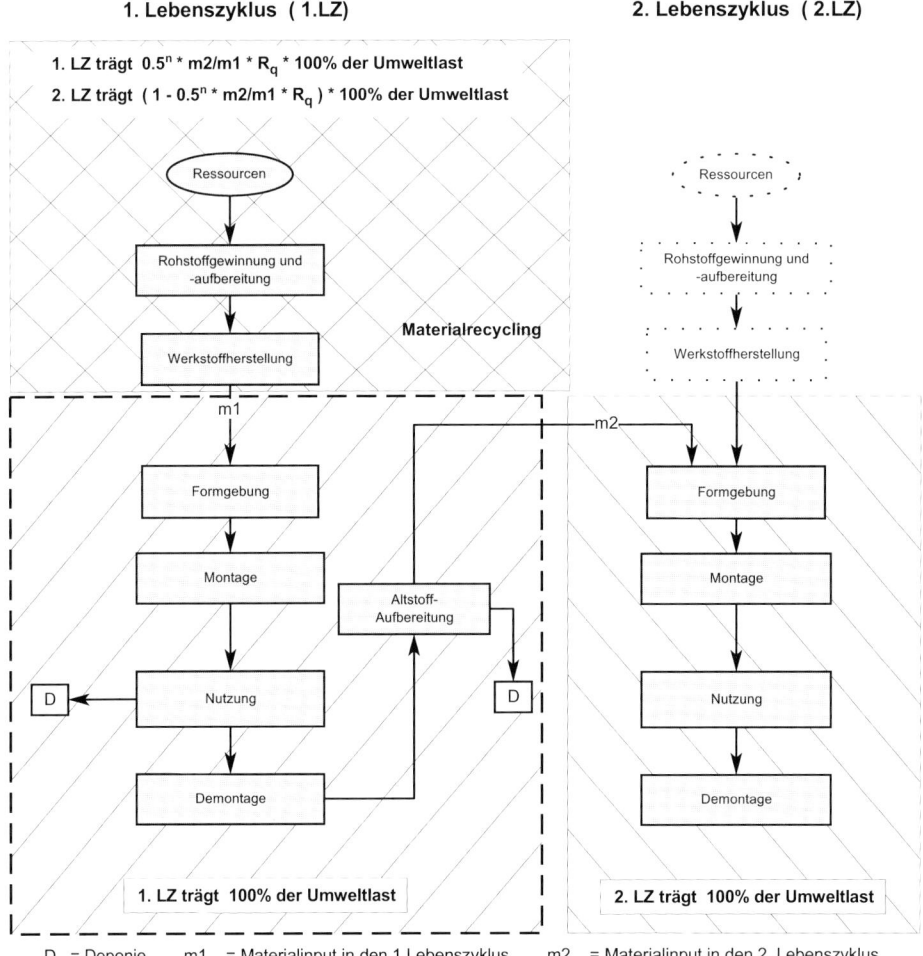

1. Lebenszyklus (1.LZ)   **2. Lebenszyklus (2.LZ)**

1. LZ trägt $0.5^n * m2/m1 * R_q * 100\%$ der Umweltlast

2. LZ trägt $(1 - 0.5^n * m2/m1 * R_q) * 100\%$ der Umweltlast

D = Deponie   m1   = Materialinput in den 1.Lebenszyklus   m2   = Materialinput in den 2. Lebenszyklus
R_q = Recyclatqualität bezogen auf den limitierenden Faktor des Recyclateinsatzes
n   = Anzahl der Lebenszyklen, die das Material vor dem hier als 2. LZ bezeichneten LZ bereits durchlaufen hat

Abbildung 10: Darstellung des Stoffflusses vom 1. zum 2. Lebenszyklus

1. und 2. Lebenszyklus teilen sich die Primäraufwendungen des nach der
Aufbereitung erhaltenen Rezyklat zu gleichen Teilen, falls dieses zu 100% diesel-
be Qualität hat. Ist dies nicht der Fall, vermindert sich der Anteil der Primäraufwendungen, den der 2. Lebenszyklus zu tragen hat, entsprechend der Qualitäts-
einbuße. Bestimmend für die Bewertung der Qualität ist die den Einsatz im betrachteten System am stärksten limitierende physikalische Eigenschaft.

Abbildung 10 zeigt zwei Lebenszyklen, wobei zwischen der Baustoffherstellung und dem weiteren Lebenszyklus unterschieden ist. Die Baustoffherstellung
(oberer Kasten) ist auf die beiden Lebenszyklen zu verteilen. Das Rezyklat, welches vom 1. zum 2. Lebenszyklus fließt, ersetzt für diesen Primärmaterial (ersetz-
te Primärmaterialherstellung: gestrichelte Kästen).

An der Stelle der Primärherstellung kann prinzipiell auch ein „geerbter" Anteil einer Primärherstellung stehen. Es muß dann allerdings bekannt sein, wie
viele Lebenszyklen das Material bereits durchlaufen hat.

**Stoffliche und energetische Verwertung von Abfällen mit negativem Markt-
wert**
Werden Abfälle zur Verwertung mit negativem Marktwert aus dem betrachteten
Lebenszyklus in einen anderen Lebenszyklus abgegeben, so wird weder eine
Verteilung der Lasten aus der Primärmaterialherstellung, noch eine Verteilung
der nun nicht benötigten Entsorgung vorgenommen. Die Systemgrenze wird zwischen die Lebenszyklen vor einer Aufbereitung und den Transport gelegt, d.h.
daß der zweite Lebenszyklus außer der Aufbereitung und dem Transport keine
Lasten zu tragen hat (Beispiel: Altreifen im Zementwerk).

Es besteht dabei auch die Möglichkeit, die thermische Verwertung in die Systemgrenze zu integrieren. Es sind dann die Energieprodukte nach Möglichkeit im
betrachteten Lebenszyklus einzusetzen (Eigenverbrauch) oder aber zu verteilen.

Beseitigung von Abfällen
Grundsätzlich sollten die Abfallbehandlungsmaßnahmen in Müllverbrennungs-
anlagen (MVA) oder Deponiebetrieb in die Systemgrenze integriert werden.

Abfälle zur Beseitigung mit Heizwert > 11 MJ/kg können auch in hierzu zu-
gelassenen Anlagen thermisch verwertet werden. Die Anforderungen hierzu sind
im Kreislaufwirtschaftsgesetz §6 enthalten [33]. Die Lasten hat der Lebenszyklus
zu tragen, in welchem die Stoffe zur Beseitigung anfallen. Falls es nicht möglich
ist, die Umweltbeeinflussung von MVA oder Deponie zu quantifizieren und den
zu beseitigenden Stoffen zuzuordnen, müssen Abfälle zur Entsorgung möglichst
gut spezifiziert auf Sachbilanzebene ausgewiesen werden. Eine Zusammenfassung der abzulagernden Abfälle in die Kategorien Deponieklasse I (Mineralstoff-
deponie) und Deponieklasse II ist möglich. Falls die Abfälle auf die Monodeponie gebracht werden, so ist zu spezifizieren, um welche Art der Monodeponie es
sich dabei handelt.

Im folgenden sind die unterschiedlichen Möglichkeiten nochmals zusammengefaßt [2].

Tabelle 3: Übersicht der Verteilungsregeln und zu setzenden Systemgrenzen in Abhängigkeit von Entsorgungs- und Verwertungsweg

Beseitigung	Stoffliche und energetische Verwertung	Recycling von Produkten
Abfälle zur Beseitigung	Abfälle zur Verwertung (negativer Marktwert)	Produkte und Abfälle zur Verwertung (positiver Marktwert)
Beseitigung ist innerhalb der Systemgrenzen des stoffabgebenden Lebenszyklus zu behandeln	Die Aufwendung der Aufbereitung trägt der stoffaufnehmende Lebenszyklus, eine Verteilung der Primärwerkstoffherstellung findet nicht statt	Die Aufwendung der Aufbereitung trägt der stoffabgebende Lebenszyklus, die Primärwerkstoffherstellung teilen sich beide Lebenszyklen, wenn das Material das System verläßt

3.3.5 Aggregation von Sachbilanzgrößen

Die Aggregation von Sachbilanzgrößen stellt einen wichtigen Teil innerhalb der Ergebnisdarstellung von Ganzheitlichen Bilanzierungen bzw. Ökobilanzen dar. Es werden in diesem Schritt Sachbilanzgrößen verrechnet, die schwer oder gar nicht auf Wirkkategorien (die potentielle Umweltproblemfelder beschreiben) abgebildet werden können oder die keinen direkten Bezug zu einer Umweltwirkung aufweisen. Jedoch können anhand dieser Größen Aussagen bezüglich der Umweltrelevanz von Produkten, Prozessen oder Dienstleistungen getroffen werden. Hierbei werden Sachbilanzgrößen zusammengefaßt und können so zusammen mit den Wirkpotentialen (siehe Kapitel 3.4) in der Interpretation dargestellt, gegenübergestellt und eingeschätzt werden. Es handelt sich hierbei um die Sachbilanzgrößen der Energie und des Abfalls.

3.3.5.1 Primärenergiebedarf

Der Primärenergiebedarf kann durch unterschiedliche Arten an Energiequellen gedeckt werden. Der Primärenergiebedarf ist das Quantum an direkt aus der Hydrosphäre, Atmosphäre oder Geosphäre entnommenen Energie oder Energieträger, die noch keiner anthropogenen Umwandlung unterworfen wurde. Bei fossilen Energieträgern und Uran ist dies z.B. die Menge entnommener Ressource ausgedrückt in Energieäquivalent (Energieinhalt der Energierohstoffe). Bei nachwachsenden Energieträgern wird z.B. die energetisch charakterisierte Menge eingesetzter Biomasse beschrieben. Bei Wasserkraft handelt es sich um die Energiemenge, die aus der Änderung der potentiellen Energie (aus der Höhendifferenz) des Wassers gewonnen wird (siehe zur Nomenklatur auch [2]). Als aggregierte Werte werden im Rahmen dieser Studie folgende Primärenergien ausgewiesen:

- Primärenergiebedarf aus nicht erneuerbaren Quellen in MJ.
  Diese Größe enthält aggregiert die Energieäquivalenzwerte der Ressourcen Steinkohle, Braunkohle, Erdöl, Erdgas, Uran.

- Primärenergiebedarf aus nachwachsenden Rohstoffen in MJ.
Die Ressource Holz dominiert diese Kategorie, in die auch Flachs, Hanf u.ä. fällt. Der Wert beschreibt den Heizwert der nachwachsenden Ressource nach der Ernte.
- Primärenergiebedarf aus Wasserkraft in MJ.
Die Primärenergie aus Wasserkraft setzt sich ausschließlich aus der nötigen, oben beschriebenen, potentiellen Energie des Wassers zusammen.

Es ist in jedem Fall wichtig, daß genutzte Endenergie (z.B. 1 kWh Strom) und eingesetzte Primärenergie nicht miteinander verrechnet wird, da sonst der Wirkungsgrad zur Herstellung bzw. Bereitstellung der Endenergie nicht berücksichtigt wird.

Der Energieinhalt der hergestellten Produkte wird als stoffgebundener Energieinhalt ausgewiesen. Er wird durch den unteren Heizwert des Produkts charakterisiert. Es stellt den noch nutzbaren Energieinhalt dar.

3.3.5.2 Abfallgrößen

Abfall fällt in unterschiedlichen Qualitäten an. Abfälle sind nach §1, Abs. 1, S. 1 AbfG [34, 36] „bewegliche Sachen, deren sich der Besitzer entledigen will" oder „deren geordnete Entsorgung zur Wahrung des Wohl der Allgemeinheit, insbesondere des Schutzes der Umwelt, geboten ist".

Aus Sicht der Bilanzierung ist im Rahmen dieser Studie eine Unterteilung der Abfälle in vier Kategorien sinnvoll. Es werden die Kategorien Abraum, Erzaufbereitungsrückstände, Hausmüll und Sondermüll ausgewiesen.

- Abraum in kg.
Diese Kategorie setzt sich aus abzuräumenden Deckschichten bei der Rohstoffgewinnung, Aschen und sonstigen, zu beseitigenden, rohstoffgewinnungsbedingten Materialien zusammen.
- Erzaufbereitungsrückstände in kg.
Die Erzaufbereitungsrückstände sind Taubes Gestein, Schlacken, Rotschlämme, u.ä.
- Hausmüll in kg.
Diese Größe enthält die aggregierten Werte von Hausmüll und hausmüllähnlichem Gewerbemüll nach der 3. AbfVwV TA SiedlABf.
- Sondermüll in kg.
Aggregiert sind in dieser Kategorie Stoffe, die einer Sondermüllverbrennung oder Sondermülldeponie zugeführt werden, wie Lackschlämme, Galvanikschlämme, Filterstäube oder sonstigem festen oder flüssigen Sondermüll und radioaktive Abfälle aus dem Betrieb von Kernkraftwerken und der Brennelementherstellung.

3.4 Wirkungsabschätzung

3.4.1 Allgemeine Beschreibung

Ziel der Phase der Wirkungsabschätzung einer Ökobilanz ist die Beurteilung der Bedeutung potentieller Umweltwirkungen mit Hilfe der Ergebnisse der Sachbilanz. Im allgemeinen werden in diesem Schritt Sachbilanzdaten spezifischen Umweltwirkungen zugeordnet und es wird versucht, die hieraus resultierenden potentiellen Wirkungen zu erkennen. Die Ausführlichkeit, die Auswahl der zu beurteilenden Wirkungen und die anzuwendenden Methoden hängen vom Ziel und dem Untersuchungsrahmen der Studie ab.

Untersucht wird innerhalb der Wirkungsabschätzung die potentielle Umweltbeeinflussung (wie z.B. Klimaveränderung, Ozonabbau, saurer Regen), die von den über den gesamten Lebenszyklus auftretenden Input- und Outputströmen verursacht wird.

Innerhalb der Wirkungsabschätzung werden die Schritte Auswahl der Wirkkategorien, Klassifizierung (Zuweisung der Sachbilanzdaten auf die Wirkkategorien), Charakterisierung (Modellierung der Sachbilanzdaten auf den Indikator der Wirkkategorie) und die Gewichtung/Abwägung über die verschiedene Wirkkategorien unterschieden. Es können optional weitere Informationen einfließen um eine Interpretation der Ergebnisse zu unterstützen.

Die Klassifizierung und Charakterisierung stellen den objektiven Teil der Wirkungsabschätzung dar, der auf naturwissenschaftlichen Grundlagen beruht.
Im Rahmen der Klassifizierung werden die auf die Umwelt einwirkenden Stoffe entsprechend ihrer potentiellen Wirkung in Wirkkategorien zusammengefaßt. Innerhalb der Wirkungskategorien werden die Sachbilanzdaten derart weiter modelliert, daß das charakteristische Wirkpotential des betrachteten Stoffes ermittelt und den jeweiligen Wirkkategorien angerechnet wird. Dieser Schritt wird als Charakterisierung bezeichnet.

An die Charakterisierung schließt sich oft eine Signifikanzuntersuchung an. Hierbei wird die Ermittlung der Relevanz von einzelnen Wirkkategorien über geeignete Rechenverfahren verstanden.

Im Zuge der Gewichtung/Abwägung können in besonderen Fällen die Ergebnisse in Bezug auf die Priorisierung der Umweltwirkungen zusammengefaßt werden, um leichter mit anderen Ergebnissen verglichen werden zu können. Dies stellt eine subjektive Bewertung dar. Diese Zusammenfassung der Ergebnisse zu einer höheren Aggregationsstufe ist jedoch nur gestattet, wenn deren Aussagekraft erhalten bleibt.

Rahmen einer Wirkungsanalyse

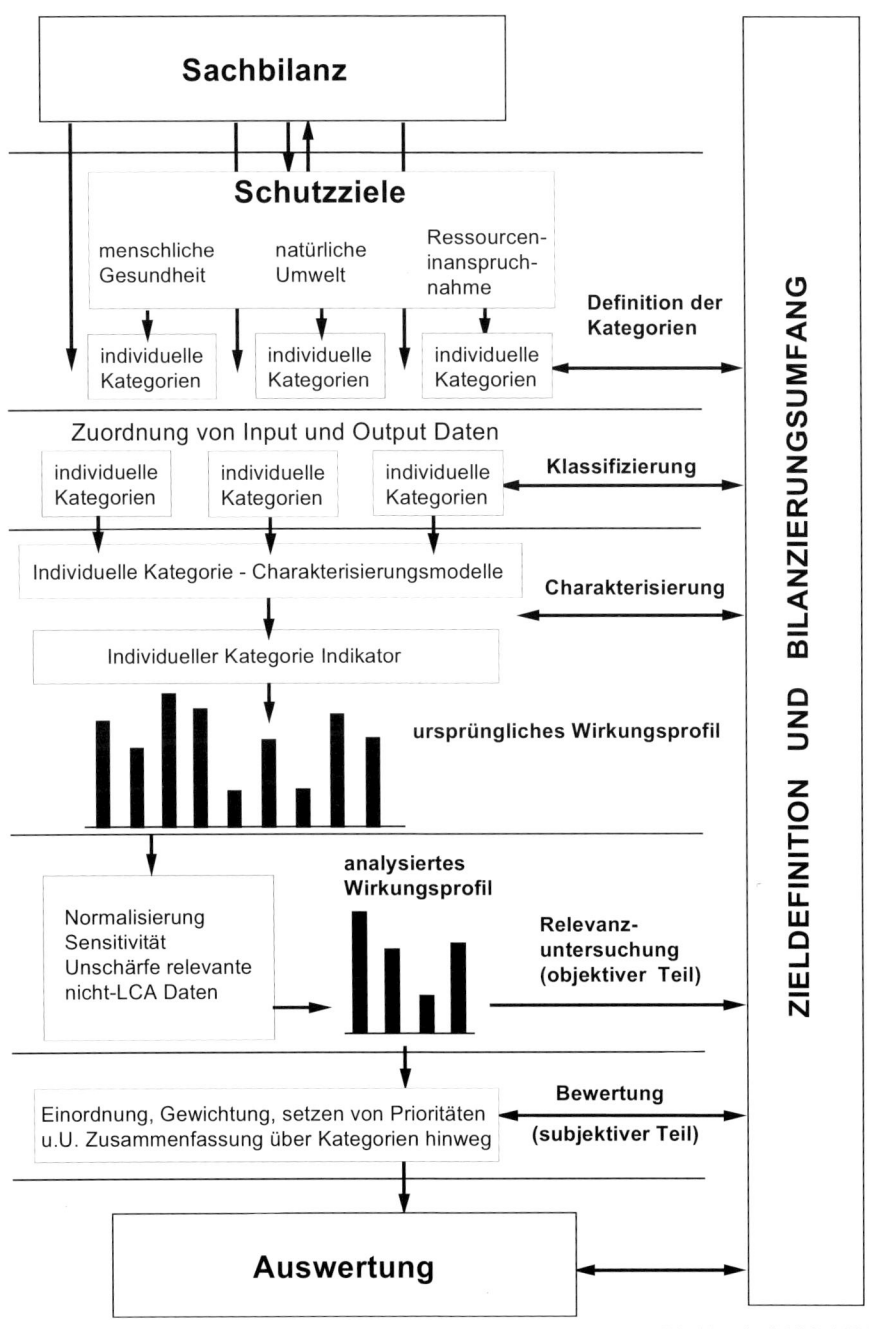

Quelle: initial Workingdraft ISO 14042

Abbildung 11: Der Rahmen der Wirkungsabschätzung [5]

3.4.2 Auswahl der Wirkkategorien

Die Auswahl, welche Wirkkategorien bzw. Umweltwirkungen betrachtet werden, orientiert sich an den Schutzzielen der Nachhaltigkeit, Ressourcenschonung, dem globalen Schutz der Ökosphäre, dem Schutz der menschlichen Gesundheit und der Stabilität der Ökosysteme [36, 37]. Die Auswahl der betrachteten Wirkkategorien muß mit der in der Zieldefinition beschriebenen übereinstimmen, ansonsten ist in einem iterativen Prozeß die Zieldefinition anzupassen. Es ist zu überprüfen, ob etwaige Änderungen der Zieldefinition Auswirkungen auf andere Teile der Bilanz haben.

Die Wirkkategorien decken sich inhaltlich mit denen im nationalen Positionspapier des NAGUS zur DIN ISO 14042 [38] aufgeführten negativen Umweltwirkungen, mit Ausnahme der Toxizitätspotentiale und der Lärmbelastung, die aus den in der Zieldefinition angeführten Gründen nicht mit in die Betrachtung aufgenommen wurden. Der Ressourcenbedarf wird auf Sachbilanzebene ausgewiesen.

Tabelle 4: Wirkkategorien zur Abschätzung der Umweltwirkung

Wirkkategorie		Kurzbeschreibung	Beispiele
Treibhauspotential (GWP)	[39]	Emissionen in Luft, die den Wärmehaushalt der Atmosphäre beeinflussen	CO_2, CH_4 ....
Ozonabbaupotential (ODP)	[40]	Emissionen in Luft, welche die stratosphärische Ozonschicht abbauen	FCKW ....
Versauerungspotential (AP)	[41]	Emissionen in Luft die eine Regenwasserversauerung verursachen	NO_x, SO_2, HCl, HF ....
Eutrophierungspotential (NP)	[41]	Überdüngung von Gewässern und Böden	P- und N-Verbindungen
Photooxidantienpotential (POCP)	[42]	Emissionen in Luft, die als Ozonbildner in Bodennähe fungieren	Kohlenwasserstoffe

Die Methodik der Wirkungsabschätzung befindet sich zum Teil noch in der Entwicklungsphase. Ein für das Schutzziel Nachhaltigkeit wichtiger Aspekt, welcher erst seit kurzem in einer Wirkkategorie abgebildet ist, stellt die Frage der Naturrauminanspruchnahme dar. Für dieses Kriterium wird momentan am IKP eine Methode entwickelt [43, 44].

Zur weiteren Information bezüglich des Diskussionsstandes zur Wirkungsabschätzung wird auf die Literaturstellen [22, 25, 42, 45] verwiesen.

In der Abbildung 11 aus dem Normentwurf der ISO 14042 [5] wird der Rahmen der Wirkungsabschätzung graphisch dargestellt. Die Abbildung 11 stellt somit eine Detaillierung der Abbildung 5 dar, auf der sie aufbaut.

3.4.3 Beschreibung der Wirkkategorien

3.4.3.1 Anthropogener Treibhauseffekt

Die von der Sonne auf die Erdoberfläche abgestrahlte Energie wird zum Teil reflektiert, zum Teil absorbiert. Der absorbierte Anteil führt zur Erwärmung von Boden, Wasser und Luft. Relativ kurzwellige UV/VIS-Strahlung trifft auf den Boden auf und wird, zu größeren Wellenlängen hin verschoben, als Wärmestrahlung (IR-Wellenlängenbereich) in die Atmosphäre abgestrahlt.

Bestimmte Spurengase der Erdatmosphäre tragen nun dazu bei, die Troposphäre aufzuheizen, indem sie die einfallende Sonnenstrahlung nahezu ungehindert durchlassen, aber einen großen Teil der von der Erde wieder ausgesandten Infrarotstrahlung absorbieren und so die Wärme nicht wieder in den Weltraum abgestrahlt werden kann (analog Gewächshaus [Treibhaus], Wintergarten). Damit findet eine zusätzliche Wärmespeicherung in der Atmosphäre statt. Beispiele für solche klimarelevanten Spurengase sind Wasserdampf (H_2O) und Kohlendioxid (CO_2).

Zur Zeit beträgt die Durchschnittstemperatur auf der Erde ca. +15 °C. Ohne den bereits von FOURIER und ARRHENIUS beschriebenen „natürlichen Treibhauseffekt" läge diese durchschnittliche Temperatur der Erdoberfläche um 33 K niedriger; bei ca. –18 °C. Kein Lebewesen wäre dann überlebensfähig. Der Wasserdampf in der Troposphäre hat den größten Anteil am natürlichen Treibhauseffekt. Von den genannten 33 °C Temperaturdifferenz rechnet man dem Wasserdampf etwa 21 °C und dem Kohlendioxid etwa 7 °C zu.

Durch die aufgrund menschlicher Aktivitäten freigesetzten sogenannten anthropogenen Treibhausgase wie Kohlendioxid, Methan, FCKW´s usw. findet eine Konzentrationszunahme der treibhausrelevanten Spurenemissionen statt. Diese verursachen einen zusätzlichen Treibhauseffekt.

Durch den Temperaturanstieg würden sich z.B. die Niederschlagsverteilungen und die Vegetationszonen großräumig verschieben, wodurch sich eine Änderung des Artenspektrums ergeben könnte.

Längere Vegetationsperioden bzw. mögliche Wasserknappheit wären ebenfalls möglich. Jedoch sind solche schwerwiegenden Aussagen umstritten. Die Folgen sind nicht abschätzbar.

Es wird versucht, die Lebenszeit eines Gases in der Atmosphäre abzuschätzen, indem die möglichen Abbaureaktionen betrachtet werden. Je unwahrscheinlicher der Abbau eines Moleküls, desto höher ist die Verweilzeit in der Atmosphäre. Die Treibhauspotentiale (global warming potentials) werden auf Kohlendioxid CO_2 bezogen und für ein kg eines Gases bezogen auf ein kg CO_2 angegeben.

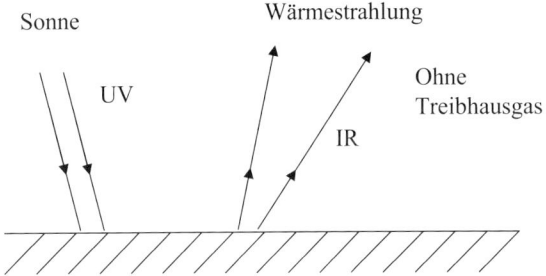

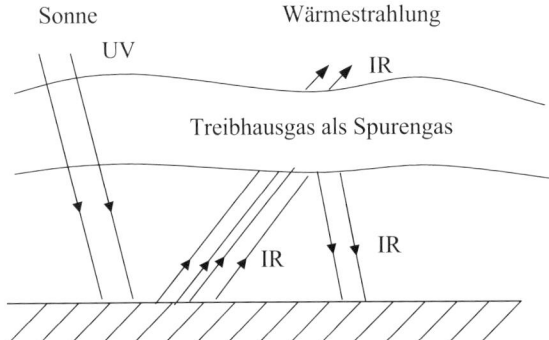

Abbildung 12: Mechanismus des Treibhauseffekts

Die Ermittlung der Äquivalenzziffern kann vorgenommen werden über:

$$GWP_{i,T} = \frac{\int\limits_0^T a_i c_i(t)\,dt}{\int\limits_0^T a_{CO_2} c_{CO_2}(t)\,dt}, \quad GWP \text{ in } kg\,CO_2\text{-Äq.} \tag{3}$$

a_i :   Wärmestrahlungsabsorptionskoeffizient des Gases i

$c_i(t)$:   Konzentration des Gases i zum Zeitpunkt t

T: Integrationszeitraum (in Abhängigkeit vom Betrachtungszeitraum 20, 200, 500 Jahre)

Da die Lebenszeit der Gase in die Berechnung mit eingeht, machen absolute Werte keinen Sinn. Deshalb muß der Zeithorizont immer mit angegeben werden.

Üblich ist heute der Bezug auf 100 Jahre, in der Literatur werden aber auch Zahlen für 20 oder 500 Jahre angegeben. International akzeptiert sind Kennwerte des Intergouvernmental Panel of Climatic Change (IPCC). Auf der Basis sogenannter 2D-Klimamodelle werden massenbezogene GWP angegeben.

Die Ermittlung des Treibhauspotentials einer Alternative erfolgt über die Summation der einzelnen Beiträge klimarelevanter Gase zum Treibhauseffekt. Die Aggregation erfolgt über:

$$Gesamt - GWP = \sum_i GWP_i \cdot Emissionsmenge_i \qquad (4)$$

Die Gewichtung des Treibhauseffektes sollte im Hinblick auf dessen langfristige, globale Auswirkung auf das gesamte Ökosystem erfolgen. Es sollte ferner berücksichtigt werden, daß er ursachenorientiert beeinflußbar ist und der Anteil der Industrie am Gesamtaufkommen der anthropogen erzeugten Spurengase bei etwa 30% liegt.

Hierbei ist allerdings zu berücksichtigen, daß auch die Modellbildung hier mit einigen Unsicherheiten behaftet ist. Vor allem die Kennwerte der Konzentration der Spurenelemente in der Atmosphäre und deren mittlere Verweilzeit sind stets fehlerbehaftet. Auch die Modellbildung der Stahlungsabsorption und Wärmeabstrahlung ist mit Unsicherheiten belegt. Die Modellunsicherheit wird von IPCC mit +/− 35% bezogen auf den CO_2-Äquivalenzwert angegeben (Literaturstellen: [42, 46–55]).

3.4.3.2 Katalytischer Ozonabbau in der Stratosphäre

Ozon (O_3) ist ein Spurengas der Atmosphäre, das zu ca. 90% in der Stratosphäre (Höhenbereich von ca. 10–15 bis 50 km) und zu etwa 10% in der Troposphäre vorkommt (Höhenbereich bis ca. 10–15 km). Obwohl dieser Anteil nur wenige Anteile Ozon auf eine Million Teile Luft beträgt, ist die Wirkung des Ozons für das Leben auf der Erde äußerst wichtig: Ozon absorbiert ultraviolette (UV-) Strahlung in einem Wellenlängenbereich (UV-B), der gefährliche Auswirkungen auf Menschen und Ökosysteme hat. Die Ozonkonzentration der Atmosphäre wird durch ein dynamisches Gleichgewicht zwischen vielen physikalischen und chemischen Auf- und Abbauprozessen bestimmt. Die genannten positiven Wirkungen sind von negativen Wirkungen des troposphärischen Ozons zu unterscheiden. Diese werden im Rahmen der Ökobilanzierung durch die Wirkungskategorie „Photochemisches Oxidantienbildungspotential – POCP" abgebildet. Einige Hintergrundinformationen zur Verteilung und Wirkung des Ozons finden sich in Abbildung 13.

Allgemein bekannt wurde das Problem der Zerstörung des Ozons in der Atmosphäre vor allem durch Berichte über das Ozonloch [Farman et al., *Nature* (1985) 315, 207-10]. Dieses Ozonloch von ca. 22 Millionen Quadratkilometern Größe (1995 und 1996) beschränkt sich jedoch auf die antarktischen Gebiete der Erde.

Weniger bekannt ist, daß auch über allen anderen Punkten der Erdoberfläche – mit Ausnahme äquatorialer Gebiete – ein Ozonabbau stattfindet (vgl. Abbildung 14). Dieser hat jedoch nicht einen so spektakulären Anschein, wie das Ozonloch. Tatsächlich ist dieser Abbau aber ebenfalls sehr problematisch: er findet nicht über weitgehend unbesiedelten Gebieten, sondern direkt über den Pflanzen, Tieren und Menschen statt.

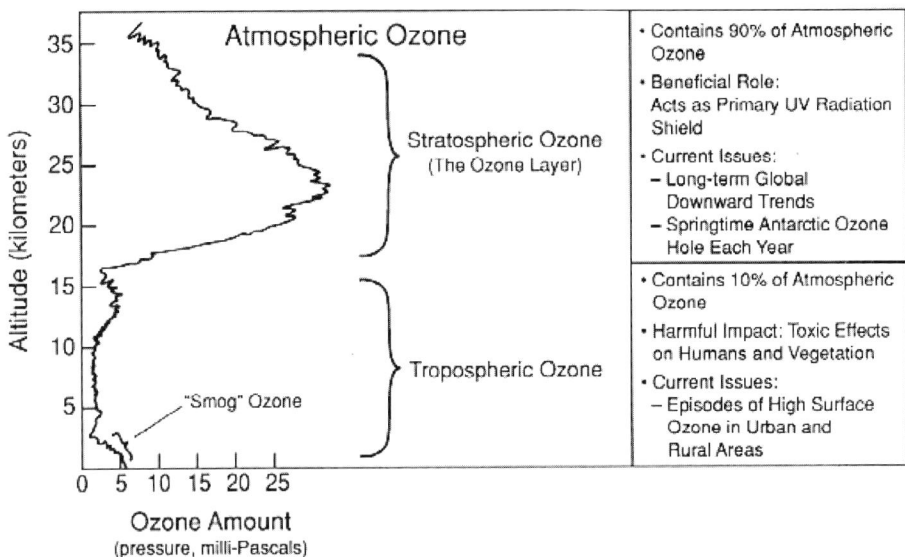

Abbildung 13: Verteilung und Wirkung atmosphärischen Ozons.

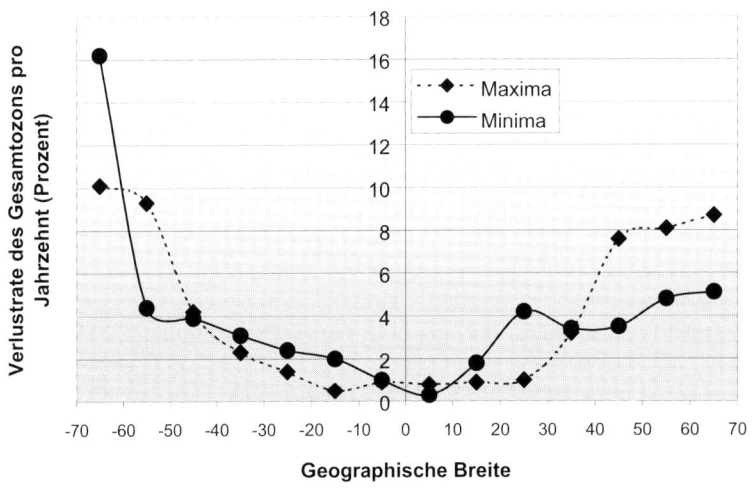

Abbildung 14: Räumliche Verteilung des Ozonverlustes.

Die Verringerung der Ozonkonzentration in der Stratosphäre zieht eine Reihe von Folgen nach sich. Es wird befürchtet, daß sich die damit zwangsläufige Erhöhung der energiereichen UV-Strahlung sehr negativ auf das Leben auf der Erde auswirkt.

Akute denkbare Auswirkungen wären z.B. Wuchsveränderungen bzw. Minderung der Ernteerträge (Störung der Photosynthese), Tumorindikationen (Hautkrebs und Augenerkrankungen) und die Abnahme des Meeresplankton, was erhebliche Auswirkungen auf die Nahrungskette nach sich ziehen würde. Da UV-Licht die Erbsubstanz (DNA) zerstört bzw. kanzerogen wirkt, muß langfristig wohl mit einer Zunahme der Mutationsrate gerechnet werden.

Aufgrund der räumlichen und zeitlichen Variabilität des Ozonabbaus sowie der Tatsache, daß für den Abbau in den polaren Gebieten andere chemische Mechanismen entscheidend sind als in gemäßigten Breiten, müßte die Klassifizierung in Ökobilanzen eigentlich zwei Wirkungskategorien betrachten. Da für eine Klassifizierung des globalen, stratosphärischen Ozonabbaus noch kein quantitatives Modell zur Wirkungsabschätzung entwickelt wurde, wird auf das klassische ODP-Konzept zurückgegriffen. Im Rahmen des klassischen ODP-Konzeptes werden v. a. anthropogen emittierte Halogenkohlenwasserstoffe, die als Katalysatormolekül viele Ozonmoleküle zerstören können, erfaßt. Aus den Ergebnissen von Modellrechnungen für unterschiedliche ozonrelevante Stoffe ergeben sich sogenannte „Ozonschädigende Potentiale" (ODP: Ozone Depletion Potential). Dabei wird ein festes Szenario mit fester Emissionsmenge eines Referenz-FCKW (R11 → ODP als R11-Äquivalent) durchgerechnet. Als Ergebnis erhält man im Gleichgewicht einen bestimmten Wert der Gesamtozonreduktion.

Für jede Substanz, für die ein Ozonabbauwert bestimmt werden soll, wird das gleiche Szenario gerechnet, wobei diese Substanz die Referenzsubstanz ersetzt. Der dann erhaltene Ozonabbau wird ins Verhältnis gesetzt.

$$ODP_i = \frac{\delta[O_3]_i}{\delta[O_3]_{R11}} \tag{5}$$

$\delta[O_3]_i$:   Modellierter Ozonabbau durch Substanz i

$\delta[O_3]_{R11}$:   Modellierter Ozonabbau durch R11

ODP_i :   Ozonabbaupotential von Substanz i

Bestimmende Parameter für das Ozonabbau-Potential sind beispielsweise die Anzahl der Halogenatome sowie die atmosphärische Lebensdauer.

Trotz internationaler Abkommen (Montreal-Protokoll) über die Verwendung von FCKWs sind die atmosphärischen Konzentrationen wegen der langen Lebensdauer von beispielsweise R11 und R12 noch relevant. Auch die FCKW-Ersatzstoffe (HFCKW, HFKW) tragen – wenn auch in geringerem Ausmaß – zum Ozonabbau bei.

Der Gesamtbeitrag zum Abbau des stratosphärischen Ozons wird ermittelt über die einzelnen Emissionsmengen und dem jeweiligen Ozonabbaupotential.

$$Gesamt - ODP = \sum_i ODP_i \cdot Emissionsmenge_i \tag{6}$$

Die Bewertung und Gewichtung des ozonschädigenden Potentials sollte ebenfalls vor dem Hintergrund der langfristigen, globalen Auswirkungen geschehen, die zum Teil irreversibel auftreten (Literaturstellen: [15, 46–59]).

3.4.3.3 Versauerung

Mit eine der gravierendsten Umweltbelastungen stellt die Versauerung dar. Die Ursachen lassen sich auf Verbrennungsprozesse in Industrie, Kraftwerken, Haushalten, Kleinverbrauchern und Verkehr zurückführen.

In Europa wurde in den vergangenen Jahren eine zunehmende Versauerung der Niederschläge festgestellt („Saurer Regen"). Als Maß dient dabei der pH-Wert des Niederschlagwassers. Die für die Versauerung verantwortlichen Spurengase sind in erster Linie Stickoxide (NO_X) und Schwefeldioxid (SO_2). Das Ausmaß der nachteiligen Wirkung der Versauerung kann höchst unterschiedlich ausfallen. Man unterscheidet allgemein Wirkungen auf Gebäude, Vegetation, Böden, Gewässer und die menschliche Gesundheit.

Bestimmten Emissionen kann ein Versauerungspotential AP (Acidification Potential) zugewiesen werden, indem die im Molekül vorhandenen S-, N-, und Halogenatome zur Molmasse ins Verhältnis gesetzt werden. Die betreffenden Substanzen sind die Vorläufer der wichtigsten anorganischen Säuren, die über Oxidationsreaktionen gebildet werden können. Dabei zählt Schwefel doppelt, weil dieses Element potentiell eine zweibasige Säure (Schwefelsäure) bildet. Als Bezugssubstanz dient SO_2. Das Versauerungspotential AP erlaubt eine Aussage, in welchem Maße ein Schadstoff zum Gesamtproblem beiträgt. Das AP kann sinngemäß auf Emissionen im Wasser übertragen werden. Das AP nach DE LEEUV berücksichtigt die wichtigsten anorganischen Säuren. Es wird durch folgenden Zusammenhang beschrieben:

$$AP_i = \frac{v_i / M_i}{v_{SO2} / M_{SO2}}, \quad AP \text{ in } kg\, SO_2 \text{ - Äq.} \tag{7}$$

v_i = potentielle H^+-Äquivalente je Masseneinheit der Substanz i

M_i = Molmasse der Substanz i

Der Gesamtbeitrag zur Versauerung wird ermittelt über die einzelnen Emissionsmengen und dem jeweiligen auf SO_2 bezogenen Versauerungspotential AP.

$$AP = \sum_i AP_i \cdot m_i \tag{8}$$

Auch für direkte Säureeinträge kann mit dieser Vorgehensweise ein Versauerungspotential ermittelt werden. Hierbei handelt es sich dann aber nicht mehr um ein Potential im ursprünglichen Sinne, d.h. einer Möglichkeit zur Freisetzung von Hydronium-Ionen, sondern vielmehr bereits um einen direkten Säureeintrag. Für die o.g. Substanzen bestimmt noch das jeweilige Medium, sowie die vorherrschenden Umweltbedingungen, ob es zu einer Säure/Base-Dissoziation und damit zu einer Hydronium-Ionen Freisetzung kommt. Dies kann jedoch entsprechend berücksichtigt und ausgewiesen werden. Darüber hinaus kann für weitere Substanzen (z.B. HBr, HI, CO_2 usw.) ein AP bestimmt werden.

Bei der Wichtung der Versauerung sollte Rücksicht auf die Tatsache genommen werden, daß dies zwar ein globales Problem darstellt, die Auswirkungen jedoch stark regional differenzieren können. Ferner ist es durch die Verwendung schwefelarmer Brennstoffe sowie geeigneter technischer Maßnahmen zur Schadstoffreduktion und Energieeinsparung durchaus möglich, das Problem nachhaltig in den Griff zu bekommen. Die Auswirkungen sind teilweise reversibel.

Die Unsicherheit bei der Modellbildung zum Ansäuerungspotential wird nachhaltig bestimmt durch die Ausbreitung der säurewirksamen Gase in der Atmosphäre. Die luftgetragenen Schadstoffe werden durch Auswaschungsvorgänge in die Böden eingetragen. Hierbei kann nun bei basischen Böden (Kalkgebirge) eine Neutralisationsreaktion stattfinden. Dies bedeutet, daß dort kein säurewirksamer Eintrag in die Ökosysteme stattfindet. Geht der Niederschlag aber auf einem sauren Boden nieder, so überhöht sich die Wirkung. Die Wirksamkeit der Schadstoffe hängt daher vor allem vom Immissionsort ab.

Um eine genauere Aussage zur Versauerung machen zu können muß daher bekannt sein, an welcher Stelle und in welcher Form die Emission stattfindet (Schornsteinhöhe, Windrichtung), um mit geeigneten Ausbreitungsmodellen die Verteilung der Schadstoffe bestimmen zu können. Liegt nun diese Verteilung vor, kann anhand geographischer Informationen bestimmt werden, ob eine Säurewirksamkeit vorliegt oder nicht. Diese Vorgehensweise ist zwar möglich, scheitert heute aber noch an der praktischen Verfügbarkeit aller notwendiger Informationen, die bereits bei der Daten- und Informationsbeschaffung mit erhoben und verarbeitet werden müssen. Aus diesem Grund wird heute lediglich das Versauerungspotential bestimmt. Daher ist bei der abschließenden Diskussion großer Wert auf die Unsicherheit bei der Modellbildung zu legen (Literaturstellen: [15, 41, 42, 53, 55, 60–62].

3.4.3.4 Eutrophierung (Überdüngung)

Als Eutrophierung wird der Vorgang bezeichnet, bei dem an einem Standort eine Nahrungs- und Nährstoffanreicherung erfolgt. Dieser Begriff wird für den Vorgang der Überdüngung durch natürliche und anthropogen bedingte Anreicherung und die dadurch auftretende Störung des biologischen Gleichgewichtes verwandt.

Man unterscheidet hierbei zwischen aquatischer und terrischer Eutrophierung in Abhängigkeit davon, ob der Schadstoffeintrag in Gewässer oder in Form luftgetragener Emissionen in Böden erfolgt.

In der Natur läuft dieser Prozeß zum Beispiel während des langsamen Alterns von Seen ab, kann aber auch durch aus der Landwirtschaft stammendes, abfließendes Wasser und durch Einleitung häuslicher und industrieller Abwässer beschleunigt werden. Grundsätzlich kann die umweltliche Wirkung der Eutrophierung auf vier Bereiche aufgeteilt werden: Gewässer, Boden, Pflanzen/Nahrung, Mensch.

Bei Überdüngung (Eutrophierung) durch Nährstoffe in Gewässern (Flüssen, Seen, Meere) kommt es zu einem schnellen Algenwachstum. Damit dringt weniger Sonnenlicht in tiefere Schichten vor. Dort kommt es daraufhin zu einer geringeren Photosynthese und damit verbunden zu einer verminderten Sauerstoffproduktion. Aus den oberen Schichten sinken tote Algen in tiefere Schichten ab und werden abgebaut. Da beim Abbau organischer Substanzen Sauerstoff benötigt wird, sinkt der Sauerstoffgehalt des Gewässers stark ab und reicht z.B. für höhere Tiere nicht mehr aus: es kommt zum Fischsterben.

Die Löslichkeit von Sauerstoff in Wasser verringert sich mit steigender Temperatur. Sie beträgt bei 35 °C etwa die Hälfte des Wertes wie bei 0 °C. Dies bedeutet also, daß wärmeres Wasser weniger Belastung hinsichtlich eines erhöhten Sauerstoffbedarfs verkraftet als kälteres. Daher kommt es zum Umkippen von Gewässern besonders im Sommer.

Ist nicht genügend Sauerstoff vorhanden, setzt eine anaerobe Zersetzung ein (ohne Sauerstoffzufuhr). Es bilden sich dann u.a. Schwefelwasserstoff (H_2S) und Methan (CH_4). Das Gewässer fängt an zu stinken. Es wäre wichtig, die offenen Stickstoff- und Phosphorkreisläufe der modernen, industriellen Landwirtschaft durch ein Zurückführen der organischen Abfälle (Nährstoffrückführung, Humusbildung) zu schließen.

Zur Düngung des Bodens werden in der heutigen modernen Landwirtschaft neben den wirtschaftseigenen Düngern (Mist, Gülle, Jauche) immer größere Mengen an Handelsdüngern verwendet. Häufig werden mehr Pflanzennährstoffe ausgebracht, als der jeweilige Pflanzenbestand entziehen und der Boden fixieren kann. Die gewissermaßen überschüssigen Nährstoffe können durch Abschwemmung und Auswaschung nicht behandelte Flächen eutrophieren, d.h. mit Nährstoffen anreichern. Unsachgemäß ausgebrachte Gülle führt durch Nitratauswaschung zu einer erhöhten Nitratkonzentration des Grundwassers und damit zu Problemen bei der Trinkwassergewinnung. Eine Ausbringung von Klärschlämmen, Baggergut und Müllkomposte können zu Schadstoff- bzw. Schwermetallanreicherungen im Boden und Grundwasser führen.

Eine übermäßige Düngung hat ebenfalls eine Veränderung von Flora und Fauna zur Folge. Eine Erhöhung der Düngung zieht in der Regel eine Artenarmut auf den gedüngten Flächen oder eine Anhäufung von untypischen Arten mit sich. Bei überdüngten Pflanzen beobachtet man eine verstärkte Anfälligkeit gegenüber Krankheiten und Schädlingen sowie eine Schwächung des Festigungsgewebes. Übersteigt die Düngerzugabe die für einen Höchstertrag erforderliche Stickstoffmenge, so führt dies bei manchen Nutzpflanzen zu einer Nitrat-Akkumulation, bevorzugt in Sproßachsen und älteren Pflanzenteilen.

Nitrat, zumindest in den relativ geringen Mengen, in denen wir es mit unserer Nahrung und unserem Trinkwasser aufnehmen, ist toxikologisch unbedenklich. Der Grund in einer angestrebten Minimierung der Nitratzufuhr liegt in der toxikologischen Bedenklichkeit des aus dem Nitrat entstehenden Reduktionsproduktes Nitrit. Bereits kleine Mengen Nitrit können beim Menschen toxische Folgen herbeiführen, die bis zum Tod führen können.

Unter der Voraussetzung, daß die natürlicherweise knappen Nährstoffe Stickstoff und Phosphor entscheidend zur Eutrophierung beitragen, kann zur Abschätzung des Beitrags verschiedener Stoffe ein Eutrophierungspotential (EP) definiert werden. Die im Molekül vorhandenen N- und P-Atome werden zum Molekulargewicht ins Verhältnis gesetzt. Als Bezugssubstanz dient das Phosphat-Anion. Sinnvollerweise betrachtet man hier Ionen, die sich beim Eintrag ins Wasser bilden. Diese Ionen werden auch üblicherweise in der Wasseranalytik erfaßt. Folgende Formel zeigt wie das EP berechnet wird.

$$EP_i = \frac{v_i/M_i}{v_{PO_3^-}/M_{PO_3^-}} \;, \quad EP \text{ in } kg \, PO_4^{3-} \text{- Äq.} \tag{9}$$

v_i :   potentielle Biomassenbilder in PO_4^{3-}-Äquivalent je Menge der Substanz i

M_i :   Molmasse der Substanz i

Der Gesamtbeitrag zur Eutrophierung wird ermittelt über die einzelnen Emissionsmengen und dem jeweiligen auf Phosphat bezogenen Eutrophierungspotential EP.

$$Gesamt - EP = \sum_i EP_i \cdot Emissionsmenge_i \tag{10}$$

Bei der Wichtung der Eutrophierung wird Rücksicht darauf genommen, daß es sich hierbei um ein regional auftretendes Problem handelt, welches bedingt technisch beherrschbar sein kann. So erfolgt gelegentlich eine künstliche Belüftung mit Luft oder Sauerstoff. Im Prinzip handelt es sich, wie bei der Versauerung, um eine teilweise reversible Erscheinung (Literaturstellen: [15, 41, 42, 49, 53–55, 60–62]).

3.4.3.5 Sommersmog (Photooxidantienbildung)

Die verschiedenen Umweltprobleme sind eng miteinander vernetzt. So haben Kohlenwasserstoffe und Stickoxide, deren Entstehung zu einem ganz wesentlichen Teil auf den ständig ansteigenden Verkehr zurückzuführen sind, neben den oben schon beschriebenen Wirkungen als Treibhausgas bzw. Versauerungspotential auch die unangenehme Eigenschaft, unter Einwirkung von Sonnenlicht, Ozon (O_3) in den unteren Luftschichten zu bilden.

Während Ozon in der Stratosphäre eine wichtige Schutzfunktion wahrnimmt, wirkt es in der Troposphäre als schädliches Spurengas. Ozon gilt als Zellgift für alle Organismen. Schon geringe Konzentrationen können beim Menschen zu Gesundheitsschäden führen. Deshalb ist die Bildung von Ozon, als Folge von Emissionen in die Luft, eine wichtige indirekte Schadwirkung solcher Emissionen. Der genaue chemische Vorgang, der zur Ozonbildung bzw. zum Ozonabbau in der Atmosphäre führt, ist komplex.

Ozonabbau

Der wichtigste Umwandlungsprozeß für NO in der Atmosphäre ist die Oxidation durch Ozon, das auf diese Weise abgebaut wird. Es entsteht Sauerstoff (molekular) und Stickstoffdioxid:

$$NO + O_3 \rightarrow NO_2 + O_2 \tag{11}$$

Die Reaktion läuft schnell ab. Ohne Lichteinwirkung, z.B. nachts kann dies zu einem erheblichen Abbau des in der Troposphäre befindlichen Ozons führen; dies vor allem in Gebieten, wo NO in höherer Konzentration vorhanden ist (Innenstädte, Autobahnen). In fernen Waldgebieten findet man dagegen fast kein NO, dafür aber viel Ozon.

Ozonentstehung

Bei Sonnenlicht wird das NO_2 durch Photolyse zerlegt, wobei wieder NO und O_3 entstehen:

$$NO_2 + h\nu \text{ (290 bis 430 nm)} \rightarrow NO + O \tag{12}$$

(langsame Reaktion; Geschwindigkeit hängt von der Lichtintensität ab)

$$O + O_2 + M \rightarrow O_3 + M \tag{13}$$

(schnelle Folgereaktion, nicht geschwindigkeitsbestimmend;
M steht für einen „Stoßpartner")

Abbau und Erzeugung von Ozon und Stickstoffmonoxid konkurrieren miteinander. Zwischen O_3, NO_2 und NO entsteht ein photostationäres Gleichgewicht. Die Ozonkonzentration hängt also vom NO_2/NO-Konzentrationsverhältnis und von der wirksamen Lichtintensität ab. Kohlenwasserstoffe in der Atmosphäre haben nun die Eigenschaft, dieses Gleichgewicht negativ zu beeinflussen, da sie in der Lage sind, durch die Bildung von Peroxiden das Stickstoffmonoxid weiter zu oxidieren.

Daraus folgt, daß man auch den Kohlenwasserstoffen ein „Ozonbildungs-Potential" zuweisen kann. Aufgrund der Mitwirkung dieser Oxidantien wird das NO_2/NO-Verhältnis vergrößert, was bei starker Sonneneinstrahlung zu einer Erhöhung der Ozonkonzentration führt. Stickstoffoxide allein bewirken also noch keine sehr hohen Ozonkonzentrationen, es ist die Mitwirkung von Kohlenwasserstoffen und Sonneneinstrahlung erforderlich.

Photochemische Ozonbildung in der Troposphäre, auch „Sommer-Smog" genannt, steht stark in dem Verdacht, zu Wald-, Vegetations- und Materialschäden zu führen. Höhere Konzentrationen von Ozon sind humantoxisch.

Zur genauen Quantifizierung der Ozonbildung durch verschiedene Stoffe definiert man ein „photochemisches ozonbildendes Potential", kurz POCP. Das POCP wird als Menge des photochemisch produzierten Ozons angegeben. Um die verschiedenen Photooxidantien gegeneinander in Bezug zu setzen, gibt man sie als Ethen-Äquivalent an. Man bezieht die einzelnen POCP-Werte auf den Wert von Ethen. (Ethen hat demnach den POCP-Wert Eins).

Genaue POCP-Werte lassen sich nur für eine gegebene Belastungssituation angeben, da die tatsächliche Ozonbildung unter anderem von der NO_x-Konzentration, der Witterung (Wind, Luftfeuchtigkeit) und der Lichtintensität abhängt. Bei der Wichtung der photochemischen Ozonbildung ist zu berücksichtigen, daß es sich um ein regional begrenztes und technisch beeinflußbares Problem handelt. Folgender Ausdruck wird zur Berechnung der Äquivalente benutzt (Literaturstellen: [42, 53–55, 62]).

$$POCP_i = \frac{a_i/b_i}{a_{C_2H_4}/b_{C_2H_4}}, \quad POCP \text{ in kg } C_2H_4 \text{ - Äq.} \tag{14}$$

a_i : Änderung der Ozonkonzentration aufgrund der Änderung der VOC Emission i

b_i : Integration der VOC Emissionen i bis zu diesem Zeitpunkt

$a_{C_2H_4}$:   Änderung der Ozonkonzentration aufgrund der Änderung der
           Ethylen-Emission

$b_{C_2H_4}$:   Integration der Ethylen-Emissionen C_2H_4 bis zu diesem Zeitpunkt

$$POCP-\ddot{A}quivalent = \sum_i POCP_i \cdot m_i \tag{15}$$

3.4.4 Normalisierung

Die Ergebnisse einer Sachbilanz oder einer Wirkungsabschätzung können in verschiedenen Einheiten und vor allem in stark unterschiedlichen Größenordnungen vorliegen. Um die Relevanz der einzelnen Beiträge zu einer Wirkkategorie darstellen und ermitteln zu können und um die differierenden Einheiten der Wirkungsabschätzung zu einander in Beziehung setzten zu können, ist die Normalisierung nötig.

Die Normalisierung innerhalb einer Ökobilanz setzt daher die durch die Analyse ermittelten Umweltwirkungen in Bezug zu einem Gesamtbeitrag in einer Wirkkategorie. Die Normalisierung ist so als ein für jede Wirkkategorie separat durchzuführender Prozeß zu sehen. Die Normalisierung liefert keine Anhaltspunkte in wieweit einzelne Wirkpotentiale untereinander in ihrer Wichtigkeit bezüglich einer umweltlichen Gesamtbeurteilung zu verstehen sind. Diese Aussagen lassen sich nach einer Gewichtung der Wirkpotentiale ableiten. Die Normalisierung verdeutlicht den Anteil einer Umweltwirkung (GWP, ODP, AP, ...) der durch einen Prozeß, Produkt oder Lebenszyklus in Bezug auf einen Gesamtbetrag einer übergeordneten Bezugseinheit (Land, Kontinent, Welt) verursacht wird. Würde die Normalisierung nicht durchgeführt, würde man implizit davon ausgehen, daß der Anteil des betrachteten Prozesses, Produktes oder Lebenszykluses an jeder Wirkkategorie zur Gesamtbelastung einer Bezugseinheit gleich hoch wäre.

Der Normalisierungsschritt beruft sich auf Daten unterschiedlicher Quellen. Als Grundgerüst wurden Daten von Guineé und Gebler herangezogen, die sich wiederum auf das Intergovernmental Panel on Climate Change der WMO und auf das World Resource Institute zurückführen lassen. Fehlende Daten wurden extrapoliert. Für Standardemissionen und Schwermetalle sind aktuelle Daten des Umweltbundesamtes von 1997 und der OECD von 1995 zur Verfügung gestanden, welche für Deutschland, die Europäische Gemeinschaft, Europa und die OECD verwendet worden und über die Verhältnisse der Bruttosozialprodukte extrapoliert worden sind. Es schloß sich eine Plausibilitätsprüfung über Literatur bzw. ältere Normalisierungsdaten an (Literaturstellen: [42, 63–69]).

3.5 Auswertung

Die Ergebnisse von Sachbilanz und Wirkungsabschätzung führen in der Auswertung entsprechend dem festgelegten Ziel und dem Untersuchungsrahmen zu Erkenntnissen, die als Grundlage für Entscheidungen und Maßnahmen herangezogen werden können. Bei reinen Sachbilanzstudien werden nur die Ergebnisse der Sachbilanz als Basis für die Auswertung verwendet.

Es erfolgt die Ermittlung der hauptsächlichen Belastungen und der Hauptbeiträge aus der Sachbilanz oder der Wirkungsabschätzung. Hierbei kann auf einzelne Prozesse, wie auch auf Lebensabschnitte oder den gesamten Lebenszyklus fokussiert werden. Dieser Schritt enthält auch eine Überprüfung der Vollständigkeit von Wirkungsabschätzung und Sachbilanz und die Übereinstimmung dieser mit dem in der Zieldefinition festgelegten Untersuchungsrahmen.

Die Bewertung der Ergebnisse innerhalb der Auswertung stellt die Zusammenfassung der Ergebnisse nach einem definierten Wertesystem dar. Auch dieser Vorgang ist von inhärenter Subjektivität, da kein allgemeingültiges Wertesystem definiert ist. Daher ist auch bei dieser Bewertung maximale Transparenz und Nachvollziehbarkeit zu fordern.

Es schließt sich eine Sensitivitätsanalyse an, welche die Aufgabe hat, die Stabilität der gefundenen Ergebnisse zu überprüfen. Dies kann als Summe aller einzelnen Sensitivitätsbetrachtungen, die im Laufe der Bilanz durchgeführt wurden, verstanden werden.

Die auf Grundlage der Auswertung getroffenen Entscheidungen und Maßnahmen liegen außerhalb des Untersuchungsrahmens einer Produkt-Ökobilanz, da hier weitere Faktoren wie technische Machbarkeit, ökonomische und soziale Aspekte berücksichtigt werden.

Im Rahmen dieser Studie und aufgrund der in der Software hinterlegten Daten und Analysemöglichkeiten sollen sich primär Aussagen über das umweltliche Verhalten von Bauteilen in Bezug auf das Gesamtgebäude und über das umweltliche Verhalten des Gesamtgebäudes selber bei variierenden, verbesserten, geänderten, ausgewechselten Konstruktionen oder Bauteilen treffen lassen. Die Ergebnisse werden hierbei auf Basis der Wirkgrößen ausgegeben um einen Überblick über das Verhalten eines modifizierten Subsystems zu bekommen sowie Aussagen und Trends einer geänderten Konstruktion oder Neuentwicklung über den gesamten Lebenszyklus abschätzen zu können.

Bei Vergleichen zwischen sehr unterschiedlichen Konstruktionen oder Varianten ist sehr genau zu untersuchen, ob eine vergleichbare Leistungsfähigkeit der Konstruktionen, Bauteile oder Gebäude gegeben ist, um auf Basis einer konformen funktionellen Einheit zu vergleichbaren Ergebnissen zu kommen, die einer kritischen Überprüfung Stand halten können.

Es ist zu beachten, daß es sich bei den hinterlegten Sachbilanzdaten, die nach der Transformation in der Wirkungsabschätzung in aggregierter, leichter zu interpretierender Form vorliegen, um gemittelte Daten repräsentativer Durchschnittsprozesse bezogen auf Deutschland handelt (siehe Zieldefiniton Kapitel 3.2) und somit im Einzel- bzw. Spezialfall Abweichungen möglich sind.

Es sind somit ohne eine Referenzbilanzierung eines speziellen Standortes oder Verfahrens keine Rückschlüsse auf spezielle Herstellungsverfahren oder Prozesse möglich. Die Ergebnisse repräsentieren ein für Deutschland nach dem aktuellen, durchschnittlichen Stand der Technik hergestelltes Bauteil oder Gebäude.

4 Baustoff- und Systemprofile

Baustoffprofile charakterisieren in diesem Zusammenhang die durch die Herstellung bzw. Bereitstellung von Baustoffen, Bauteilen oder Systemen verursachten umweltrelevanten Interventionen.

Unabhängig voneinander sind bereits öffentlich zugängliche Ökobilanzen für Baustoffe und Bauteile erstellt worden [70–84], wobei die in der Einleitung erläuterte Problematik der teilweise nicht vergleichbaren Randbedingungen und Systemgrenzenwahl vorliegt.

Im Rahmen dieses Projekts wurden die im folgenden aufgelisteten Produkte oder Systeme betrachtet und Baustoffprofile dafür erstellt:

• Gipsprodukte, Kalkprodukte, Zement,
• Sand und Kies, Transportbeton und Werkfrischmörtel,
• Leichtbeton/Bimsbaustoffe, Porenbeton, Kalksandstein, Ziegel,
• Wärmedämmverbundsyteme, Glaswolle, Steinwolle, expandiertes Polystyrol,
• Zellulosefaser-Dämmstoff, Flachsfaser-Dämmstoff, Schafwolle-Dämmstoff,
• Fenster,
• Heizsysteme.

Des weiteren sind, um den Lebenszyklus abbilden zu können, Baustellenprozesse, Prozesse der Nutzung und des Recyclings charakterisiert.

Bei den erhobenen Daten handelt es sich um aktuelle, repräsentative Durchschnittswerte für Deutschland, die beim jeweiligen Hersteller erhoben wurden. Die Ermittlung der Daten erfolgte unter vergleichbaren Randbedingungen und Systemgrenzen. Allen Profilen liegen äquivalente Basismodule zur Beschreibung allgemeiner Prozesse, wie Transporte und die Bereitstellung von Energieträgern sowie Strom, zugrunde.

Im Unterkapitel Datenerhebung der jeweiligen Bauprodukte ist in der Tabelle das Zustandekommen der Repräsentativität spezifiziert. Repräsentative Daten können dabei je nach Branchenstruktur sowohl auf einer Erhebung bei einem Großteil der Produktion, als auch auf Erhebungen bei ausgewählten, typischen Werken beruhen.

Die Datenqualität wird von den Verfassern nach den Kriterien des ISO TR 14049 [7] beurteilt.

Bei allen dokumentierten Daten sind zeitliche und räumliche Gültigkeit gemäß der Zieldefinition gegeben. Durch die Verwendung von einheitlichen Kriterien zur Systemraumbegrenzung und Datenaufnahme und die Verrechnung von konsistenten vorgelagerten Stufen aus der Software GaBi ist die Konsistenz und Reproduzierbarkeit der Ergebnisse gegeben.

Die Einschätzung der Vollständigkeit und der Genauigkeit der Daten geht jeweils in die Datenqualität ein.

Die einzelnen Profile werden anhand der in den Grundlagen dargestellten Wirkkategorien, aggregierten Größen und Sachbilanzdaten charakterisiert.
In Tabelle 5 werden die in den Baustoffprofilen dargestellten Wirkkategorien aufgeführt.

Tabelle 5: In den Baustoffprofilen dargestellte Wirkkategorien

Treibhauspotential (GWP)	kg - CO_2 - Äquivalent
Ozonabbaupotential (ODP)	kg - R11 - Äquivalent
Versauerungspotential (AP)	kg - SO_2 - Äquivalent
Eutrophierungspotential (NP)	kg - PO_4 - Äquivalent
Photooxidantienpotential (POCP)	kg - C_2H_4 - Äquivalent

Daten der Sachbilanz, die eine Relevanz für die Wirkungskategorien „Freisetzung von potentiell gesundheitsgefährdenden Stoffen" und „Potentielle Schädigung von Ökosystemen" besitzen, wurden ebenfalls im Rahmen der Untersuchung aufgenommen. Da jedoch die Art der Zusammenfassung dieser Daten zu Wirkpotentialen noch in Entwicklung ist, wurde vorerst keine Aggregation dieser Daten durchgeführt. Wenn jedoch konsensuale Methoden vorliegen, kann eine Wirkungsabschätzung auch für diese Wirkungskategorien durchgeführt werden.

Der zur Herstellung der Produkte notwendige Primärenergiebedarf wurde in die folgenden Kategorien unterteilt:
• Primärenergie (PE) nicht erneuerbar,
• Primärenergie (PE) aus Wasserkraft,
• Primärenergie (PE) aus nachwachsenden Rohstoffen,
• Energie aus Sekundärbrennstoffen.

Zudem ist bei Baustoffen, welche einen Heizwert besitzen, dieser als stoffgebundener Energieinhalt vermerkt (vgl. Kapitel 3.3.5.1).

Relevante Verbräuche stofflicher Ressourcen wurden als Sachbilanzgrößen dargestellt. Die anfallenden Abfälle wurden in die Kategorien untergliedert:
• Abraum,
• Erzaufbereitungsrückstände,
• Hausmüll,
• Sondermüll.

Die Ergebnisse in den Baustoff- oder Systemprofilen sind in stark aggregierter Form dargestellt. Die Basis für diese Aggregationen bilden Sachbilanzen, die den einzelnen Herstellern oder den entsprechenden Verbänden vorliegen.

4.1 Gipsprodukte

4.1.1 Übersicht

Gipsprodukte im Bausektor sind Baugipse, Gipsplatten (Gipskartonplatten), Gips-Wandbauplatten und Estriche auf Calciumsulfat-Basis. Die Produkte können aus den natürlichen Rohstoffen Gips und Anhydrit oder aus REA-Gips (Gips aus Rauchgasentschwefelungen) hergestellt werden.

Vom Gesamtgipsverbrauch (1996) von 9,3 Mio. t hat die Gipsindustrie 7,7 Mio. t (ca. 83%) verarbeitet, die Zementindustrie 1,6 Mio. t (17%). Nach statistischen Angaben (Basis HLT 1994) stellen innerhalb der Produkte der Gipsindustrie Baugipse mit ca. 63% des Gipsverbrauchs die mengenmäßig bedeutendste Produktgruppe dar. Baugipse bestehen aus abbindefähigen Calciumsulfaten mit

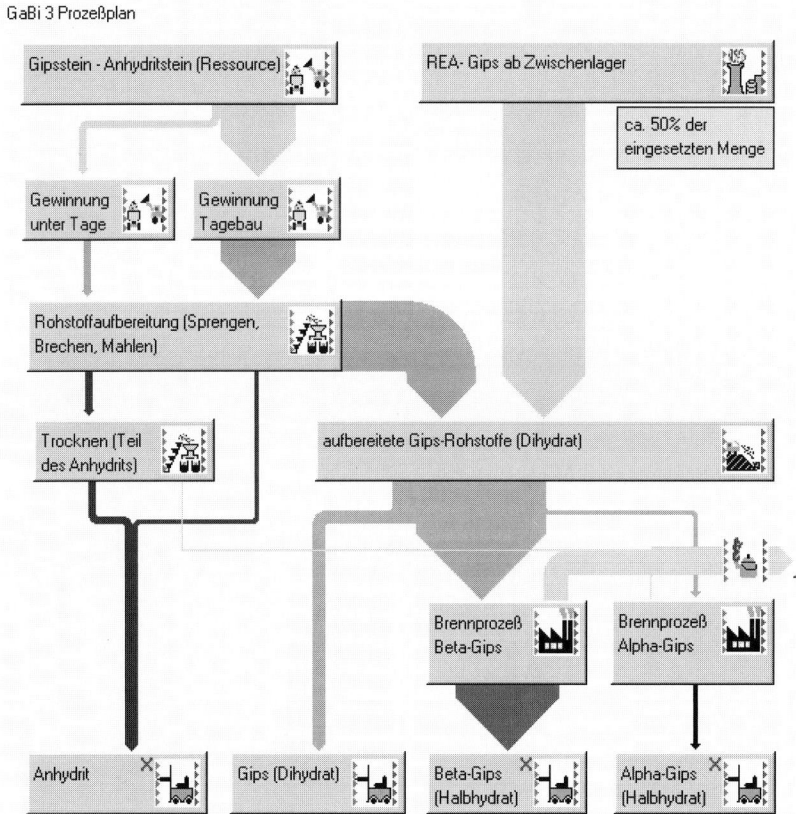

Abbildung 15: Durchschnittlicher Stofffluß der Gipsrohstoffe Gips / Anhydritstein und REA-Gips

oder ohne Zusätze. Estriche auf Calciumsulfat-Basis werden nicht gesondert statistisch erfaßt und sind aufgrund der ebenfalls pulverförmigen Konsistenz in dieser Gütergruppe mit enthalten. Ca. 23% des Gipses der Gipsindustrie wird, ebenfalls über abbindefähige Calciumsulfate, zur Herstellung von Gipsplatten, weitere 10% zur Herstellung von Gips-Wandbauplatten verwendet. Die verbleibenden 4% des Gipsverbrauches in der Gipsindustrie werden für Spezialgipse (z.B. Formengipse, Dentalgipse, usw.) eingesetzt.

Im Rahmen der Bilanzierung wird Gips entsprechend dem Hauptmassenstrom als Zuschlag oder Bindemittel betrachtet , d.h. eine Anwendung der Sachbilanzdaten auf Fertigprodukte ist nur dort möglich, wo die bilanzierten Bindemittel direkt als solche verwendet werden.

Bilanziert werden zum einen die zu Fertigprodukten verarbeiteten ungebrannten Rohstoffe Calciumsulfat- Dihydrat und Anhydrit (Verwendung z.B. als Abbinderegler in der Zementindustrie), angenommen mit einem Anteil von 17%, sowie mit einem angenommenen Anteil von 83% die Brennprodukte β-Calciumsulfat-Halbhydrat (Verwendung z.B. als Stuckgips oder Bindemittel für Baugips) und α-Calciumsulfat-Halbhydrat (Verwendung z.B. als Bindemittel für Estriche und Spezialgipse). Die Bilanzierung ist deshalb für konfektionierte Gipse und Gipsplatten nur als Teilbilanz ohne Berücksichtigung externer Vorstufen (z.B. Karton, Stellmittel) zu verstehen. Die Gipsindustrie betreibt 51 Werke in Deutschland.

4.1.2 Datenerhebung

Durchführung:	Datenerhebung in Gipswerken
Erhebungsart:	Datenerhebungsbögen über Bundesverband Gips, Auswertung IKP/IWB
Bezugsjahr:	1997
Repräsentativität:	Daten beruhen auf 6 modernen Gipswerken unter Einbeziehung von Literaturdaten zur statistischen Absicherung
Datenqualität:	Sehr gut

4.1.3 Spezifische Randbedingungen

Die Systemgrenze für REA-Gips wurde entsprechend dem Leitfaden zur Erstellung von Sachbilanzen in Steine-Erden-Betrieben gezogen. Aufwendungen verursacht durch die Aufbereitung des Sulfitschlammes wurden nicht berücksichtigt.

4.1.4 Sachbilanz

Die erhobenen Daten beziehen sich auf ausgewählte moderne Werke in Deutschland für die Herstellung der Brennprodukte β-Calciumsulfat-Halbhydrat und α-Calciumsulfat-Halbhydrat sowie die ungebrannten Produkte Gipsstein und Anhydrit.

Bilanzobjekt	Gewinnung und Aufbereitung der Rohstoffe Gips und Anhydrit und die Weiterverarbeitung von Gips zu Calciumsulfat Halbhydrat
Bezugseinheit	1 Tonne Gipsprodukt
Systemgrenzen	Input: Ressourcen Output: Bereitstellung Silo für den Versand/Weiterverarbeitung

Flächeninanspruchnahme sowie Lärm und Geruch wurden nicht erfaßt. Ebenso sind für weiterführende Bilanzen Transporte zum Kunden zu berücksichtigen.

4.1.5 Baustoffprofil Gips

Der Gesamtverbrauch an nicht erneuerbarer Primärenergie beträgt für die ungebrannten Produkte Gipsstein 38 MJ und Anhydrit 515 MJ. Zusätzlich sind beim Anhydrit 6,8 MJ aus erneuerbaren Energien (Wasserkraft, Windkraft etc.) zu berücksichtigen.

Im Fall der gebrannten Produkte ist für β-Gips (β-Calciumsulfat-Halbhydrat) ein Verbrauch an nicht erneuerbarer Energie von 1471 MJ und für α-Gips (α-Calciumsulfat-Halbhydrat) ein Verbrauch von 3249 MJ zu verzeichnen. Hinzu kommt der Energieverbrauch aus erneuerbaren Energieträgern. Dieser beläuft sich beim β-Gips auf 6,6 MJ sowie beim α-Gips auf 10,3 MJ. Der Verbrauch aus erneuerbarer Energie stammt ausschließlich aus den Vorstufen.

Als Energieträger im Werk wurde für β-Gips ein Energiemix aus leichtem Heizöl und Erdgas (76,2/23,8) und für α-Gips (50/50) angesetzt. In Abbildung 16 ist die Verteilung nicht erneuerbarer Primärenergieträger zur Herstellung von β-Gips dargestellt. Der Verbrauch an Erdöl und Erdgas stammt zum größten Teil aus den Brennprozessen in den Werken. Alle übrigen Energieträger werden in den Vorstufen eingesetzt.

Der Verbrauch an stofflichen Ressourcen wird durch die Nutzung des Gipssteines bzw. Anhydrits dominiert. Für eine Tonne β-Gips werden 1184 kg Gipsrohstoffe (525 kg Naturgips und 659 kg REA-Gips) eingesetzt. Im Falle des α-Gips wurden 1230 kg REA-Gips angesetzt. Bei den ungebrannten Produkten entfällt die Entwässerung, womit der Ressourcenbedarf und die Produktmenge identisch sind.

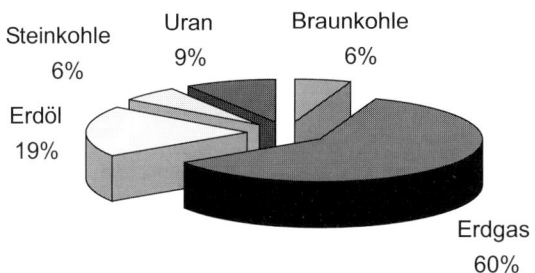

Abbildung 16:
β-Gips, Verteilung Primärenergieträger (nicht erneuerbar)

Der Wasserverbrauch beläuft sich beim β-Gips und beim Anhydrit jeweils auf 1,1 m³ und ist fast vollständig dem Kühlwasserbedarf bei der Stromgewinnung zuzuschreiben. Ähnlich verhält es sich beim α-Gips, der einen Wasserverbrauch von knapp 2,0 m³ aufweist, wobei jedoch ein Anteil von 12% direkt im Werk benötigt wird. Der Wasserverbrauch beim Gipsstein spielt aufgrund der Menge keine Rolle.

Das Treibhauspotential wird für die gebrannten Produkte mit rund 78% beim β-Gips und 85% beim α-Gips durch die Brennprozesse dominiert. Dabei sind die CO_2-Emissionen die maßgebende Größe. An zweiter Stelle steht der Stromverbrauch mit 21% (β-Gips) und 14% (α-Gips). Eine andere Situation findet man beim Anhydrit vor.

Hier ist 67% des Treibhauspotentials dem Stromverbrauch zuzuschreiben, 26% der Energieerzeugung für die Trocknungsprozesse und der übrige Anteil den Dieselverbräuchen und dem Einsatz der Sprengstoffe. Vom Betrag her wesentlich geringer, basiert das Treibhauspotential beim Gipsstein auf Dieselverbrauch und Sprengstoffeinsatz.

Baustoffprofil Gips, ungebrannte Produkte

Auswertung Primärenergie (PE)		Gipsstein [MJ/t]	Anhydrit [MJ/t]
Primärenergie n. erneuerbar		38	515

Wirkungsabschätzung		[kg/t]	[kg/t]
Treibhauspotential (GWP)	CO_2-Äq.	2,5	31,0
Ozonabbaupotential (ODP)	R11-Äq.	0,0	0,0
Versauerungspotential (AP)	SO_2-Äq.	0,017	0,078
Eutrophierungspotential (NP)	PO_4-Äq.	0,003	0,008
Photooxidantienpot. (POCP)	C_2H_4-Äq.	0,002	0,005

Baustoffprofil Gips, gebrannte Produkte

Auswertung Primärenergie (PE)		β-Gips [MJ/t]	α-Gips [MJ/t]
Primärenergie n. erneuerbar		1471	3249

Wirkungsabschätzung		[kg/t]	[kg/t]
Treibhauspotential (GWP)	CO_2-Äq.	92,5	214,5
Ozonabbaupotential (ODP)	R11-Äq.	0,0	0,0
Versauerungspotential (AP)	SO_2-Äq.	0,171	0,413
Eutrophierungspotential (NP)	PO_4-Äq.	0,016	0,035
Photooxidantienpot. (POCP)	C_2H_4-Äq.	0,030	0,109

Für die Versauerung ergibt sich ein ähnliches Bild. Auch hier spielen die Brennprozesse gefolgt vom Stromverbrauch bei gebrannten Produkten die maßgebende Rolle wogegen bei ungebrannten Produkten der Verbrauch und die Verbrennung von Diesel, sowie der Sprengstoffeinsatz im Vordergrund stehen.

Beim Photooxidantienpotential wird der größte Teil der relevanten Emissionen durch die Bereitstellung der Energieträger, insbesondere der Steinkohle und Heizöl, verursacht.

Stoffe, die zum stratosphärischen Ozonabbau beitragen werden nach heutigem Wissensstand bei der Herstellung von Gipsprodukten nicht freigesetzt.

Große Teile des erfaßten Abraums (β-Gips: 91 kg, α-Gips: 143 kg, Anhydrit: 95 kg, Gipsstein: 5 kg) und der Erzaufbereitungsrückstände (β-Gips: 4 kg, α-Gips: 10 kg, Anhydrit: 2 kg, Gipsstein: 0,2 kg) entstammen der Braun- und Steinkohlegewinnung in den Vorketten der Stromgewinnung. Hausmüll (< 10 g) und Sondermüll (< 100 g) fallen nur in geringen Mengen an und sind ebenfalls zu einem großen Teil den Strom- Vorkettenprozessen zuzuschreiben.

Abbildung 17:
Kalkwerke in Deutschland, Österreich und der Schweiz.

4.2 Kalkprodukte

4.2.1 Übersicht

Kalkprodukte werden in der Baustoffindustrie und im Baugewerbe, der Eisen- und Stahlindustrie, der chemischen Industrie, der Land- und Forstwirtschaft sowie im Umweltschutz eingesetzt.

Im Bundesverband der Deutschen Kalkindustrie sind 135 Werke in Deutschland, Österreich und der Schweiz verzeichnet.

Bezogen auf das gesamte Bundesgebiet wurden im Jahr 1997 35 Mio. Tonnen ungebrannte und rund 6,8 Mio. Tonnen gebrannte Kalkprodukte abgesetzt.

Gegenstand der Untersuchung waren ausschließlich gebrannte Kalkprodukte, die im Bauwesen ihre Anwendung finden. Dies sind die Bindemittel Feinkalk und Kalkhydrat sowie Branntkalk in stückiger Form. Kalksteinsplitt wurde nicht untersucht.

4.2.2 Datenerhebung

Durchführung:	Datenerhebung in Kalkwerken
Erhebungsart:	Datenerhebungsbögen und Auswertung am IKP/IWB
Bezugsjahr:	1997
Repräsentativität:	80% der deutschen Kalkproduktion
Datenqualität:	Input: sehr gut, Emissionen z.T. Abschätzung

4.2.3 Sachbilanz

Die erhobenen Daten stellen Mittelwerte für die Kalkproduktion in Deutschland dar.

Bilanzobjekt:	Herstellung von Kalkprodukten
Bezugseinheit:	1 Tonne Feinkalk (FK) bzw. Kalkhydrat (KH)
Systemgrenzen:	Input: Ressourcen, Output: Werkstor Kalkwerk

Flächeninanspruchnahme sowie Lärm und Geruch wurden nicht erfaßt. Ebenso sind für weiterführende Bilanzen Transporte zum Kunden zu berücksichtigen.

4.2.4 Baustoffprofil Kalk

Die zur Kalkherstellung eingesetzten Energieträger sind im wesentlichen fossiler Art. Für den Prozeßschritt „Kalk Brennen" werden 4390 MJ Endenergie pro Tonne Branntkalk benötigt. Abbildung 4 zeigt die Verteilung (nach Heizwert) der in Deutschland im Jahr 1997 eingesetzten Energieträger im Kalkbrennprozeß. Betrachtet man die Entwicklung des Einsatzes von Energieträgern innerhalb der letzten Jahre, so sieht man eine deutliche Zunahme von Erdgas bei gleichzeitiger Abnahme des Anteils der Kohle. Nachwachsende Brennstoffe spielen bei der Herstellung von Feinkalk eine untergeordnete Rolle.

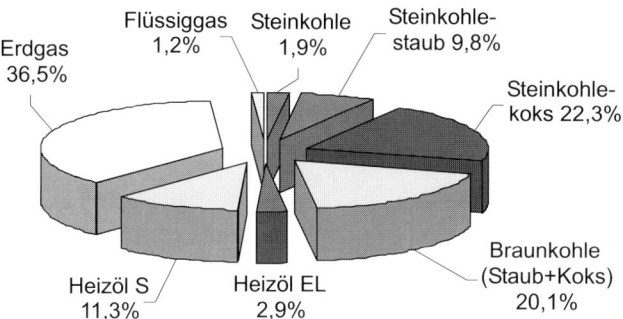

Abbildung 18: Verteilung der beim Kalkbrennen eingesetzten Brennstoffe

Für die Herstellung insgesamt werden 4578 MJ Endenergie pro Tonne Feinkalk bzw. 3416 MJ Endenergie pro Tonne Kalkhydrat benötigt. Die Gesamtmenge Primärenergie (nicht erneuerbar) beträgt 6145 MJ/t Feinkalk und 4471 MJ/t Kalkhydrat. Zusätzlich werden 14 MJ/t (Feinkalk) bzw. 8 MJ/t (Kalkhydrat) Primärenergie aus Wasserkraft verbraucht. Der mineralische Ressourcenverbrauch wird durch die Ressource Kalkstein dominiert. Zur Herstellung von einer Tonne Feinkalk werden 1935 kg Kalkstein benötigt.

Abzuräumende Schichten beim Steinbruchbetrieb werden als Deckschicht bezeichnet. Sie fallen auf der Outputseite als Abraum an. Bei der Herstellung von Kalkprodukten wird in zwei Bereichen Wasser benötigt. Diese Bereiche sind das Waschen des Kalksteins, soweit dies für den Brennprozeß erforderlich ist, und das Trockenlöschen des Kalkhydrats. Das Waschwasser wird über Absetzbecken im Kreislauf geführt. Die dominante Emission beim Kalkbrennen stellt das CO_2 dar, da sowohl CO_2 durch die Verbrennung fossiler Energieträger, als auch durch die Entsäuerung von Kalkstein ($CaCO_3 \rightarrow CaO + CO_2$) emittiert wird. Da es sich bei den CO_2-Emissionen der Entsäuerung um chemisch notwendigerweise entstehende Emissionen handelt, liegen die zu beeinflussenden Potentiale der CO_2-Reduktion im Einsatz der Energieträger und deren Bereitstellung. Die betrachteten Werke arbeiten in der Regel abwasserfrei.

Baustoffprofil Kalk und Kalkhydrat			
Auswertung Primärenergie (PE)		**FK [MJ/t]**	**KH [MJ/t]**
Primärenergie n. erneuerbar		6145	4471
Wirkungsabschätzung		**[kg/t]**	**[kg/t]**
Treibhauspotential (GWP)	CO_2-Äq.	1193	896
Ozonabbaupotential (ODP)	R11-Äq.	0,0	0,0
Versauerungspotential (AP)	SO_2-Äq.	0,506	0,366
Eutrophierungspotential (NP)	PO_4-Äq.	0,065	0,047
Photooxidantienpot. (POCP)	C_2H_4-Äq.	0,104	0,078

Das zur Aufbereitung des Kalksteins benötigte Wasser wird im Kreislauf geführt. Die anfallenden Waschrückstände sedimentieren im Absetzbecken.

4.3 Zement

4.3.1 Übersicht

In den deutschen Zementwerken wurden im Bezugsjahr 1996 ca. 32,6 Mio. Tonnen Zement hergestellt. Der Klinkergehalt beträgt im Mittel über alle Zementarten ca. 85%. Tabelle 6 gibt für 1996 die jeweiligen Anteile der Zementarten am
Gesamt-Zementversand an.

Die Verteilung der Zementwerke in Abbildung 19 zeigt, daß es sich bei Zement um einen regional verfügbaren Baustoff handelt.

Abbildung 19: Zementwerke in Deutschland

Tabelle 6: Anteile der Zementarten am gesamten Zementversand

Zementart	Produktionsanteil
CEM I	76,4%
CEM II	10,2%
CEM III	13,2%

4.3.2 Datenerhebung

Durchführung:	Datenerhebung in Zementwerken
Erhebungsart:	Erhebung von Energieverbrauch und CO_2-Emissionen durch den VDZ im Rahmen der Klimaschutzerklärung, weitere Stoffströme in repräsentativen Werken, Datenauswertung am IKP/IWB
Bezugsjahr:	1996
Repräsentativität:	50% der deutschen Zementproduktion wurden erfaßt, für Energie und CO_2 die gesamte Produktion
Datenqualität:	sehr gut

4.3.3 Spezifische Randbedingungen

In den Vorstufen sind teilweise Transporte integriert (Import-Mix). Darüber hinaus werden die in Tabelle 7 dargestellten Entfernungen für LKW-Transporte zum Zementwerk verrechnet:

Sekundärbrenn- und Sekundärrohstoffe werden als Abfälle zur Verwertung nach den im *Leitfaden zur Erstellung von Sachbilanzen in Betrieben der Steine-Erden-Industrie* [2] dokumentierten Regeln nur mit den jeweiligen Transporten und den zum Teil notwendigen Aufbereitungsaufwendungen belastet.

Tabelle 7: Transportentfernung zum Zementwerk

	Entfernung
Ton und Sand	25 km
Sulfatträger	100 km
Hüttensand	50 km
Steinkohleflugasche	100 km
Sekundärrohstoffe	100 km
Altreifen	100 km
Altöl	100 km

4.3.4 Sachbilanz

Die erhobenen Daten stellen Mittelwerte für die Herstellung von Zement in Deutschland dar. Betrachtet wurde ein Durchschnittszement mit einem mittleren Klinkergehalt von 85%. Die Gehalte der verschiedenen Zementbestandteile entsprechen den über die gesamte deutsche Zementproduktion gemittelten Anteilen des Klinkers und der anderen verwendeten Stoffe.

Bilanzobjekt:	Zementherstellung
Bezugseinheit:	1 Tonne Durchschnittszement (Klinkeranteil 85%)
Systemgrenzen:	Input: Ressourcen, Output: Werkstor Zementwerk

Flächeninanspruchnahme sowie Lärm und Geruch wurden nicht erfaßt. Ebenso sind für weiterführende Bilanzen Transporte zum Kunden zu berücksichtigen.

4.3.5 Baustoffprofil Zement

Der Gesamtverbrauch an Primärenergie zur Herstellung des oben beschriebenen Durchschnittszement beträgt 4394 MJ, wovon der größte Anteil aus nicht erneuerbaren Energieträgern stammt (4355 MJ) und für die Klinkerherstellung benötigt wird. Die Aufteilung ist in Abbildung 6 dargestellt.

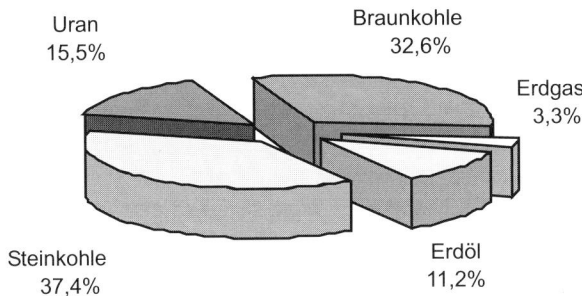

Abbildung 20: Aufwand nicht erneuerbarer Primärenergieträger für die Zementherstellung

An energetischen Ressourcen zur Deckung dieses Energiebedarfs werden Braunkohle (173,1 kg), Steinkohle (56,4 kg), Erdöl (11,4 kg), Erdgas (3,4 kg) und natürliches Uran (1,2 g) eingesetzt. Darüber hinaus werden 27 MJ Primärenergie aus Wasserkraft und 12 MJ Primärenergie aus nachwachsenden Rohstoffen verbraucht. Zusätzlich werden 407 MJ Energie aus Sekundärbrennstoffen (Altreifen, Altöl) verbraucht. Der relevante Anteil des Energieverbrauchs wird als Brennstoff für die Klinkerherstellung eingesetzt.

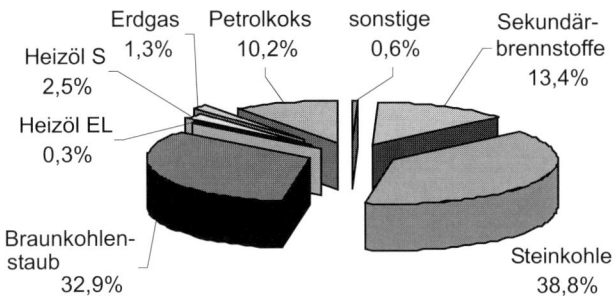

Abbildung 21: Energieträger (Brennstoffe) für die Klinkerherstellung (ohne Vorketten)

Pro Tonne Zement werden dafür 2995 MJ Endenergie benötigt. Abbildung 7 zeigt die Verteilung der für den Klinkerbrennprozeß eingesetzten Brennstoffe (ohne Vorketten).

Der Verbrauch an elektrischer Energie beträgt 107,4 kWh/t Zement, was unter Berücksichtigung der Vorketten einem Primärenergieaufwand (nicht erneuerbar) von 1314 MJ/t Zement entspricht.

Der Verbrauch an stofflichen Ressourcen wird durch die Nutzung von Kalkstein dominiert (1211 kg), der zu 98% für die Klinkerherstellung benötigt wird.

Ebenfalls werden Eisenerz (10 kg), Sand (44 kg) sowie Ton (60 kg) größtenteils für die Klinkerherstellung eingesetzt. Als weitere Bestandteile des Zements, die neben dem Klinker zum Einsatz kommen und als stoffliche Ressourcen der Natur entnommen werden, sind Naturgips sowie in geringem Maße Traß zu nennen. Ferner werden der Abbrand des aus der Natur gewonnen Ölschiefers sowie Hüttensand (70 kg), REA-Gips und Steinkohlenflugasche als Rohstoffkomponenten eingesetzt.

Baustoffprofil Zement		
Auswertung Primärenergie (PE)		**[MJ/t]**
Primärenergie n. erneuerbar		4355
Wirkungsabschätzung		**[kg/t]**
Treibhauspotential (GWP)	CO_2-Äq.	872
Ozonabbaupotential (ODP)	R11-Äq.	0,0
Versauerungspotential (AP)	SO_2-Äq.	1,68
Eutrophierungspotential (NP)	PO_4-Äq.	0,20
Photooxidantienpot. (POCP)	C_2H_4-Äq.	0,07

Der Wasserverbrauch von 22,0 m³ beruht nahezu vollständig auf dem Einfluß der Vorstufen und ist insbesondere auf die Wasserhaltung bei der Gewinnung von Kohle und den Kühlwasserbedarf bei der Stromgewinnung zurückzuführen. In ähnlicher Weise ist der „Verbrauch" von Deckschicht/Boden (8 kg) und die Förderung von taubem Gestein (94 kg) auf die Vorketten zurückzuführen. Das Treibhauspotential beruht fast ausschließlich auf der Emission von Kohlendioxid, welches zum größten Teil aus dem Klinkerbrennprozeß stammt. Es berücksichtigt außer den energie- auch die rohstoffbedingten Anteile.

Zum Versauerungspotential tragen außer den Emissionen des Klinkerbrennprozesses (Stickoxide, Schwefeldioxid) – wie auch schon in Bezug auf GWP – die Emissionen aufgrund der Stromerzeugung und der Kohlegewinnung nennenswert bei.

Beim Photooxidantienpotential wird der größere Teil der relevanten Emissionen (Kohlenwasserstoffe) durch die Bereitstellung der Energieträger, insbesondere von Steinkohle und Heizöl, verursacht.

Das Eutrophierungspotential wird überwiegend durch die Emissionen des Klinkerbrennprozesses bestimmt.

Stoffe, die zum stratosphärischen Ozonabbau beitragen, werden bei der Zementherstellung nach heutigem Wissensstand nicht freigesetzt. Dies gilt sowohl für die Prozesse innerhalb des Zementwerks als auch für die Vorkettenprozesse.

Große Teile des erfaßten Abraums von 508 kg und der Erzaufbereitungsrückstände (50 kg) entstammen der Braun- und Steinkohlegewinnung und den Vorketten der Stromgewinnung.

Hausmüll (3,9 kg) und Sonderabfälle (0,3 kg) fallen nur in geringen Mengen an und sind ebenfalls zu einem großen Teil den Vorkettenprozessen zuzuschreiben.

Das Abwasser (8,16 m³) wie auch der Wasserverbrauch werden fast ausschließlich in den Vorstufen verursacht.

4.4 Sand und Kies

4.4.1 Übersicht

In Deutschland gab es im Jahr 1994 ca. 3600 Kies- und Sandgewinnungsbetriebe mit einer Gesamtproduktion von ca. 159 Mio. t. Davon werden ca. 75% durch Naßgewinnung und ca. 25% durch Trockengewinnung gefördert. In der Studie betrachtet wurden Werke mit einer Jahresleistung von ca. 250.000 t.

Die Abbildung 22 zeigt die Verteilung von Sand- und Kiesvorkommen in Deutschland. Sie macht dabei auch die Abhängigkeit einer rohstoffverarbeitenden Industrie von der Ressource deutlich.

Fluvitale Vorkommen   **Glaziale Vorkommen**

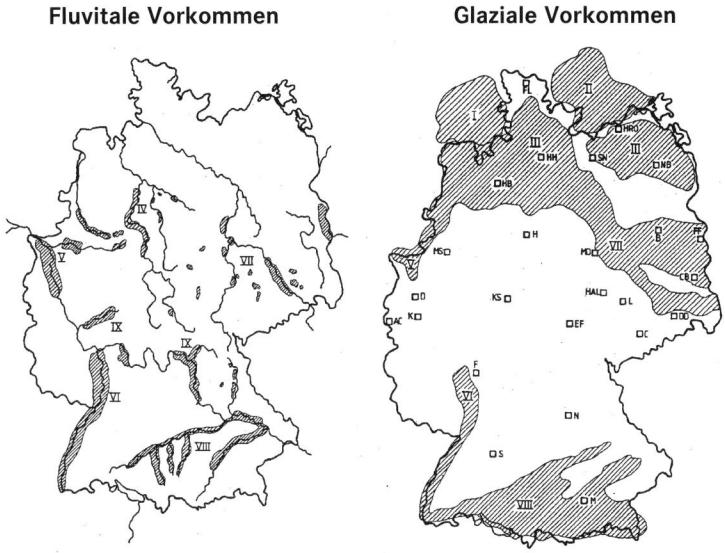

Abbildung 22: Kies- und Sandvorkommen in Deutschland

4.4.2 Datenerhebung

Durchführung:	Datenerhebung in Betrieben der Sand- und Kiesindustrie
Erhebungsart:	Datenerhebungsbögen und Auswertung am IKP/IWB
Bezugsjahr:	1995
Repräsentativität:	repräsentative ausgewählte Werke (Naßgewinnung)
Datenqualität:	sehr gut

4.4.3 Sachbilanz

Die erhobenen Daten stellen Mittelwerte für die Sand- und Kiesgewinnung und Aufbereitung in Deutschland dar. Die Bilanz wurde für die Produkte Sand 0 bis 2 mm und verschiedene Kiesfraktionen von 2 bis 32 mm durchgeführt. Die Verteilung der Input- und Outputströme erfolgte nach Masse. Als Gewinnungsverfahren wurde die Naßgewinnung betrachtet.

Bilanzobjekt:	Sand- oder Kiesgewinnung
Bezugseinheit:	1 Tonne Sand und Kies
Systemgrenzen:	Input: Ressourcen,
	Output: Werkstor Kieswerk

Flächeninanspruchnahme sowie Lärm und Geruch wurden nicht erfaßt. Ebenso sind für weiterführende Bilanzen Transporte zum Kunden zu berücksichtigen.

4.4.4 Baustoffprofil Sand und Kies

Die bei der Sand- und Kiesgewinnung und Aufbereitung anfallenden Umweltlasten stammen im wesentlichen aus Strom- und Dieselverbräuchen. Die Ergebnisse sind somit energiedominiert.

Der Verbrauch an nicht erneuerbarer Primärenergie beträgt 34,4 MJ/t. Hinzu kommen 0,4 MJ/t Primärenergie aus Wasserkraft.

Baustoffprofil Sand und Kies		
Auswertung Primärenergie (PE)		**[MJ/t]**
Primärenergie n. erneuerbar		34,4
Wirkungsabschätzung		**[kg/t]**
Treibhauspotential (GWP)	CO_2-Äq.	2,0
Ozonabbaupotential (ODP)	R11-Äq.	0,0
Versauerungspotential (AP)	SO_2-Äq.	0,011
Eutrophierungspotential (NP)	PO_4-Äq.	0,002
Photooxidantienpot. (POCP)	C_2H_4-Äq.	0,001

Sämtliche energetischen Ressourcen werden in den Vorstufen eingesetzt. Braunkohle, Steinkohle und Erdgas zur Erzeugung elektrischer Energie, Erdöl als Input in der Raffinerie, die wiederum den im Werk benötigten Diesel bereitstellt.

Die Ressource Rohsand/Kies (1042 kg/t) und Deckschicht (188 kg/t) bestimmt den Verbrauch stofflicher Ressourcen und ist direkt dem Kieswerk zuzuschreiben. Alle weiteren Ressourcen werden in den Vorstufen eingesetzt.

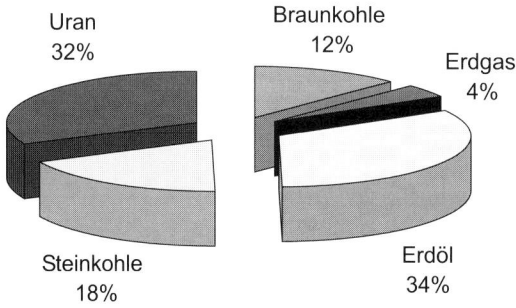

Abbildung 23: Verteilung der Primärenergieträger (nicht erneuerbar) der Sand- und Kiesherstellung

Das bei der Naßgewinnung benötigte Wasser wird im Kreislauf geführt. Der Verbauch von 0,14 m³/t Wasser wird in den Vorstufen der Kohle und der Stromgewinnung benötigt.

Die überwiegende Wassermenge wird in den Vorstufen verbraucht. Dies sind insbesondere die Braunkohlegewinnung und die Stromerzeugung. Emissionen in Luft wurden im Kieswerk nicht gemessen. Auftretende Emissionen durch Radlader oder sonstige Transportmittel wurden mittels Emissionsfaktoren berechnet.

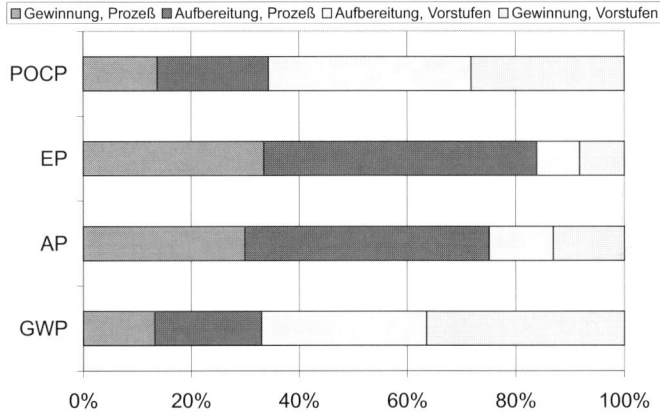

Abbildung 24: Verteilung Wirkkategorien der Sand- und Kiesherstellung

Bedingt durch das Verhältnis Strom zu Dieselverbrauch wird das Treibhauspotential zu 65% durch die CO_2-Emissionen der Vorstufen dominiert.

Demgegenüber werden das Versauerungs- und Eutrophierungspotential eindeutig durch die Emissionen der dieselgetriebenen Transportmittel bestimmt.

Die Bildung von Photooxidantien wird mit 70% maßgebend durch die Bereitstellung der Brennstoffe beeinflußt.

Stoffe, die zum Ozonabbau beitragen, werden im Kieswerk nicht freigesetzt. Die betrachteten Werke arbeiten bis auf Sanitärwasser in der Regel abwasserfrei. Der überwiegende Teil des benötigten Wassers wird im Kreislauf geführt.

Der ermittelte Abraum (229 kg/t) stellt zum überwiegenden Teil die abgeräumte Deckschicht und nicht als Sand und Kies verwendbare Fraktionen dar (z.B. Überkorn), die in der Regel regional verwertet werden. Direkte Produktionsabfälle fallen nicht an.

Altöl und Metallschrott werden den heute üblichen Entsorgungswegen zugeführt. Dasselbe gilt für Öle, Fette und Farbreste sowie Hausmüll. Diese Abfälle sind mit 6,4 g/t (Hausmüll) und 4,8 g/t (Sondermüll) gering und sind zum größten Teil den Vorstufen zuzuschreiben.

4.5 Transportbeton und Werkfrischmörtel

4.5.1 Übersicht

In Deutschland gab es im Jahr 1994 ca. 2582 Transportbetonwerke. Dort wurden ca. 74,3 Mio. m³ Transportbeton hergestellt. Die Anlagen sind praktisch flächendeckend über Deutschland verteilt. Die durchschnittliche Jahresproduktion eines Werkes liegt somit bei ca. 30.000 m³ Transportbeton. Dabei wurden im überwiegenden Fall folgende Festigkeitsklassen produziert:

Tabelle 8: Produktionsanteile von Transportbeton

Festigkeitsklasse	Produktionsanteil
B 25	2/3
B 35	1/6
B 15	1/6

Die Konsistenz der Betone war zu 70% KR, zu ca. 20% der Konsistenz KP.

4.5.2 Datenerhebung

Durchführung:	Datenerhebung in Betrieben der Transportbetonindustrie
Erhebungsart:	Datenerhebungsbögen und Auswertung am IKP/IWB
Bezugsjahr:	1995
Repräsentativität:	Werksbilanzen: 6 repräsentativ ausgewählte Werke, Zusammensetzungen und Transporte: Erhebung des Verbands
Datenqualität:	sehr gut

4.5.3 Spezifische Randbedingungen

Für die Aufwendungen im Werk wurde nicht zwischen Beton und Mörtel unterschieden. Der Datensatz für die Beton- bzw. Mörtelinhaltsstoffe basiert auf anderen Bereichen des Forschungsprojekts. Es handelt sich dabei insbesondere um die Baustoffprofile für Zement sowie Sand und Kies. Sowohl für das Bindemittel Zement als auch die Zuschläge wurden Durchschnittswerte für Deutschland verwendet.

Beim Einsatz von Steinkohleflugasche als Zusatzstoff wurden nur Transporte berücksichtigt.

Zusätzlich zu den Input- und Outputströmen der Beton- bzw. Mörtelinhaltsstoffe müssen die Transporte derselben vom Herstellungswerk zum Transportbeton- bzw. Frischmörtelwerk berücksichtigt werden.

Tabelle 9: Transportentfernungen und Transportmittel

Produkt	Entfernung	Transportmittel		
		LKW	Bahn	Schiff
Kies/Sand	20 km	87,5%	1,8%	10,7%
Zement	180 km	100,0%		
Flugasche	120 km	100,0%		

4.5.4 Sachbilanz

Die erhobenen Daten stellen Mittelwerte für die Herstellung von Transportbeton bzw. Werkfrischmörtel in Deutschland dar. Die Bilanz wurde anhand von 2 Betonen (B 25 KR und B 35 KR) sowie einem Werkfrischmörtel (Normalmörtel Mg IIa) durchgeführt. Dabei wurden folgende Zusammensetzungen gewählt:

Tabelle 10: Zusammensetzungen der Betone und des Mörtels

	B 25 [kg/m^3]	B 35 [kg/m^3]	Normalmörtel [kg/m^3]
Zuschlag	1840	1824	1300
Zement	260	360	210
Wasser	185	180	200
Flugasche	80	–	–

Abgesehen von der Flugasche wurden keine weiteren Zusatzstoffe betrachtet. Dasselbe gilt für Zusatzmittel wie z.B. Fließmittel.

Bilanzobjekt:	Herstellung Transportbeton und Werkfrischmörtel
Bezugseinheit:	1 m^3 Transportbeton oder Werkfrischmörtel
Systemgrenzen:	Input: Ressourcen, Output: Werkstor Transportbetonwerk

Flächeninanspruchnahme sowie Lärm und Geruch wurden nicht erfaßt. Ebenso sind für weiterführende Bilanzen Transporte zum Kunden zu berücksichtigen. Dabei kann von einer durchschnittlichen Entfernung von 15 km für Transportbeton und 30 km für Werkfrischmörtel ausgegangen werden.

Emissionen in Luft wurden in den Transportbeton- bzw. Werkfrischmörtelwerken nicht gemessen. Auftretende Emissionen durch Radlader oder sonstige Transportmittel wurden mittels Emissionsfaktoren berechnet.

4.5.5 Baustoffprofil Transportbeton und Werkfrischmörtel

Die Baustoffprofile der betrachteten Betone und des Mörtels werden im überwiegenden durch die Vorstufen bestimmt. Die Herstellung der Produkte im Beton- bzw. Mörtelwerk spielt dabei eine untergeordnete Rolle. Um so stärker ist jedoch die Zusammensetzung der Produkte von Bedeutung.

Außer dem im Baustoffprofil angegebenen nicht erneuerbaren Primärenergieverbrauch sind pro m³ Produkt Energieverbräuche aus Sekundärbrennstoffen (B 25: 79 MJ, B 35: 146 MJ, Mörtel: 85 MJ), Wasserkraft (B 25: 8 MJ, B 35: 11 MJ, Mörtel: 7 MJ) und nachwachsenden Rohstoffen (B 25: 2 MJ, B 35: 3 MJ, Mörtel: 2 MJ) zu berücksichtigen.

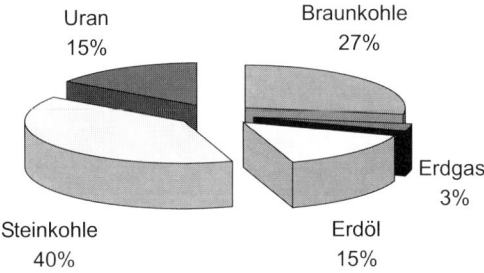

Uran
15%

Braunkohle
27%

Erdgas
3%

Steinkohle
40%

Erdöl
15%

Abbildung 25:
Verteilung der Primärenergieträger (nicht erneuerbar) der B 35 Herstellung

Mit einem Anteil von 85% – 90% wird für das Bindemittel Zement der überwiegende Teil der Primärenergie benötigt. Mit etwa 40% verursachen die Transporte einen im Verhältnis zum Primärenergieverbrauch höheren Anteil am Erdölverbrauch.

Beim Einsatz stofflicher Ressourcen spielt der Zement eine maßgebende Rolle. Pro m³ Produkt werden Eisenerz (B 25: 2,7 kg/m³, B 35: 3,7 kg/m³, Mörtel: 2,2 kg/m³), Gips/REA-Gips (B 25: 13,0 kg/m³, B 35: 18,0 kg/m³, Mörtel: 10,5 kg/m³), Kalkstein (B 25: 314,9 kg/m³, B 35: 435,9 kg/m³, Mörtel: 254,3 kg/m³) und Ton (B 25: 15,5 kg/m³, B 35: 21,4 kg/m³, Mörtel: 12,5 kg/m³) zu nahezu 100% bei der Zementherstellung verbraucht.

Baustoffprofil Transportbeton und Werkfrischmörtel				
Auswertung Primärenergie (PE)		**B 25** [MJ/m³]	**B 35** [MJ/m³]	**Mörtel** [MJ/m³]
Primärenergie n. erneuerbar		1350	1792	1080
Wirkungsabschätzung		**B 25** [kg/m³]	**B 35** [kg/m³]	**Mörtel** [kg/m³]
Treibhauspotential (GWP)	CO_2-Äq.	241,7	329,4	194,4
Ozonabbaupotential (ODP)	R11-Äq.	0,0	0,0	0,0
Versauerungspotential (AP)	SO_2-Äq.	0,560	0,734	0,443
Eutrophierungspotential (NP)	PO_4-Äq.	0,071	0,091	0,056
Photooxidantienpot. (POCP)	C_2H_4-Äq.	0,035	0,042	0,027

Die einzige Ausnahme bildet der Verbrauch von Rohkies/Rohsand. B 25: 1929 kg/m³, B 35: 1917 kg/m³, Mörtel: 1364 kg/m³).

Taubes Gestein sind Begleitgestein und abzuräumende Schichten bei der Rohstoffgewinnung. Dieser Wert kommt vor allem aus der Kohleförderung und den kohleverbrauchenden Prozessen, die als Vorstufen dem Zement zugeordnet sind.

Der wesentliche Wasserverbrauch (B 25: 6,2 m³/m³, B 35: 8,4 m³/m³, Mörtel: 5,1 m³/m³) stammt aus den Vorstufen. Dies sind insbesondere die Braunkohlegewinnung und die Stromerzeugung. Das im Transportbeton- bzw. Frischmörtelwerk benötigte Wasser setzt sich aus Grund- und Netzwasser sowie auf dem Werksgelände aufgefangenem Niederschlagswasser zusammen.

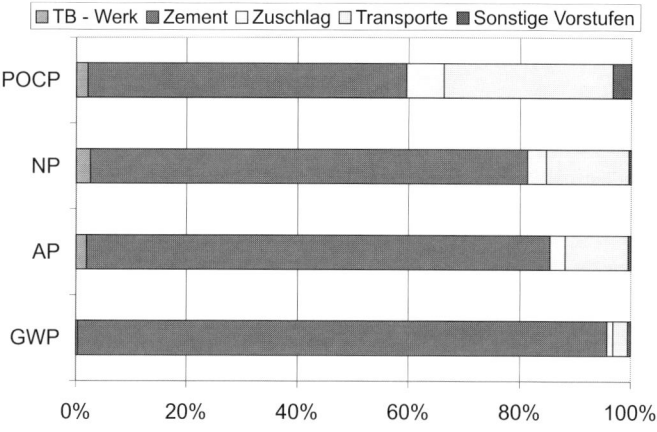

Abbildung 26: Verteilung Wirkkategorien der Transportbetonherstellung (B 35)

Die Beiträge zu den einzelnen Wirkkategorien durch das Transportbeton- bzw. Werkfrischmörtelwerk sind in allen Wirkkategorien deutlich unter 5% und somit als gering einzustufen. Das Treibhauspotential wird zu 95% durch die mit der Zementherstellung verbundenen CO_2-Emissionen dominiert.

Für das Versauerungs- und Eutrophierungspotential ist ebenfalls mit über 80% Anteil das Bindemittel Zement die maßgebende Größe.

Stoffe die zum Ozonabbau beitragen werden im Transportbeton- bzw. Mörtelwerk nicht freigesetzt.

Etwa 60% des Photooxidantienpotentials sind dem Zement zuzuschreiben wobei hier die Bereitstellung der Energieträger maßgebend ist.

Die betrachteten Werke arbeiten bis auf Sanitärwasser abwasserfrei. Alles anfallende Wasser wird aufgefangen und nach einem Absetzprozeß wieder als Zugabewasser eingesetzt.

Produktionsabfälle fallen in den Werken nicht an. Abfälle wie beispielsweise Altöl aus dem Betrieb von Fahrzeugen wurden nicht betrachtet.

Anfallender Restbeton wird wieder eingesetzt. Der Zement wird in Silofahrzeugen angeliefert. Die Anlieferung der Zuschläge erfolgt als offenes Schüttgut per Bahn, Schiff oder LKW. Für Zusatzmittel werden Mehrweggebinde verwendet.

Der Abraum (B 25: 156,2 kg/m³, B 35: 206,9 kg/m³, Mörtel: 126,6 kg/m³) ist zum überwiegenden Teil die zu entfernende Deckschicht. Des weiteren fallen Erzaufbereitungsrückstände (B 25: 13,5 kg/m³, B 35: 18,5 kg/m³, Mörtel: 10,9 kg/m³), Hausmüll (B 25: 1,0 kg/m³, B 35: 1,4 kg/m³, Mörtel: 0,8 kg/m³) und Sondermüll (B 25: 91,3 g/m³, B 35: 121,1 g/m³, Mörtel: 73,8 g/m³) an. Die Abfälle stammen fast ausschließlich aus den Vorstufen. Große Teile des Abraums stammen aus der Braunkohlegewinnung, Erzaufbereitungsrückstände aus der Steinkohlegewinnung.

4.6 Porenbeton

4.6.1 Übersicht

In Deutschland gab es im Jahr 1996 35 Porenbetonwerke. In diesen Werken wurden ca. 5,0 Mio. m³ Porenbetonprodukte hergestellt. Die Abbildung 27 zeigt die Verteilung der Werke über Deutschland.

Abbildung 27: Betrachtete Porenbetonwerke in Deutschland

4.6.2 Datenerhebung

Durchführung:	Datenerhebung in Betrieben der Porenbetonindustrie
Erhebungsart:	Auswertung und Anpassung bestehender Bilanzen der Unternehmen YTONG, PORIT und z.T. HEBEL [70, 71, 72]. Für die Unternehmensgruppe HEBEL eine zusätzliche Datenerhebung. Auswertung durch IKP/ IWB.
Bezugsjahr:	1996
Repräsentativität:	75% der deutschen Porenbetonproduktion
Datenqualität:	sehr gut

4.6.3 Spezifische Randbedingungen

Die Datensätze der Inhaltsstoffe stammen aus den entsprechenden Bereichen des Forschungsvorhabens. Dies gilt insbesondere für die Baustoffprofile Zement, Kalk und Sand. Es handelt sich dabei um Durchschnittswerte für Deutschland.

Zusätzlich zu den Input- und Outputströmen der Porenbetoninhaltsstoffe müssen die Transporte derselben zwischen Herstellungswerk und Porenbetonwerk berücksichtigt werden. Als Transportmittel dienen im wesentlichen unterschiedliche LKW's. Ein geringer Anteil an Bahntransporten wurde auch berücksichtigt. Für die Berechnung wurden folgende Werte zugrunde gelegt:

Tabelle 11: Transportentfernungen

Produkt	Entfernung [km]
Zement	68
Kalk	11
Anhydrit	283
Sand	6
Aluminium	304

4.6.4 Sachbilanz

Die erhobenen Daten stellen Mittelwerte für die Herstellung von Porenbetonprodukten in Deutschland dar. Die Einzelbilanzen der Unternehmensgruppen HEBEL, PORIT und YTONG wurden entsprechend ihrer Marktanteile gewichtet.

HEBEL	37%
PORIT	3%
YTONG	35%

Tabelle 12:
Marktanteile der Unternehmensgruppen

Tabelle 13: Zusammensetzung Durchschnittsporenbetonstein

Inhaltsstoff	[kg/m³]
Zement	81
Kalk	65
Anhydrit	12
Sand	255
Aluminium	0,26

Es wird so ein Durchschnittsporenbetonstein betrachtet. Die Bezugseinheit ist jeweils 1 m³ Porenbetonstein mit einer Rohdichte von ($\rho = 0,47$ kg/dm³. Dabei wurde die in Tabelle 9 dokumentierte Zusammensetzung betrachtet:

Bilanzobjekt:	Herstellung von Porenbetonsteinen
Bezugseinheit:	1 m³ Porenbeton
Systemgrenzen:	Input: Ressourcen, Output: Werkstor Porenbetonwerk

Flächeninanspruchnahme sowie Lärm und Geruch wurden nicht erfaßt. Ebenso sind für weiterführende Bilanzen Transporte zum Kunden zu berücksichtigen.

Emissionen in Luft wurden in den Porenbetonwerken nicht gemessen. Die bei der Dampferzeugung durch den Einsatz der Brennstoffe auftretenden Emissionen wurden über im Leitfaden dokumentierte Module bestimmt. Auftretende Emissionen durch Gabelstapler oder sonstige Transportmittel wurden mittels Emissionsfaktoren berechnet. Emissionen im Abwasser der Porenbetonwerke wurden nicht betrachtet.

4.6.5 Baustoffprofil Porenbeton

Die Einwirkungen auf die Umwelt verursacht durch die Herstellung von Porenbetonsteinen, werden im wesentlichen durch die Inhaltsstoffe bestimmt. Dabei spielen die Bindemittel Kalk und Zement einen dominierende Rolle. Sand, obwohl mengenmäßig der größte Anteil, spielt nur eine untergeordnete Rolle.

Der Hauptanteil (54%) des nicht erneuerbaren Primärenergieverbrauchs von 1543 MJ/m³ wird durch die Herstellung der Inhaltsstoffe bestimmt. Etwa 20% wird durch den Einsatz der Brennstoffe im Werk verursacht. Die verbleibenden 26% werden für Transporte, Strom etc. eingesetzt.

Zusätzlich zum nicht regenerativen Primärenergieverbrauch sind noch 25 MJ/m³ aus Sekundärbrennstoffen, 16 MJ/m³ aus Wasserkraft und 127 MJ/m³ aus nachwachsenden Rohstoffen zu berücksichtigen.

Nachwachsende Rohstoffe werden im wesentlichen für die Holzpaletten des Versands eingesetzt.

Baustoffprofil Porenbeton		
Auswertung Primärenergie (PE)		**[MJ/m³]**
Primärenergie n. erneuerbar		1543
Wirkungsabschätzung		**[kg/m³]**
Treibhauspotential (GWP)	CO_2-Äq.	187,0
Ozonabbaupotential (ODP)	R11-Äq.	0,0
Versauerungspotential (AP)	SO_2-Äq.	0,268
Eutrophierungspotential (NP)	PO_4-Äq.	0,032
Photooxidantienpot. (POCP)	C_2H_4-Äq.	0,030

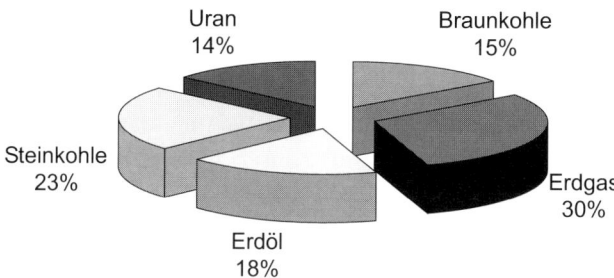

Abbildung 28: Verteilung der Primärenergieträger (nicht erneuerbar) der Porenbetonherstellung

Die energetischen Ressourcen Braunkohle und Steinkohle werden im wesentlichen bei der Herstellung der Inhaltsstoffe eingesetzt. Dabei ist insbesondere das Brennen von Kalk und Zement zu nennen. Die Hälfte des Erdgas und Erdölverbrauchs ist der Dampferzeugung der Porenbetonherstellung zuzuschreiben.

Der überwiegende Teil der eingesetzten stofflichen Ressourcen Kalkstein (218 kg/m³ Porenbeton), Sand/Kies (256 kg/m³ Porenbeton), Ton (4,7 kg/m³ Porenbeton), Gips/Anhydrit (15,9 kg/m³ Porenbeton), Eisenerz (1,9 kg/m³ Porenbeton) und Bauxit (0,9 kg/m³ Porenbeton) wird in den Vorstufen der Inhaltsstoffe eingesetzt

Der wesentliche Wasserverbrauch von 4,8 m³/m³ Porenbeton tritt in den Vorstufen auf. Dabei ist insbesondere der Wasserverbrauch bei der Gewinnung der Braunkohle zum Einsatz als Brennstoff zu nennen. Ebenso ist bei der Strombereitstellung ein nennenswerter Wasserverbrauch zu verzeichnen. Gegenüber den Verbräuchen in den Vorstufen ist der Wasserverbrauch im Werk mit 5% als gering anzusehen.

Über 80% des Treibhauspotential ist der Herstellung der Bindemittel Kalk und Zement zuzuschreiben, wobei die CO_2-Emissionen den Hauptbeitrag liefern.

Stoffe, die zum Ozonabbau beitragen, werden bei der Porenbetonherstellung nicht freigesetzt.

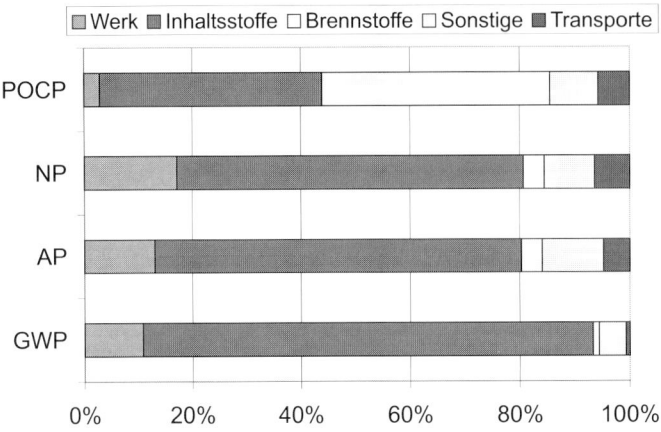

Abbildung 29: Verteilung Wirkkategorien der Porenbetonherstellung

Am Versauerungs- und Eutrophierungspotential ist die Bindemittelherstellung mit ca. 70% beteiligt.

Die Bildung von Photooxidantien wird durch die Bereitstellung der Energieträger maßgebend beeinflußt. Es werden jeweils 40% durch die Brennstoffe im Porenbetonwerk sowie 40% durch den Brennstoffeinsatz bei der Bindemittelherstellung beigesteuert. Abfälle wurden in die Kategorien Abraum (165 kg/m³ Porenbeton), Erzaufbereitungsrückstände (11 kg/m³ Porenbeton) Hausmüll (1,0 kg/m³ Porenbeton) und Sondermüll (0,129 kg/m³) zusammengefaßt. Der größte Anteil der Abfälle stammt aus der Herstellung der Inhaltsstoffe oder deren Vorstufen.

Produktionsrückstände werden wieder in den Produktionskreislauf rückgeführt und wurden deshalb nicht explizit aufgeführt.

4.7 Leichtbeton mit Zuschlag Bims

4.7.1 Übersicht

Im Neuwieder Becken liegen die einzigen abbauwürdigen Vorkommen von Naturbims auf dem europäischen Festland. Somit konzentriert sich der heimische Abbau auf dieses Gebiet. Der ausländische Abbau konzentriert sich auf vier Gebiete. Anteile der Abbaugebiete am Bims-Rohstoffbedarf 1995:

- 74% Neuwieder Becken (Deutschland)
- 12% Mt. Hekla/Mt. Snaefelsjökull (Island)
- 9% Insel Yali (Griechenland)
- 3% Insel Lipari (Italien)
- 2% Kappadokien (Türkei)

Abbildung 30: Abbaugebiet Neuwieder Becken

In Deutschland wurden 1995 in den 60 Betrieben der rheinischen Bimsindustrie ca. 3 Mio. m³ Bimssteine hergestellt was ca. 10% der in Deutschland verbauten Mauersteine ausmacht. Die in dieser Studie direkt berücksichtigten Betriebe stellten 1995 über 750.000 m³ Bimssteinprodukte her.

Bei den untersuchten Betrieben wurden im Jahr 1995 durchschnittlich ca. 74% heimischer Bims (43% Eigenabbau, 32% Zukauf) und ca. 26% Import-Bims eingesetzt, wobei die Tendenz des Importbims-Einsatzes fallend ist.

4.7.2 Datenerhebung

Durchführung:	Datenerhebung in Betrieben der Bimsindustrie
Erhebungsart:	Datenerhebungsbögen und Auswertung am IKP/IWB
Bezugsjahr:	1995
Repräsentativität:	25% der deutschen Bimssteinproduktion
Datenqualität:	sehr gut

4.7.3 Spezifische Randbedingungen

Für die Transporte des Rohstoffs Bims wurden die folgenden Transportentfernungen und Transportmittel berücksichtigt.

Tabelle 14: Transportentfernungen

Herkunft	LKW	[km]	Seeschiff	[km]	Binnenschiff	[km]
Island	Abbau–Reykjavik	110	Reykjavik–Rotterdam	2200	Rotterdam–Neuwied Hafen	520
Italien	Abbau–Hafen	vernachl.	Lipari–Rotterdam	4360	Rotterdam–Neuwied Hafen	520
Griechenland	Abbau–Hafen	vernachl.	Yali–Rotterdam	5400	Rotterdam–Neuwied Hafen	520
Import Bims allgemein	Neuwied Hafen-Werk	6,5	–		–	
Heimischer Bims allgemein	Abbau–Werk	4	–		–	

4.7.4 Sachbilanz

Die erhobenen Daten stellen Mittelwerte für die Herstellung von Bimssteinen in Deutschland dar. Gegenstand der Untersuchung waren ausschließlich Bimsprodukte, die im Baugewerbe zur Anwendung kommen. Als Produkte sind keine Spezialanfertigungen einbezogen worden.

Bilanzobjekt:	Herstellung von Bimssteinen
Bezugseinheit:	1 m³ Bimsstein
Systemgrenzen:	Input: Ressourcen, Output: Werkstor Bimsbetriebe

Flächeninanspruchnahme sowie Lärm und Geruch wurden nicht erfaßt. Ebenso sind für weiterführende Bilanzen Transporte zum Kunden zu berücksichtigen. Auftretende Emissionen durch Radlader oder sonstige Transportmittel wurden mittels Emissionsfaktoren berechnet.

4.7.5 Baustoffprofil Bimsstein

Im folgenden wird ein Durchschnittsbimsstein mit einer Rohdichte von $\rho = 0,9$ kg/m³ betrachtet. 57% des nicht erneuerbaren Primärenergiebedarfes von 805 MJ/m³ wird für die Herstellung des Zementes benötigt. 25% des Energiebedarfs ergeben sich aus Strom-, Brennstoff- und Materialbedarf der Produktion und des Versands. Der Abbau und die Beschaffung der Rohstoffe Bims und Lava schlägt mit 14% des Energieverbrauches zu Buche. Die Bimsstein-Zusätze wie Splitt und Blähton, sowie die Raffinerieprodukte wie Schal-, Hydraulik- und Schmieröle und der eingesetzte Kalk spielen eine untergeordnete Rolle im Energiebedarf. Zusätzlich zum nicht erneuerbaren Primärenergiebedarfs werden noch 30 MJ aus Sekundärbrennstoffen, 4 MJ aus Wasserkraft und 12 MJ aus nachwachsenden Rohstoffen pro m³ Durchschnittsbimssteine verbraucht.

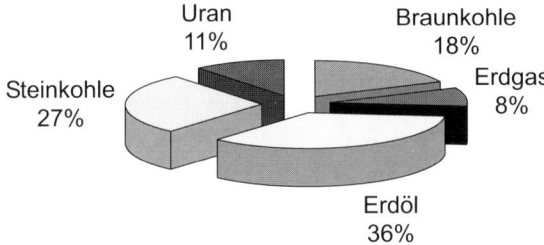

Abbildung 31: Verteilung der Primärenergieträger (nicht erneuerbar) der Bimssteinherstellung

Die zur Bimssteinherstellung eingesetzten Energieträger lassen sich im wesentlichen auf fossile Energieträger zurückführen. Dies gilt ebenso für die Herstellung der Vorprodukte, die in der Steinproduktion eingesetzt werden. Während Braunkohle und Steinkohle zum überwiegenden Teil in der Zementherstellung eingesetzt werden, ist der Erdgas-Verbrauch überwiegend der Herstellung der PE-Schutzfolie zuzuordnen.

Der Erdölanteil der Werke ist zum Teil auf Diesel- und Heizölverbräuche zurückzuführen und auf zur Herstellung der PE-Folie benötigtes Erdöl. Indirekter Stein- und Braunkohleverbrauch der Werke ergibt sich aus dem verbrauchten Strom. Nachwachsende Brennstoffe werden in den Werken nicht eingesetzt. Die Angaben für nachwachsende Brennstoffe stammen ebenso wie die Primärenergie aus Wasserkraft aus den Vorstufen.

Baustoffprofil Bimsstein		
Auswertung Primärenergie (PE)		**[MJ/m³]**
Primärenergie n. erneuerbar		805
Wirkungsabschätzung		**[kg/m³]**
Treibhauspotential (GWP)	CO_2-Äq.	108,8
Ozonabbaupotential (ODP)	R11-Äq.	0,0
Versauerungspotential (AP)	SO_2-Äq.	0,351
Eutrophierungspotential (NP)	PO_4-Äq.	0,045
Photooxidantienpot. (POCP)	C_2H_4-Äq.	0,038

Der stoffliche Ressourcenverbrauch wird eindeutig durch die Ressource Naturbims (835 kg/m³) dominiert. Der Eisenerzverbrauch (1,9 kg/m³) wird durch den Zementprozeß und die im Versand eingesetzten Stahlbänder bestimmt. Die Ressourcen Gips (5,1 kg/m³) und Kalkstein (123 kg/m³) sind vom Zementprozeß dominiert.

Lava (90 kg/m³) und Bims werden durch die Rohstoffbereitstellung den Steinwerken zur Verfügung gestellt und deren Verbrauch diesem Prozeßschritt zugeordnet. Sand (9,6 kg/m³) wird in den Steinwerken und in den Zementwerken eingesetzt. Der Tonverbrauch stammt aus der Zementherstellung sowie der Produktion von Blähton, der z.T. als Zusatz eingesetzt wird.

Zur Bimssteinherstellung wird Wasser (2,5 m³/m³) bei der Gewinnung von Waschbims (überwiegend Kreislaufwasser) sowie als Zugabewasser bei der Herstellung der Mischung und als Sprengwasser der Lagerflächen benötigt. Der überwiegende Teil des benötigten Wassers wird in den Vorketten eingesetzt.

Die Zementherstellung dominiert den Wasserbedarf des Produktes „Bimsstein" im wesentlichen. Der Wasserverbrauch stammt hierbei größtenteils aus der Braunkohlegewinnung und der Stromerzeugung.

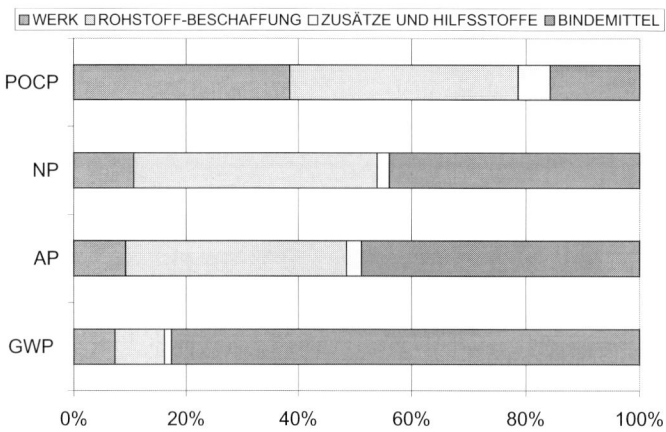

Abbildung 32: Verteilung Wirkkategorien der Bimssteinherstellung

Das Treibhauspotential wird durch die CO_2-Emissionen der Zementherstellung dominiert. Stoffe, die zum Ozonabbau beitragen, werden bei der Herstellung von Bimssteinen nicht freigesetzt. Versauerungspotential und Eutrophierungspotential werden maßgebend durch die Bindemittelherstellung und die Rohstoffbeschaffung beeinflußt.

Den größten Beitrag zum Photooxidantienpotential liefern diverse Prozesse im Werk (z.B. Staplerverkehr, Folieneinsatz) sowie die Rohstoffbeschaffung. Die betrachteten Werke weisen keinen Produktionsabfall auf, da der Ausschuß von ca. 1–1,5% direkt rezykliert und zu 100% in den Produktionsprozeß eingebracht wird. Der bei der Bimsgewinnung anfallende Abraum (humusreiche Deckschicht) geht nicht mit in die Berechnung ein, da er nach der Ausbimsung wieder als Deckschicht eingesetzt wird, um hinterher eine landwirtschaftliche Nutzung wie-

der zu ermöglichen. Da der überwiegende Teil des Abbaus in Deutschland geschieht, wurde vereinfachend angenommen, daß diese Vorgehensweise auch in
ausländischen Abbaugebieten praktiziert wird oder nur sehr geringe Deckschichten vorhanden sind (Gebiete jüngerer Bims-Entstehung).

In den Werken direkt fällt als einzige Abfallkategorie „Hausmüll" (600 g/m^3)
an, wobei 19% direkt den Werken zuzuschreiben sind. Die für Sondermüll ermittelten 4 g/m^3 sind durch die Vorstufen verursacht. Der errechnete Abraum von
73 kg/m^3 und die Erzaufbereitungsrückstände sind ebenso den Vorstufen zuzuschreiben.

4.8 Leichtbeton mit Zuschlag Blähton

4.8.1 Übersicht

Blähton ist ein Zuschlag, zu dessen Herstellung besonders Tone mit gleichmäßig
und fein verteilten organischen Bestandteilen geeignet sind. Der im Tagebau ab-
gebaute Ton wird zu Kugeln aufbereitet und in einem Drehrohrofen-System bei
ca. 1200 °C gebrannt. Dabei verbrennen die organischen Bestandteile des Tons
und die Kugeln blähen sich auf. Je nach Anwendungsfall wird Blähton in Rohdichten von ca. $300–800 \text{ kg/m}^3$ hergestellt.

Blähton kommt in den Bereichen Mauersteine, Wandelemente, Leichtmörtel,
Leichtbeton und als Schüttgut im Bau- und Grünbereich zum Einsatz. Als Bindemittel für Leichtbeton mit Zuschlag Blähton wird Zement verwendet.

1998 wurden auf dem deutschen Markt ca. $2,5 \text{ Mio m}^3$ industriell hergestell-
ter Leichtzuschläge verbraucht.

Die für diese Studie untersuchten 9 Betriebe stellten 1998 neben anderen
Betonwaren über 100.000 m^3 Leichtbeton mit Zuschlag Blähton her.

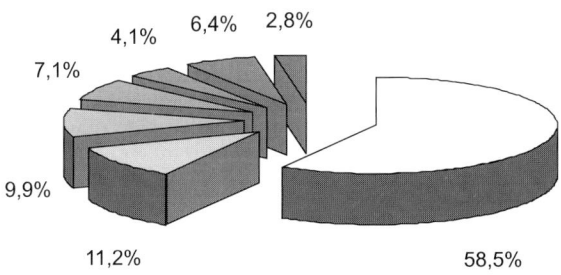

☐ Haufwerksporiger Beton
☐ Gefügedichter Beton
☐ Naßmörtel
▨ Werktrockenmörtel
▨ Verwendung als lose Schüttung im Baubereich
▨ Verwendung als lose Schüttung im Garten- und Landschaftsbau
▨ Sonstiges

Abbildung 33:
Anwendungsbereiche für
Leichtzuschläge, Prozentuale
Verteilung 1998

4.8.2 Datenerhebung

Die Bilanzierung der Blähtonprodukte (Leichtbeton mit Zuschlag Blähton) konzentrierte sich zunächst auf die Datenerhebung in den teilnehmenden Unternehmen. Es wurden 9 Betonwerke ausgewählt, in welchen exemplarisch die Stein- und Elementproduktion untersucht wurde.

Für die Herstellung durchschnittlicher Blähtonprodukte wurden die Aufwendungen an Energie und Hilfsstoffen sowie das Reststoffaufkommen in den Werken ermittelt. Die zur Herstellung der unterschiedlichen Blähtonprodukte eingesetzten Rohstoffe: Blähton-Korn, -Sand und Zement, wurden je nach Rezeptur zugerechnet.

Die Rezepturen für die unterschiedlichen Produkte wurden von den in die Untersuchung eingebundenen Herstellern zur Verfügung gestellt.

4.8.3 Sachbilanz

Das in Kapitel 4.8.4 dargestellte Baustoffprofil für ein Leichtbeton-Wandelement mit Zuschlag Blähton (im folgenden Blähtonelement genannt) der Rohdichte 600 kg/m³ steht exemplarisch für Blähtonsteine- und Elemente.

Bilanzobjekt:	Herstellung von Blähtonsteinen und Blähtonelementen
Bezugseinheit:	1 m³ Leichtbeton-Wandelement mit Zuschlag Blähton (ca. 600 kg/m³)
Systemgrenzen:	Input: Ressourcen, Output: Werkstor Betonwerk

Steine anderer Rohdichte sind **nicht** über die Masse zu skalieren, da die Ergebnisse nicht nur von der Rohdichte der Produkte abhängig sind.

Die erhobenen Daten der Produktion im Betonwerk stellen Mittelwerte für die Herstellung von Blähtonprodukten in Deutschland und Österreich dar.

Flächeninanspruchnahme sowie Lärm und Geruch wurden nicht erfaßt. Für weiterführende Bilanzen sind die Transporte zum Kunden noch zu berücksichtigen.

4.8.4 Baustoffprofil Blähtonprodukte

41% des nicht erneuerbaren Primärenergiebedarfes von 1934 MJ/m³ wird für die Herstellung des Zementes benötigt. 5% des Energiebedarfs ergeben sich aus Strom-, Brennstoff- und Materialbedarf der Produktion und der Versandvorbereitung.

Die Herstellung des Blähton schlägt mit 54% des Energieverbrauches zu Buche. Die zur Steinproduktion in kleinen Mengen eingesetzten Hilfsstoffe wie Schal-, Hydraulik- und Schmieröle spielen eine untergeordnete Rolle.

Baustoffprofil Blähtonelement		
Auswertung Primärenergie (PE)		**[MJ/m³]**
Primärenergie n. erneuerbar		1934
Wirkungsabschätzung		**[kg/m³]**
Treibhauspotential (GWP)	CO_2-Äq.	235,5
Ozonabbaupotential (ODP)	R11-Äq.	0,0
Versauerungspotential (AP)	SO_2-Äq.	0,908
Eutrophierungspotential (NP)	PO_4-Äq.	0,066
Photooxidantienpot. (POCP)	C_2H_4-Äq.	0,074

Zusätzlich zum nicht erneuerbaren Primärenergiebedarfs werden noch 73 MJ/m³ aus Sekundärbrennstoffen, 26 MJ/m³ aus Wasserkraft und 145 MJ/m³ aus nachwachsenden Rohstoffen (als Brennstoff) eingesetzt.

Während Braunkohle und Steinkohle zum größeren Teil in der Zementherstellung eingesetzt werden, ist der Erdgas- und Erdöl-Verbrauch überwiegend der Herstellung des Blähtons zuzuordnen.

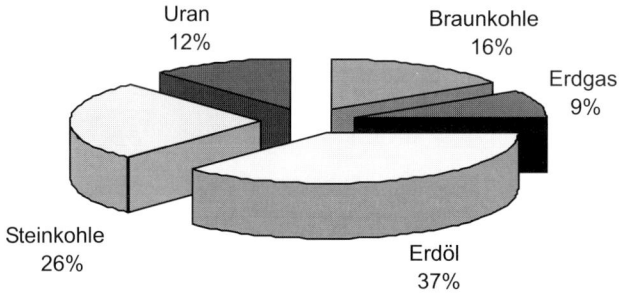

Abbildung 34: Verteilung der Primärenergieträger (nicht erneuerbar) zur Herstellung von Blähtonprodukten

Nachwachsende Brennstoffe werden in den Betonwerken selbst nicht eingesetzt. Die Werte für nachwachsende Brennstoffe stammen ebenso wie die Primärenergie aus Wasserkraft aus den Vorstufen wie z.B. der Blähtonproduktion.

Der stoffliche Ressourcenverbrauch wird durch die Ressourcen Ton (501 kg/m³), im wesentlichen für die Blähtonproduktion, und Kalkstein (229 kg/m³) zur Zementherstellung dominiert.

Zur Leichtbetonherstellung wird Wasser in Form von Zugabewasser bei der Herstellung der Mischung sowie als Sprengwasser zur Reduzierung der Staubemissionen auf den Lagerflächen benötigt. Der überwiegende Teil des Wassers wird in den Vorketten eingesetzt. Die Zementherstellung mit ihren Vorketten hat hierbei den größten Anteil.

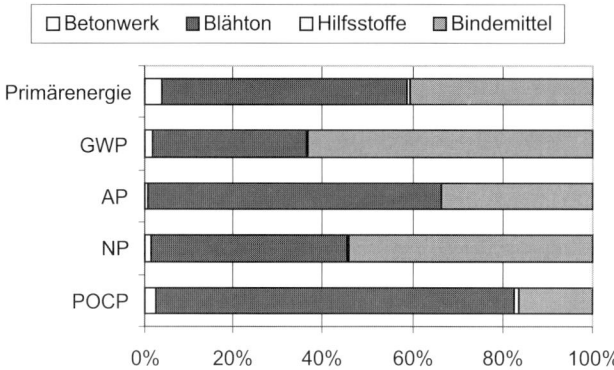

Abbildung 35: Verteilung Wirkkategorien der Herstellung von Blähtonprodukten

Das Treibhauspotential wird zu einem großen Teil (> 60%) durch die CO_2-Emissionen der Zementherstellung bestimmt. Stoffe, die zum Ozonabbau beitragen, werden bei der Herstellung von Blähtonprodukten nicht freigesetzt.

Versauerungspotential und Eutrophierungspotential werden durch die Bindemittelherstellung und die Blähtonproduktion bestimmt.

Den größten Beitrag zum Photooxidantienpotential liefert die Blähtonherstellung, da hierfür der größte Teil des Erdöls und des Erdgases eingesetzt wird.

Die betrachteten Werke weisen kaum Produktionsabfall auf, da der Ausschuß von unter 1% im wesentlichen direkt rezykliert und wieder in den Produktionsprozeß eingebracht wird.

In den Betonwerken fällt als einzige Abfallkategorie „Hausmüll" an, wobei unter 5% der Summe von 780 g/m³ LB den Betonwerken direkt zuzuschreiben sind. Die für Sonderabfälle ermittelten 14 g/m³ sind durch die Vorstufen verursacht. Der errechnete Abraum von 199 kg/m³ und die Erzaufbereitungsrückstände sind im wesentlichen ebenso den Vorstufen zuzuschreiben.

4.9 Kalksandstein

4.9.1 Übersicht

In Deutschland gab es im Jahr 1994 158 Kalksandsteinwerke. Dort wurden ca. 12 Mio. m³ Kalksandsteinprodukte hergestellt. Die in der Abbildung 36 dargestellte Verteilung der KS-Werke zeigt, daß in den meisten Regionen Deutschlands eine regionale Versorgung mit Kalksandsteinen gewährleistet ist.

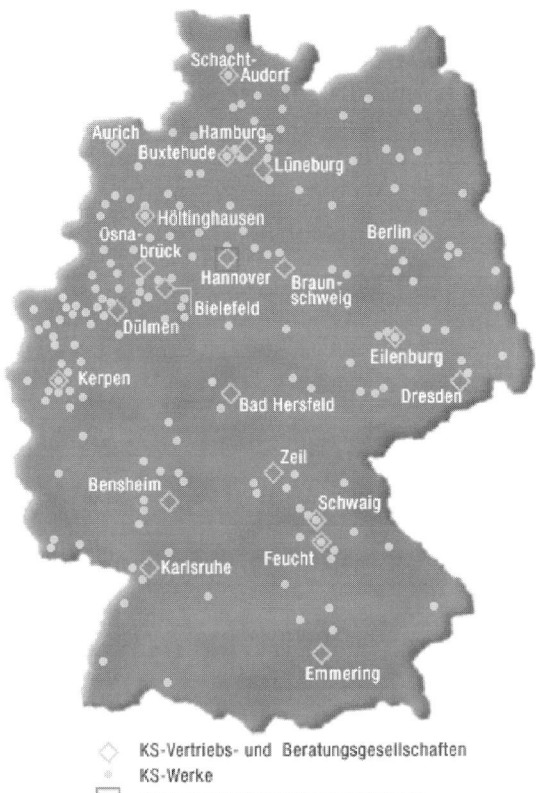

Abbildung 36:
Verteilung der Kalksandsteinwerke in Deutschland

◇   KS-Vertriebs- und Beratungsgesellschaften
·   KS-Werke
▢   Bundesverband Kalksteinindustrie e.V.

4.9.2 Datenerhebung

Durchführung:	Datenerhebung in Betrieben der Kalksandsteinindustrie
Erhebungsart:	Auswertung und Ergänzung der Studie „Ökobilanz für den Baustoff Kalksandstein und Kalksandstein-Wandkonstruktionen" [73]
Bezugsjahr:	1993
Repräsentativität:	ca. 50% der deutschen Kalksandsteinproduktion
Datenqualität:	sehr gut

4.9.3 Spezifische Randbedingungen

Die Datensätze der Inhaltsstoffe stammen aus den entsprechenden Bereichen des Forschungsvorhabens. Dies gilt insbesondere für die Baustoffprofile Kalk und Sand. Es handelt sich dabei um Durchschnittswerte für Deutschland.

Zusätzlich zu den Input- und Outputströmen der Kalksandsteininhaltsstoffe müssen die Transporte derselben zwischen Herstellungswerk und Kalksand-steinwerk berücksichtigt werden.

Als Transportmittel dienen im wesentlichen unterschiedliche LKWs. Soweit nicht bereits in den entsprechenden Vorstufen integriert, wurden folgende gewichtete durchschnittliche Transportentfernungen zum Kalksandsteinwerk verrechnet:

Tabelle 15: Transportentfernungen zum Kalksandsteinwerk

	Entfernung [km]	
	LKW	**Bahn**
Weißfeinkalk	116	1,1
Graukalk	116	1,1
Sand, Eigenabbau	1,3	
Sand, Fremdabbau	28,8	
Steinmehl	47,5	

4.9.4 Sachbilanz

Die erhobenen Daten stellen Mittelwerte für die Herstellung von Kalksandstein in Deutschland dar.

Bilanzobjekt:	Herstellung von Kalksandstein
Bezugseinheit:	1 Tonne Kalksandstein
Systemgrenzen:	Input: Ressourcen, Output: Werkstor Kalksandsteinwerk

Der Flächenverbrauch sowie Lärm und Geruch wurden nicht erfaßt. Ebenso sind in Berechnungen für weiterführende Bilanzen Transporte zum Kunden zu berücksichtigen. Die durchschnittliche Transportentfernung vom KS-Werk zum Kunden beträgt 35 km.

Emissionen in Luft wurden in den Kalksandsteinwerken nicht gemessen. Die bei der Dampferzeugung durch den Einsatz der Brennstoffe auftretenden Emissionen wurden über im Leitfaden dokumentierte Module bestimmt. Dadurch wird eine repräsentative Industriefeuerung zur Dampfgewinnung abgebildet.

Auftretende Emissionen durch Radlader oder sonstige Transportmittel wurden mittels Emissionsfaktoren berechnet.

4.9.5 Baustoffprofil Kalksandstein

Mit einem Anteil von 44% der nicht erneuerbaren Primärenergie von insgesamt 1150 MJ sind die Inhaltsstoffe maßgebend am Primärenergieverbrauch beteiligt. Der überwiegende Anteil ist dabei dem Bindemittel Kalk zuzuschreiben. 33% der Primärenergie wird für die Dampferzeugung des Härteprozesses eingesetzt. Der verbleibende Anteil wird für diverse Prozesse im Werk sowie Transporte benötigt.

Zusätzlich zur nicht erneuerbaren Energie sind 4 MJ aus Wasserkraft und 79 MJ aus nachwachsenden Rohstoffen zu berücksichtigen.

Wie aus der Verteilung der Primärenergie zu schließen war, ist ein wesentlicher Anteil des Verbrauchs fossiler Energieträger den Inhaltsstoffen zuzuschreiben. Der Hauptverbrauch liegt dabei im Brennprozeß der Kalkherstellung.

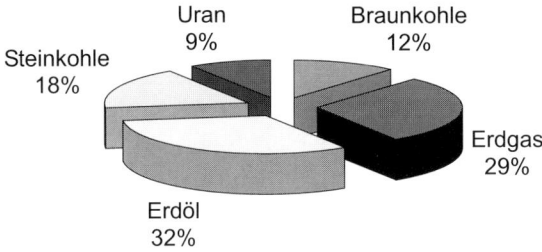

Abbildung 37: Verteilung der Primärenergieträger (nicht erneuerbar) der Kalksandsteinherstellung

Rund 80% der Braun- und Steinkohle werden direkt bei der Kalkherstellung oder den damit verbundenen Vorstufen eingesetzt. Der Erdgasverbrauch wird zu 55% durch die Inhaltsstoffe und zu 42% durch den Prozeßschritt Härten bestimmt. Der Erdölverbrauch ist mit fast 70% durch den Härteprozeß dominiert. Der Uranverbrauch resultiert zu 100% aus der Stromgewinnung in Kernkraftwerken.

Der mineralische Ressourcenverbrauch wird mit 968 kg durch die Ressource Sand dominiert. An zweiter Stelle steht der Verbrauch an Kalkstein (203 kg), der in der Vorstufe Feinkalk eingesetzt wird.

Taubes Gestein (17 kg) ist Begleitgestein, welches vor allem bei der Steinkohleförderung entsteht. Deckschicht (91 kg) sind abzuräumende Schichten bei der Rohstoffgewinnung. Mit einem Anteil von insgesamt 8% spielt der Wasserverbrauch bei der Herstellung von Kalksandsteinen nur eine untergeordnete Rolle.

Baustoffprofil Kalksandstein		
Auswertung Primärenergie (PE)		**[MJ/t]**
Primärenergie n. erneuerbar		1150
Wirkungsabschätzung		**[kg/t]**
Treibhauspotential (GWP)	CO_2-Äq.	151,4
Ozonabbaupotential (ODP)	R11-Äq.	0,0
Versauerungspotential (AP)	SO_2-Äq.	0,176
Eutrophierungspotential (NP)	PO_4-Äq.	0,024
Photooxidantienpot. (POCP)	C_2H_4-Äq.	0,035

Der größte Wasserverbrauch von in der Summe 2,7 m³ tritt in den Vorstufen der Inhaltsstoffe auf, insbesondere bei der Kohleförderung (Pumpwasser) und der Stromerzeugung (Kühlwasser).

Im Vergleich zu den Vorstufen fällt bei der Kalksandsteinherstellung wenig Abwasser an. Das Treibhauspotential wird zu ca. 75% durch die bei der Kalkherstellung auftretenden CO_2-Emissionen dominiert. Stoffe, die zum Ozonabbau beitragen, werden bei der Herstellung von Kalksandsteinen nicht freigesetzt.

Das Versauerungs- und Eutrophierungspotential werden zu nahezu 60% durch die Herstellungsprozesse direkt im Werk beeinflußt.

Der Anteil der Prozesse im Werk an der Bildung von Photooxidantien beträgt ca. 70% und wird durch die Bereitstellung der Energieträger dominiert.

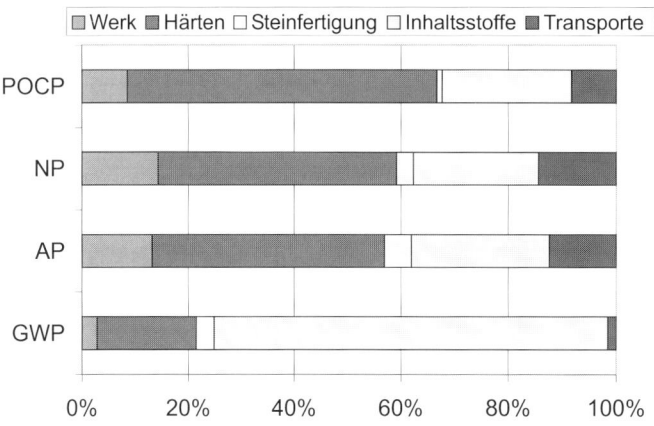

Abbildung 38: Verteilung Wirkkategorien der Kalksandsteinherstellung

Die direkt bei der Herstellung von Kalksandstein anfallenden Abfälle wurden in die Kategorien Hausmüll (1,5 kg/t) zusammen mit hausmüllähnlichem Gewerbemüll und Sondermüll (85,3 g/t) wie beispielsweise gebrauchte Ölfilter oder Ölabscheiderinhalt zusammengefaßt.

Abraum und Erzaufbereitungsrückstände entstehen im Werk nicht. Der größte Teil des ausgewiesenen Abraums (94,4 kg/t) stammt aus der Braunkohlegewinnung. Erzaufbereitungsrückstände von insgesamt 6,5 kg/t sind größtenteils der Steinkohlegewinnung zuzuschreiben.

4.10 Ziegel

4.10.1 Übersicht

Einen Überblick über die im Jahr 1996 hergestellten Ziegelprodukte gibt die nebenstehende Tabelle 16. Dabei wird deutlich, daß es sich bei Ziegelprodukten um eine breite Palette von unterschiedlichen Produkten handelt. Für diese Studie wurde das Massenprodukt Hintermauerziegel als Bezugsobjekt gewählt.

Tabelle 16: Übersicht Gesamtjahresproduktion Ziegelprodukte 1996

Bezeichnung	Produktion 1996
Hintermauerziegel	10.831.000 m³
Vormauerziegel	1.654.000 m³
Ziegel für Boden- und Straßenbeläge	563.000 m³
Hourdis, Deckenziegel	84.266 t
Preßdachziegel	529.519.000 Stück
Biberschwänze	266.417.000 Stück
Andere Strangziegel	6.362.000 Stück
Sonst. Dachziegel und Zubehör	62.895.000 Stück
Schornsteine und ähnliches	18.122 t
Rohre und Zubehör	242.130 t

Abbildung 39 zeigt am Beispiel Hintermauerziegel eine flächendeckende Verteilung der Werke. Aus 150 Werken können Hintermauerziegel meist in einem Umkreis von weniger als 50 km bezogen werden.

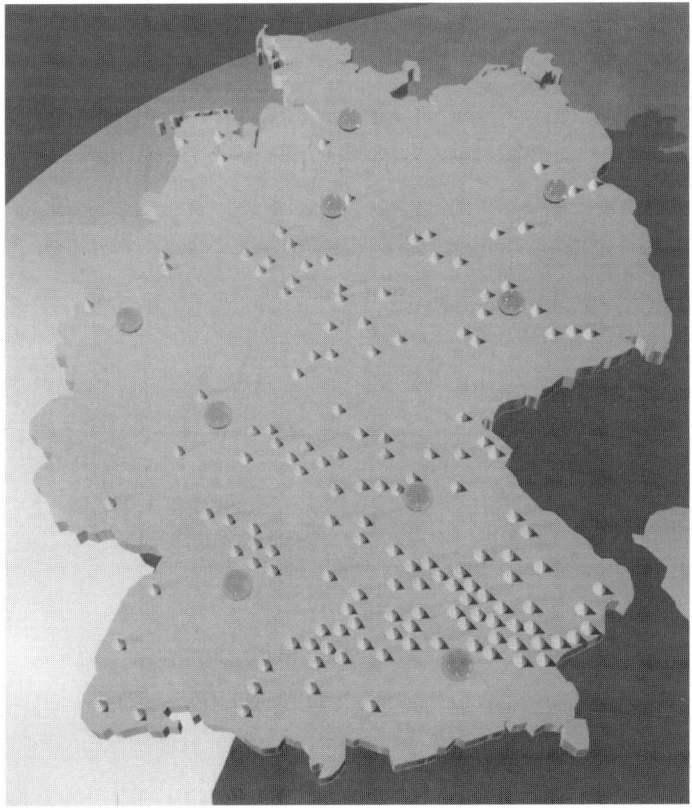

Abbildung 39: Standorte der Werke für Hintermauerziegel

4.10.2 Datenerhebung

Durchführung:	Datenerhebung in Betrieben der Ziegelindustrie
Erhebungsart:	Auswertung und Anpassung der Studie „Ökobilanz Mauerziegel, Ökobilanz und Wirtschaftlichkeitsuntersuchungen Außenwandkonstruktionen" [75]
Bezugsjahr:	1996
Repräsentativität:	19 vom Verband ausgewählte Werke
Datenqualität:	sehr gut

4.10.3 Sachbilanz

Die erhobenen Daten stellen Mittelwerte für die Ziegelherstellung in Deutschland dar.

Bilanzobjekt:	Herstellung von Ziegelsteinen
Bezugseinheit:	1 m³ Ziegel Rohdichteklasse 0,7 (670 kg/m³)
Systemgrenzen:	Input: Ressourcen, Output: Werkstor Ziegelwerk

Ein Verbrauch an Flächen, sowie Lärm und Geruch wurden nicht berücksichtigt. Ebenso sind für weiterführende Bilanzen Transporte zum Kunden zu berücksichtigen.

4.10.4 Baustoffprofil Ziegel

Je m³ Ziegel der betrachteten Rohdichte werden 1485 MJ Primärenergie aus nicht erneuerbaren Energieträgern eingesetzt, von welchen nahezu 80% als Brennstoff direkt im Ziegelwerk Anwendung finden.

Die Abbildung 40 zeigt die Verteilung des nicht erneuerbaren Primärenergieverbrauchs. Der Uranverbrauch resultiert dabei zu 100% aus der Stromgewinnung in Kernkraftwerken. Darüber hinaus werden 15 MJ Primärenergie aus erneuerbaren Energieträgern (Primärenergie aus Wasserkraft und Primärenergie aus nachwachsenden Rohstoffen) eingesetzt.

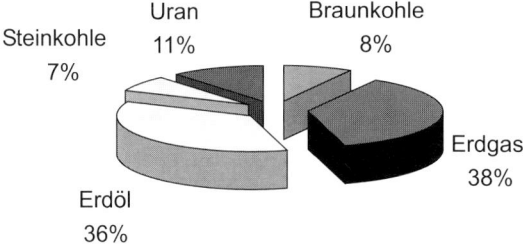

Abbildung 40: Verteilung der Primärenergieträger (nicht erneuerbar) der Ziegelherstellung

347 MJ werden aus Sekundärbrennstoffen gewonnen. Hierzu werden Sägemehl, Polystyrol sowie Papierfangstoff verwendet.

Der Verbrauch stofflicher Ressourcen wird durch Ton (831 kg/m³) dominiert, der nahezu zu 100% direkt in das Produkt eingeht. Die übrigen stofflichen Ressourcen spielen mengenmäßig nur eine untergeordnete Rolle und werden ausschließlich in den Vorstufen verbraucht. Die Abbildung 41 zeigt den Gesamt-Brennstoff-Energieverbrauch zur Ziegelherstellung.

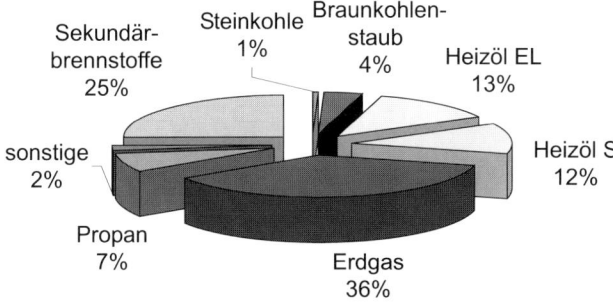

Abbildung 41: Anteil der verschiedenen Energieträger zum Gesamt-Brennstoff-Energieverbrauch für die Ziegelherstellung (ohne Vorketten)

Etwa 3% des mit 4,0 m³ bezifferten Wasserverbrauchs wird direkt bei der Ziegelherstellung benötigt. Der überwiegende Anteil wird in den Vorstufen Kohlegewinnung und Stromerzeugung verbraucht.

Das Treibhauspotential wird durch die CO_2-Emissionen im Werk dominiert. Stoffe, die zum Ozonabbau beitragen werden bei der Ziegelherstellung nicht freigesetzt. Dies gilt auch für die mit der Ziegelherstellung verbundenen Vorstufen. Etwas mehr als die Hälfte der zur Versauerung beitragenden Emissionen (Stickoxide, Schwefeldioxid) werden im Ziegelwerk emittiert. Ein weiterer deutlicher Anteil wird durch die Bereitstellung der Brennstoffe verursacht.

Das Eutrophierungspotential wird zu 60% durch Emissionen im Werk bestimmt. Hier ist die Bereitstellung der Brennstoffe mit ca. 20% am Potential beteiligt.

Baustoffprofil Ziegel		
Auswertung Primärenergie (PE)		**[MJ/m³]**
Primärenergie n. erneuerbar		1487
Wirkungsabschätzung		**[kg/m³]**
Treibhauspotential (GWP)	CO_2-Äq.	133,0
Ozonabbaupotential (ODP)	R11-Äq.	0,0
Versauerungspotential (AP)	SO_2-Äq.	0,190
Eutrophierungspotential (NP)	PO_4-Äq.	0,024
Photooxidantienpot. (POCP)	C_2H_4-Äq.	0,056

Die Bildung von Photooxidantien wird maßgebend durch die Bereitstellung der Energieträger dominiert.

Die Auswertung der Abfälle zeigt, daß Abraum (115 kg/m³) und Erzaufbereitungsrückstände (2,9 kg/m³) größtenteils aus der Kohle- und Stromgewinnung stammen. Rund 20% des Hausmülls (in der Summe 0,5 kg/m³) fallen direkt im Werk an. Der weitaus größte Teil (70%) wird in den Vorstufen der Brennstoffe erzeugt. Sondermüll (58 g/m³) fällt nur in geringen Mengen an.

Im Vergleich zu den Vorstufen fallen bei der Ziegelherstellung nur geringe Mengen Abwasser an.

4.11 Wärmedämmverbundsysteme (WDVS)

4.11.1 Systemdarstellung

Außenseitige Wärmedämmverbundsysteme werden seit vielen Jahren zur Wärmedämmung und Fassadengestaltung von Gebäuden eingesetzt. Trotz einer großen Systemvielfalt ist der grundsätzliche Aufbau aller Ausführungen ähnlich: Auf die Außenwand, die im Falle einer Altbausanierung auch noch verputzt sein kann, wird zur Befestigung der Dämmschicht ein Kleber aufgebracht. In Abhängigkeit vom verwendeten Dämmstoff, der Dämmstoffdicke oder sonstigen technischen Anforderung wird der Dämmstoff zusätzlich mit dem Mauerwerk verdübelt.

Ist der Untergrund für eine Verklebung nicht hinreichend tragfähig, so kann alternativ zur Verklebung eine Montage mittels Schienenbefestigung erfolgen.

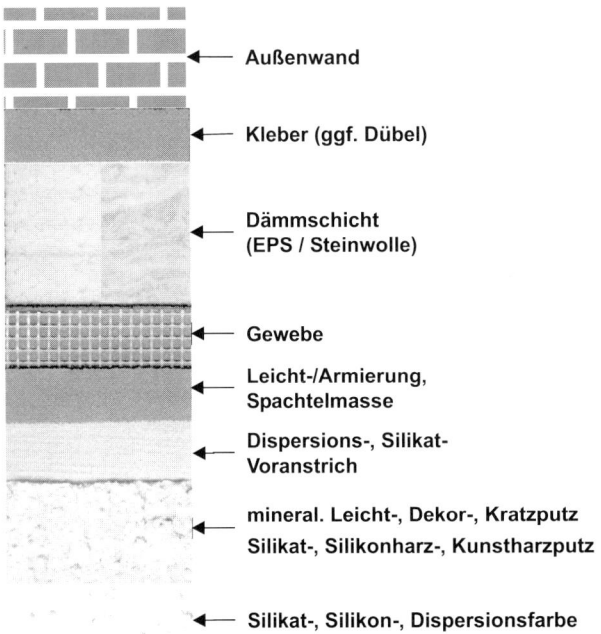

Als Dämmstoff für die WDVS werden bevorzugt EPS- und Steinwolledämm-stoffe verwendet. Während EPS eine Dämmstoffdicke bis ca. 20 cm zuläßt, sind die Ausführungen mit Steinwolle auf ca. 12 cm Dicke begrenzt, jedoch läßt sich mit Steinwolle eine diffusionsoffene Konstruktion mit besserem Brandschutz aufbauen.

Auf den Dämmstoff wird eine Armierung aufgebracht, abschließend erfolgt die z.T. mehrschichtige Endbeschichtung mit ggf. Voranstrich, Putz oder Farbe.

Im Rahmen der Betrachtung der Wärmedämmverbundsysteme wurden die folgenden fünf typischen Systemaufbauten (ohne Dämmstoff und Dübel) betrachtet:

System	Kleber	Gewebe	Armierung	Voranstrich	Putz	Farbe
Kunstharz	mineralisch	Glasgewebe	Kunstharz-spachtel	Kunstharz	Kunstharz	–
Silikat-Dispersion	mineralisch	Glasgewebe	mineralisch	Silikat-Dispersion	Silikat-Dispersion	–
Mineralisch leicht	mineralisch	Glasgewebe	mineralisch leicht	Silikat-Dispersion	Kalk-Zement Leichtputz	–
Mineralisch Dickschicht	mineralisch	Glasgewebe	mineralisch	–	Kalk-Zement Kratzputz	–
Mineralisch Dünnschicht	mineralisch	Glasgewebe	mineralisch	–	Kalk-Zement Dekorputz	Dispersions-farbe

Für jedes der in den Systemen vorkommenden Produkte wurde bei mindestens 3 Herstellern folgende Daten erhoben:
- die Rezepturen der Einsatzstoffe,
- die Herstellaufwendungen (Energie, Abfall, Emissionen),
- Transporte und Verpackung der Rohstoffe,
- Verpackung und Distribution.

Bei der Betrachtung von Vorprodukten konnte zum Teil auf bestehendes Datenmaterial zurückgegriffen werden, z.T. waren weitere Datenerhebungen erforderlich. Insgesamt konnten alle Einsatzstoffe mit mehr als 1‰ Anteil berücksichtigt werden.

Die unten dargestellten Baustoffprofile werden jeweils ohne Dämmstoff dargestellt, da die Dämmstoffe sowohl in Material als auch in der Dämmstoffdicke variabel sind. Ebenfalls nicht enthalten sind etwaige Dübel.

Die Bilanzgrenze für die WDVS ist auf der einen Seite die Ressourcenbereitstellung, auf der anderen Seite das auf dem Mauerwerk installierte System inklusive Distribution.

4.11.2 Datenerhebung

Durchführung:	Hersteller von Produkten für Wärmedämmverbundsysteme
Erhebungsart:	Datenerhebungsbögen und Auswertung am IKP
Bezugsjahr:	1997
Repräsentativität:	Für jedes Einzelprodukt der Systeme wurden mindestens 3 repräsentative Hersteller ausgewählt und betrachtet.
Datenqualität:	sehr gut

4.11.3 Sachbilanz

Die erhobenen Daten stellen Mittelwerte für die Herstellung von Wärmedämm-verbundsystemen in Deutschland dar. Der Flächeninanspruchnahme sowie Lärm und Geruch wurden nicht erfaßt.

Bilanzobjekt:	Herstellung von Wärmedämmverbundsystemen
Bezugseinheit:	1 m² Wärmedämmverbundsystem (ohne Dämmstoff und Dübel)
Systemgrenzen:	Input: Ressourcen, Output: Installiertes WDVS am Objekt

4.11.4 Baustoffprofil Wärmedämmverbundsysteme

4.11.4.1 WDVS (Kunstharzputz)

Von den 127 MJ an nicht erneuerbaren Energieträgern werden 35% für die Herstellung des Kunstharzputzes und 33% für die Herstellung der Kunstharzarmierung verbraucht. Kleber (16%) und Voranstrich (4%) treten in der Gesamtbetrachtung in den Hintergrund. Bemerkenswert ist der für das Glasgewebe in Bezug zu seiner Masse vergleichsweise hohe Primärenergieverbrauch von 16,4 MJ (12%).

WDVS – Kunstharzputz	kg/m²
Kleber (mineralisch)	4,5
Dämmschicht (noch zu addieren)	–
Glasgewebe	0,17
Armierung (Kunstharzspachtel)	4,0
Voranstrich (Kunstharz)	0,3
Putz (Kunstharz)	4,0

Baustoffprofil WDVS-Kunstharzputz

Auswertung Primärenergie (PE)	[MJ/m²]
Primärenergie nicht erneuerbar	127,8
Primärenergie Wasserkraft	1,2
Primärenergie nachwachsender Rohstoffe	1,0

Anteile Energieträger nicht erneuerbar

Wirkungsabschätzung		[kg/m²]
Treibhauspotential (GWP)	CO_2-Äq.	6,76
Ozonabbaupotential (ODP)	R11-Äq.	0,0
Versauerungspotential (AP)	SO_2-Äq.	0,022
Eutrophierungspotential (NP)	PO_4-Äq.	0,0028
Photooxidantienpotential (POCP)	C_2H_4-Äq.	0,029

Bei der Betrachtung der Wirkungsabschätzung fällt das Photooxidationspotential auf, für welches der Anteil der Armierung bei 46% des Gesamtpotentials liegt. Ansonsten ergibt sich für die Wirkungsanalyse eine weitgehende Parallelität zum Primärenergieverbrauch.

Baustoffprofil WDVS-Kunstharzputz			
Stoffliche Ressourcen	**kg/m^2**	**Abfälle**	**kg/m^2**
Kalkstein (Calciumcarbonat)	7,53	Abraum	9,34
Quarzsand	2,47	Erzaufbereitungsrückstände	0,62
Taubes Gestein	1,33	Hausmüll	0,19
Rohkies/Sand	0,81	Sondermüll	0,014
Bauxit	0,63		
Titanerz	0,35		
Kieselgur	0,12		

Kalkstein ist die am meisten beanspruchte Ressource, wobei Kleber (35%), Putz (36%) und Armierung (26%) die ausschlaggebenden Größen sind. Bemerkenswert ist der Einsatz von 350 g Titanerz je m^2 WDVS, 82% des Titanerzes werden für die Herstellung des Putzes eingesetzt.

Bei den Abfällen ist der hohe Sondermüllanteil des Putzes (55%) und der hohe Anteil des Glasgewebes am Hausmüll (37%) erwähnenswert.

4.11.4.2 WDVS (Silikat-Dispersionsputz)

Vergleicht man die Verteilung des Verbrauchs an nicht erneuerbaren Brennstoffen mit der Massenverteilung der Baustoffe, so fällt für die mineralischen Bestandteile der im Vergleich zu ihren Massenanteilen geringe Energieverbrauch auf. Kleber und mineralische Armierung haben zusammen ca. 73% der Gesamtmasse und verursachen dabei lediglich ca. 49% des Gesamtenergieverbrauches. Stark überrepräsentiert sind Glasgewebe (Masse ca. 1%, Energieverbrauch ca. 13%), Voranstrich und der Silikat-Dispersionsputz (Masse 23%, Energieverbrauch 33%).

WDVS – Silikatputz	kg/m^2
Kleber (mineralisch)	4,5
Dämmschicht (noch zu addieren)	–
Glasgewebe	0,17
Armierung (mineralisch)	8,0
Voranstrich (Silikat-Dispersion)	0,3
Putz (Silikat-Dispersion)	4,0

Baustoffprofil WDVS-Silikatputz

Auswertung Primärenergie (PE)	[MJ/m²]
Primärenergie nicht erneuerbar	115,4
Primärenergie Wasserkraft	1,1
Primärenergie nachwachsender Rohstoffe	0,9

Anteile Energieträger nicht erneuerbar

Steinkohle 12%
Uran 9%
Braunkohle 6%
Erdgas 35%
Erdöl 38%

Wirkungsabschätzung		[kg/m²]
Treibhauspotential (GWP)	CO_2-Äq.	7,89
Ozonabbaupotential (ODP)	R11-Äq.	0,0
Versauerungspotential (AP)	SO_2-Äq.	0,025
Eutrophierungspotential (NP)	PO_4-Äq.	0,0032
Photooxidantienpotential (POCP)	C_2H_4-Äq.	0,012

☑ Kleber ◼ Glasgewebe ☐ Armierung ☐ Voranstrich ◼ Silikatputz

Bis auf das Photooxidationspotenial (hoher Beitrag von Silikat-Dispersions-putz und Voranstrich) verhalten sich alle Wirkpotentiale weitgehend parallel zum Energieverbrauch.

Baustoffprofil WDVS-Silikatputz			
Stoffliche Ressourcen	**kg/m²**	**Abfälle**	**kg/m²**
Kalkstein (Calciumcarbonat)	9,53	Abraum	9,79
Quarzsand	1,35	Erzaufbereitungsrückstände	0,44
Taubes Gestein	1,83	Hausmüll	0,22
Rohkies/Sand	5,76	Sondermüll	0,024
Ton	0,16		
Titanerz	0,24		
Kieselgur	0,18		

Ebenfalls weitgehend parallel zum Primärenergieverbrauch verhalten sich Abraum und Erzaufbereitungsrückstände. Beim Hausmüll hat das Glasgewebe einen größeren Einfluß (34%), 75% des gesamten Sondermülls wird durch die Herstellung des Silikat-Dispersionsputz verursacht.

4.11.4.3 WDVS (Leichtputz mineralisch)

Der Verbrauch von 75MJ/m² Wärmedämmverbundsystem an nicht erneuerbarer Primärenergie stellt einen niedrigen Wert für Wärmedämmverbundsysteme dar.

Bis auf das Glasgewebe und den Voranstrich werden alle Komponenten des Systems überwiegend aus mineralischen Rohstoffen hergestellt.

Da diese mit geringerem spezifischem Energieaufwand herstellbar sind, steigt der Anteil des Glasgewebes und des Voranstrichs bezüglich Energieverbrauch und den Wirkpotentialen.

WDVS – Kalk-Zement Leitputz	kg/m²
Kleber (mineralisch)	4,5
Dämmschicht (noch zu addieren)	–
Glasgewebe	0,17
Leichtarmierung	4,0
Voranstrich (Silikat-Dispersion)	0,3
Putz (Kalk-Zement-Leichtputz)	3,0

Baustoffprofil WDVS-Leichtputz

Auswertung Primärenergie (PE)	[MJ/m²]
Primärenergie nicht erneuerbar	75,1
Primärenergie Wasserkraft	0,6
Primärenergie nachwachsender Rohstoffe	0,9

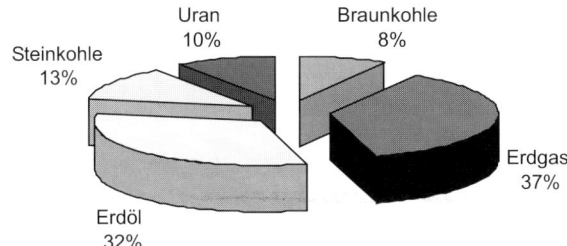

Anteile Energieträger nicht erneuerbar

Uran 10%
Braunkohle 8%
Steinkohle 13%
Erdgas 37%
Erdöl 32%

Wirkungsabschätzung		[kg/m²]
Treibhauspotential (GWP)	CO_2-Äq.	6,50
Ozonabbaupotential (ODP)	R11-Äq.	0,0
Versauerungspotential (AP)	SO_2-Äq.	0,018
Eutrophierungspotential (NP)	PO_4-Äq.	0,0023
Photooxidantienpotential (POCP)	C_2H_4-Äq.	0,052

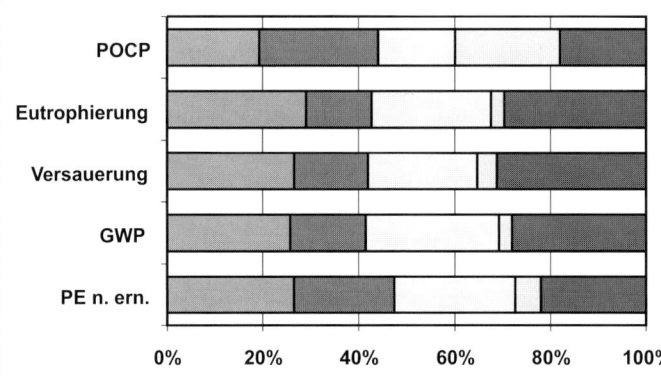

POCP
Eutrophierung
Versauerung
GWP
PE n. ern.

0%   20%   40%   60%   80%   100%

☒ Kleber ■ Glasgewebe ☐ Armierung ☐ Voranstrich ■ Leichtputz

Baustoffprofil WDVS-Leichtputz			
Stoffliche Ressourcen	**kg/m²**	**Abfälle**	**kg/m²**
Kalkstein (Calciumcarbonat)	7,93	Abraum	7,33
Quarzsand	3,40	Erzaufbereitungsrückstände	0,34
Taubes Gestein	1,21	Hausmüll	0,17
Rohkies/Sand	0,89	Sondermüll	0,005
Perlite	0,23		
Ton	0,16		
Naturbims	0,11		

Für das insgesamt sehr leichte System ist der Verbrauch von 7,93 kg Kalkstein je Quadratmeter WDVS die dominante Größe bei der Inanspruchnahme von Ressourcen. Der mit der Kohlegewinnung verbundene Anfall von Taubem Gestein fällt aufgrund des vergleichsweise geringen Energieeinsatzes niedrig aus. Perlite und Naturbims werden zur Herstellung des Leichtputzes benötigt.

Die Erzaufbereitungsrückstände resultieren zu 41% aus der Komponente Leichtputz, beim Hausmüll fallen 74 g von insgesamt 170 g (44%) für das Glasgewebe an, ansonsten verteilen sich die Abfälle weitgehend analog zum Primärenergieverbrauch.

4.11.4.4 WDVS (Kratzputz mineralisch)

Das WDVS mit mineralischem Kratzputz ist mit knapp 36 kg/m² ein vergleichsweise schweres System.

Obwohl der gewichtsbezogen größte Teil, der mineralische Kratzputz, spezifisch mit wenig Energieeinsatz hergestellt und aufgebracht werden kann, verursacht er aufgrund der hohen eingesetzten Menge 41% der 123 MJ/m² nicht erneuerbarer Primärenergie.

WDVS – Kratzputz (mineralisch)	kg/m²
Kleber (mineralisch)	4,5
Dämmschicht (noch zu addieren)	–
Glasgewebe	0,17
Armierung	8,0
Putz (Kratzputz mineralisch)	23,0

Baustoffprofil WDVS-Kratzputz

Auswertung Primärenergie (PE)	[MJ/m²]
Primärenergie nicht erneuerbar	123,5
Primärenergie Wasserkraft	0,8
Primärenergie nachwachsender Rohstoffe	1,7

Anteile Energieträger nicht erneuerbar

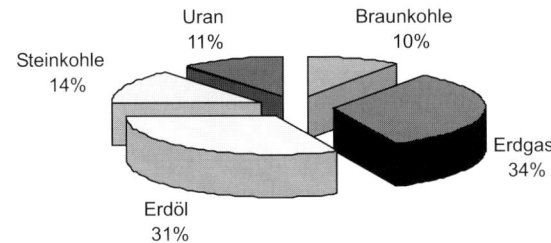

Wirkungsabschätzung		[kg/m²]
Treibhauspotential (GWP)	CO_2-Äq.	11,73
Ozonabbaupotential (ODP)	R11-Äq.	0,0
Versauerungspotential (AP)	SO_2-Äq.	0,032
Eutrophierungspotential (NP)	PO_4-Äq.	0,0044
Photooxidantienpotential (POCP)	C_2H_4-Äq.	0,0065

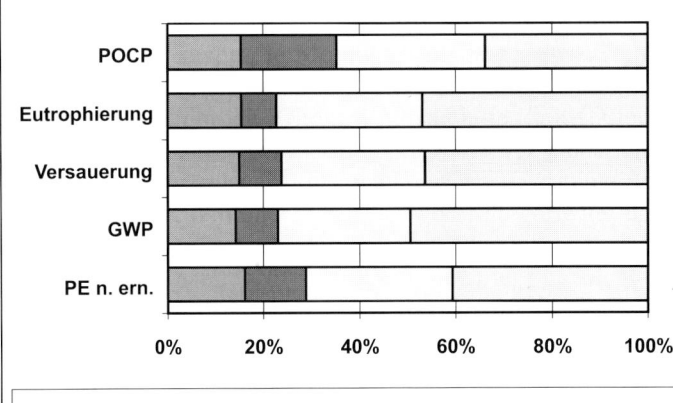

□ Kleber   ■ Glasgewebe   □ Armierung   □ Kratzputz

· **Baustoffprofil WDVS-Kratzputz**			
Stoffliche Ressourcen	**kg/m²**	**Abfälle**	**kg/m²**
Kalkstein (Calciumcarbonat)	22,3	Abraum	16,31
Quarzsand	5,11	Erzaufbereitungsrückstände	0,55
Taubes Gestein	5,29	Hausmüll	0,32
Rohkies/Sand	9,66	Sondermüll	0,008
Ton	0,25		
Gips	0,21		

Mit der Verbrauchsmenge von 23 kg Kratzputz je Quadratmeter geht ein Ressourcenverbrauch von insgesamt 22,3 kg Kalkstein einher, der zu 71% durch den Kratzputz verursacht wird. Ebenfalls dominant ist der Kratzputz beim Tauben Gestein (72%), Quarzsand (75%) und Sand (41%), wobei bei letzterem die Herstellung der Armierung mit (51%) einen großen Beitrag ergibt.

Auch wenn bei der Produktion von 1 kg Kratzputz vergleichsweise wenig Abfälle anfallen, so dominert dieser durch die hohe eingesetzte Menge alle Abfallkategorien (ca. 50%) mit Ausnahme des Sondermülls. Beim Sondermüll stammen knapp 40% aus der Armierung und 33% aus dem Kratzputz.

4.11.4.5 WDVS (Dekorputz mineralisch)

Mit 98 MJ nicht erneuerbarem PrimärEnergieverbrauch je m² Wärmedämmverbundsystem stellt sich das mineralische System mit Dekorputz und Anstrich als ein primärenergetisch günstiges System dar. Auffallend sind die Anteile der Dispersionsfarbe (8%) und des Glasgewebes (16%). Im Bereich der Wirkungsanalyse sorgen Lösemittelemissionen aus der Farbe für einen hohen Anteil der Farbe am Photooxidantienpotential.

WDVS – mineralischer Dekorputz	**kg/m²**
Kleber (mineralisch)	4,5
Dämmschicht (noch zu addieren)	–
Glasgewebe	0,17
Armierung (mineralisch)	8,0
Dekorputz (mineralisch)	6,0
Farbe (Dispersionsfarbe)	0,22

Baustoffprofil WDVS Dekorputz

Auswertung Primärenergie (PE)	[MJ/m^2]
Primärenergie nicht erneuerbar	98,1
Primärenergie Wasserkraft	0,8
Primärenergie nachwachsender Rohstoffe	0,8

Anteile Energieträger nicht erneuerbar

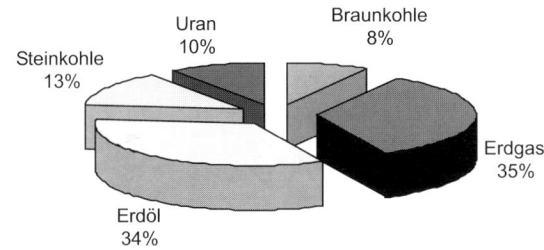

Wirkungsabschätzung		[kg/m^2]
Treibhauspotential (GWP)	CO$_2$-Äq.	8,21
Ozonabbaupotential (ODP)	R11-Äq.	0,0
Versauerungspotential (AP)	SO$_2$-Äq.	0,024
Eutrophierungspotential (NP)	PO$_4$-Äq.	0,0032
Photooxidantienpotential (POCP)	C$_2$H$_4$-Äq.	0,0068

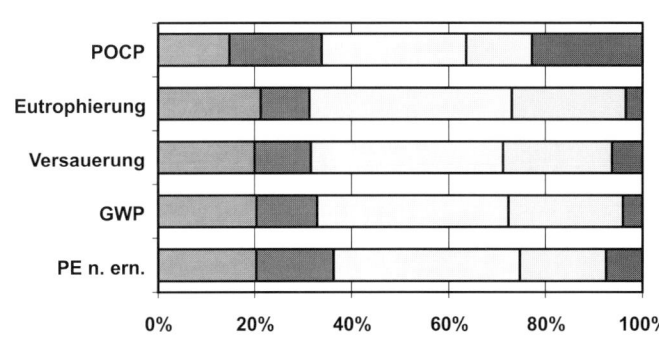

☐ Kleber　　☐ Glasgewebe　　☐ Armierung　　☐ Dekorputz　　☐ Farbe

Baustoffprofil WDVS Dekorputz			
Stoffliche Ressourcen	**kg/m²**	**Abfälle**	**kg/m²**
Kalkstein (Calciumcarbonat)	12,18	Abraum	9,37
Quarzsand	1,79	Erzaufbereitungsrückstände	0,41
Taubes Gestein	2,62	Hausmüll	0,21
Rohkies/Sand	5,99	Sondermüll	0,008
Gips	0,17		
Naturbims	0,16		
Titanerz	0,10		

Bei den mineralischen Ressourcen erfolgt die Ressourceninanspruchnahme größtenteils parallel zur eingesetzen Menge. So wird der Kalkstein zu 46% durch den Putz, zu 30% durch die Armierung und zu 22% durch den Kleber verbraucht. Quarzsand wird vorwiegend beim Kleber (71%), Rohkies bei der Armierung (82%) verwendet. Während der Naturbims zu 100% in den Putz fließt, wird das Titanerz für die Herstellung der weißen Farbpigmente benötigt.

Die Abfälle verteilen sich weitgehend analog zur Primärenergie, allerdings sind das Glasgewebe mit 35% beim Hausmüll und die Farbe mit 24% beim Sondermüll jeweils als Schwerpunkte zu sehen.

4.12 Glaswolle

4.12.1 Übersicht

Bei der Herstellung von Glaswolle werden die rein mineralischen Glasrohstoffe in einer Schmelzwanne bei ca. 1400 °C geschmolzen. Die für den Schmelzprozeß notwendig Energie wird alternativ entweder durch Gas/Öl oder Strom geliefert.

Die flüssige Glasschmelze wird über eine rotierende Trommel zentrifugal durch einen gelochten Ringmantel ausgeschleudert und in einem heißen Luftstrom zerfasert. Nach der Zerfaserung wird den noch geschmolzenen Glasfasern das in Wasser gelöste Bindemittel zugeführt. Durch die Verdampfung des Wassers kühlen die Fasern ab und erstarren. Die erstarrten Fasern werden auf einem Band abgelegt und durch einen Tunnelofen geführt, wobei das Bindemittel bei ca. 200 °C aushärtet. Abschließend wird der Dämmstoff zugeschnitten und verpackt. Die Abbildung 42 veranschaulicht den Produktionsprozeß graphisch, die grau hinterlegten Felder werden später im Baustoffprofil getrennt betrachtet.

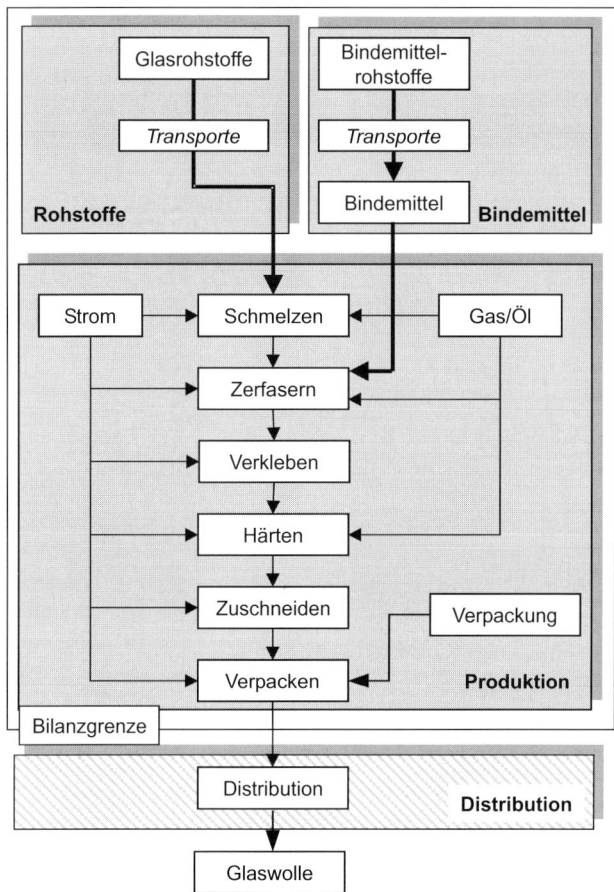

Abbildung 42: Prozeßkette der Glaswolleherstellung

Um die Bilanzgrenzen einheitlich zu halten, werden im unten dargestellten Baustoffprofil die Aufwendungen für die Distribution in der tabellarischen Darstellung nicht aufgeführt. Im beschreibenden Text wird bei Bedarf auf die Distribution eingegangen. Die Distribution der voluminösen Glaswolle-Dämmstoffe erfordert, um die Anzahl der Transporte so gering wie möglich zu halten, einen gewissen logistischen Aufwand seitens der Hersteller. Zu diesem Zweck werden die Dämmstoffe nach Möglichkeit durch die Verpackung komprimiert. In Abhängigkeit vom logistischen Konzept wird z.T. in erheblichem Umfang auf die Bahn als Transportmittel zurückgegriffen. Trotz dieser Anstrengungen stellt die Distribution der Dämmstoffe noch immer eine ökologisch nicht zu vernachlässigende Größe dar.

4.12.2 Datenerhebung

Durchführung:	Glaswollehersteller
Erhebungsart:	Datenerhebungsbögen und Auswertung am IKP
Bezugsjahr:	1997
Repräsentativität:	ca. 70% der durch den Fachverband Mineralfaser Industrie repräsentierten Menge
Datenqualität:	sehr gut

4.12.3 Sachbilanz

Die erhobenen Daten stellen Mittelwerte für die Herstellung von Glaswolle in Deutschland dar. Der Flächenverbrauch sowie Lärm und Geruch wurden nicht erfaßt.

Bilanzobjekt:	Herstellung von Glaswolle
Bezugseinheit:	1 m^3 Trennwandplatte WLG 040 (Rohdichte ca. 14 kg/m^3) 1 m^3 Klemmfilz WLG 040 (Rohdichte ca. 17 kg/m^3) 1 m^3 Klemmfilz WLG 035 (Rohdichte ca. 23 kg/m^3)
Systemgrenzen:	Input: Ressourcen, Output: Werkstor

4.12.4 Baustoffprofil Glaswolle

Ca. 68% des gesamten Energiebedarfes wird im Produktionsprozeß insbesondere für das Aufschmelzen der Rohstoffe und das Zerfasern der Schmelze aufgewendet. Vorherrschende Energieträger sind dabei Erdgas und Strom.

Knappe 20% des Gesamtenergiebedarfes werden für die Herstellung und Rohstoffbereitstellung des Bindemittels eingesetzt.

Die Bereitstellung der Rohstoffe für den Schmelzprozeß schlägt mit 12% zu Buche. Energetisch gesehen ist die Bereitstellung von Soda mit knapp 70% der für die Rohstoffbereitstellung erforderlichen Energie die dominante Größe im Rahmen der Rohstoffbereitstellung.

Während die Rohstofftransporte einen Anteil von weniger als 0,5% am Gesamtenergieverbrauch haben, beansprucht die Distribution der betrachteten Produkte 9 bis 15 MJ/m^3. Der Gesamtverbrauch an nicht erneuerbaren Energieträgern steigt bei einer Einbeziehung der Transporte in die Betrachtungen um lediglich ca. 2%. Damit spielt die Distribution der Glaswolle im Hinblick auf den Verbrauch energetischer Ressourcen eine untergeordnete Rolle.

Sowohl im Produktionsprozeß selbst als auch im Rahmen der Rohstoffbereitstellung sind keine nennenswerten Einsätze regenerativer Energieträger oder von Sekundärbrennstoffen zu verzeichnen.

Ressourcen

Mit Altglas (7,3 bis knapp 12 kg je Kubikmeter Glaswolle) ist eine Sekundärres-source die dominierende stoffliche Ressource im Produktionsprozeß. Als weitere Ressourcen, sind Sand und Dolomit zu nennen.

Aus den Vorketten ist der folgende Verbrauch stofflicher Ressourcen erwäh-nenswert: Zum einen der Verbrauch von Kalkstein und Natriumchlorid (Stein-salz) für die Sodagewinnung sowie der Verbrauch von Colemaniterz für die Be-reitstellung von Boraxprodukten.

Wirkungsabschätzung: Treibhauspotential (GWP)

Dominante Größe für das Treibhauspotential (GWP) sind die durch den Einsatz fossiler Brennstoffe anfallenen CO_2-Emissionen. Dabei trägt der Energiever-brauch für die Produktion zu knapp 63% zu den gesamten GWP-relevanten Emissionen bei. Bindemittel (ca. 15%) sowie die Bereitstellung der Rohstoffe (ca. 22%) sind nicht zu vernachlässigen. Größter Posten im Rahmen der Rohstoffbe-reitstellung ist dabei die Bereitstellung von Soda.

Die Distribution der Glaswolle trägt mit weiteren 0,7 kg (Trennwandplatte) bis 1,2 kg (Filz 0,035) CO_2-Äq. zum Treibhauspotential bei.

Wirkungsabschätzung: Versauerungs- (AP) und Überdüngungspotential (NP)

Im Bereich Produktion prägen die Stickoxidemisionen aus der Verbrennung von Erdgas sowie Ammoniakemissionen das Bild. Rohstoffbereitstellung und Binde-mittel fallen kaum ins Gewicht.

Wirkungsabschätzung: Photooxidantienpotential (POCP)

Für das Photooxidantienpotential sind Prozeßemissionen von Formaldehyd und Phenol mit ca. 68% der gesamten POCP-relevanten Emissionen der wichtigste Parameter. Das Bindemittel verursacht ca. 22%, die Rohstoffbereitstellung knapp 10% der gesamten POCP-relevanten Emissionen.

Berücksichtigt man die Distribution der Glaswolle, so steigt das Photooxi-dantienpotential für die Herstellung und die Distribution um 8%. Damit ist das Photooxidantienpotential das am stärksten durch die Distribution tangierte Wirkpotential.

Abfälle

Abraum und Erzaufbereitungsrückstände fallen bei Strombereitstellung und der Bereitstellung der Rohstoffe an. Für den Sondermüll stellt die Sodabereitstellung die Hauptursache dar, der Hausmüll fällt zu über 80% innerhalb der Werkstore an.

Baustoffprofil Glaswolle

Auswertung Primärenergie (PE)	Trenn-wandpl. [MJ/m³]	Filz 0,040 [MJ/m³]	Filz 0,035 [MJ/m³]
Primärenergie nicht erneuerbar	497	603	816
Primärenergie Wasserkraft	0,35	0,43	0,58
Primärenergie nachwachsender Rohstoffe	0,014	0,017	0,023

Anteile Energieträger nicht erneuerbar

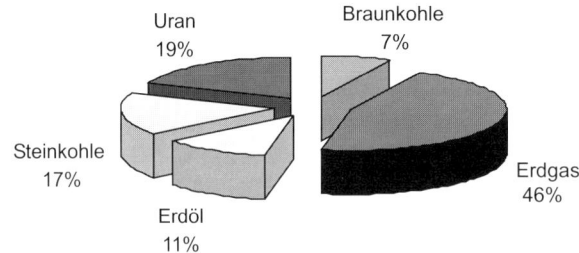

Uran 19%
Braunkohle 7%
Steinkohle 17%
Erdöl 11%
Erdgas 46%

Verteilung des Primärenergiebedarfes

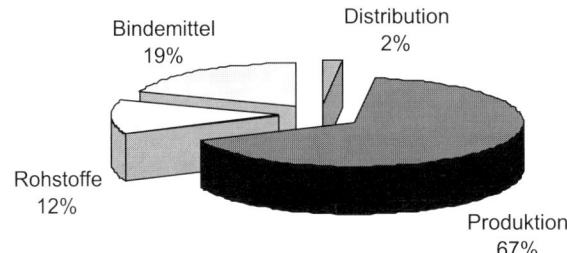

Bindemittel 19%
Distribution 2%
Rohstoffe 12%
Produktion 67%

Stoffliche Ressourcen	Trenn-wandpl. [kg/m³]	Filz 0,040 [kg/m³]	Filz 0,035 [kg/m³]
Altglas	7,28	8,84	11,96
Sand	2,1	2,55	3,45
Taubes Gestein	7,14	8,67	11,73
Kalkstein	3,08	3,74	5,06
Natriumchlorid	3,5	4,25	5,57
Colemaniterz	2,94	3,57	4,83
Dolomit	1,82	2,21	2,99

Baustoffprofil Glaswolle

Wirkungsabschätzung		Trenn-wandpl. [kg/m³]	Filz 0,040 [kg/m³]	Filz 0,035 [kg/m³]
Treibhauspotential (GWP)	CO_2-Äq.	29,33	35,62	48,18
Ozonabbaupotential (ODP)	R11-Äq.	0,0	0,0	0,0
Versauerungspotential (AP)	SO_2-Äq.	0,214	0,26	0,352
Eutrophierungspotential (NP)	PO_4-Äq.	0,035	0,043	0,058
Photooxidantienpotential (POCP)	C_2H_4-Äq.	0,014	0,017	0,023

☐ Produktionsprozeß ☐ Rohstoffbereitstellung ■ Bindemittel ☐ Distribution

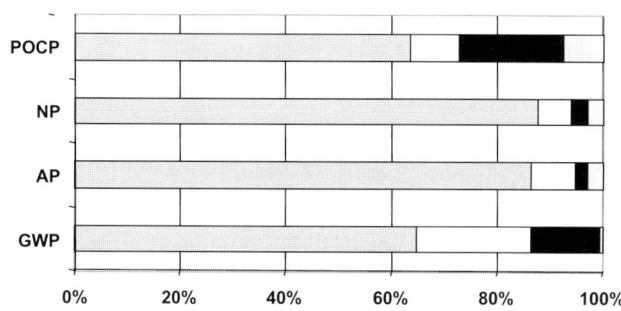

Stoffliche Ressourcen	Trenn-wandpl. [kg/m³]	Filz 0,040 [kg/m³]	Filz 0,035 [kg/m³]
Abraum	74,2	90,1	121,9
Erzaufbereitungsrückstände	4,06	4,93	6,67
Hausmüll	0,182	0,221	0,299
Sondermüll	0,042	0,051	0,036

☐ Strombereitstellung ☐ Sonst. Energie ☐ Rohstoffe ☐ Produktion

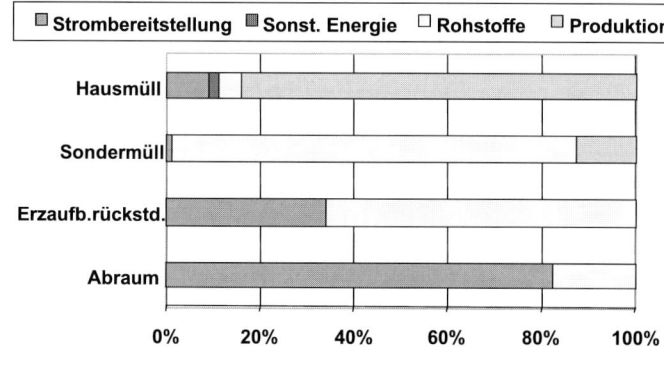

4.13 Steinwolle

4.13.1 Übersicht

Bei der Herstellung von Steinwolle werden die Rohstoffe Basalt, Diabas und Recycling-Formsteine (internes Recyclingprodukt) in einer Schmelzwanne in einem kontinuierlichen Prozeß geschmolzen, als Brennstoff wird Koks zugesetzt.

Die flüssige Schmelze wird mittels Düsen zerfasert. Nach der Zerfaserung werden die noch geschmolzenen Fasern mit Bindemittel besprüht. Durch die Verdampfung des im Bindemittel enthaltenen Wassers kühlen die Fasern ab und erstarren. Die erstarrten Fasern werden auf einem Band abgelegt und durch einen Tunnelofen geführt, wobei das Bindemittel aushärtet. Abschließend wird der Dämmstoff zugeschnitten und verpackt. Die Abbildung 43 veranschaulicht den Produktionsprozeß graphisch.

Als Koppelprodukte bei der Herstellung von Steinwolle entstehen Granulat und Eisen.

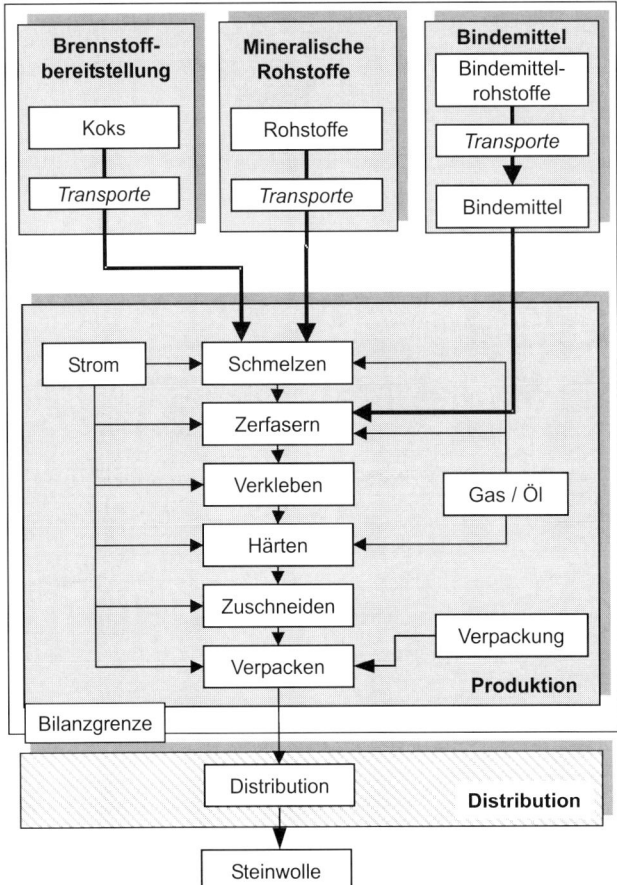

Abbildung 43: Prozeßkette der Steinwolleherstellung

4.13.2 Datenerhebung

Durchführung:	Steinwollehersteller
Erhebungsart:	Datenerhebungsbögen auf Basis [76] und Auswertung am IKP
Bezugsjahr:	1995/1998
Repräsentativität:	Daten beruhen auf Angaben eines großen Herstellers
Datenqualität:	gut

4.13.3 Sachbilanz

Die erhobenen Daten stellen typische Werte für die Herstellung von Steinwolle in Deutschland dar.

Bilanzobjekt:	Herstellung von Steinwolle
Bezugseinheit:	1 m³ Dämmkeil WLG 040 (Rohdichte ca. 33 kg/m³) 1 m³ Lamelle WLG 040 (Rohdichte ca. 75 kg/m³) 1 m³ Flachdach Dämmplatte WLG 040 (Rohdichte ca. 160 kg/m³)
Systemgrenzen:	Input: Ressourcen, Output: Werkstor

Der Flächenverbrauch sowie Lärm und Geruch wurden nicht erfaßt.

4.13.4 Baustoffprofil Steinwolle

Ca. 62% des gesamten Energiebedarfes werden für die Bereitstellung der Rohstoffe und im Produktionsprozeß insbesondere für das Aufschmelzen der Rohstoffe und das Zerfasern der Schmelze aufgewendet. Vorherrschender Energieträger ist dabei Koks.

Für die Herstellung und Rohstoffbereitstellung des Bindemittels werden ca. 36% des Gesamtenergiebedarfes eingesetzt.

Die Rohstofftransporte haben einen Anteil von ca. 2% am Gesamtenergieverbrauch.

Bezieht man die Distribution der Steinwolle in die Betrachtung mit ein, so steigt der Gesamtenergieverbrauch lediglich um knapp 2%. Damit spielt die Distribution der Steinwolle im Hinblick auf den Verbrauch energetischer Ressourcen eine untergeordnete Rolle.

Sowohl im Produktionsprozeß selbst als auch im Rahmen der Rohstoffbereitstellung sind keine nennenswerten Einsätze regenerativer Energieträger oder von Sekundärbrennstoffen zu verzeichnen.

Baustoffprofil Steinwolle

Auswertung Primärenergie (PE)	Dämm-keil [MJ/m³]	Lamelle [MJ/m³]	Dämm-platte [MJ/m³]
Primärenergie nicht erneuerbar	607	1381	2947
Primärenergie Wasserkraft	2,80	6,38	13,6
Primärenergie nachwachsender Rohstoffe	5,12	11,6	24,8

Anteile Energieträger nicht erneuerbar

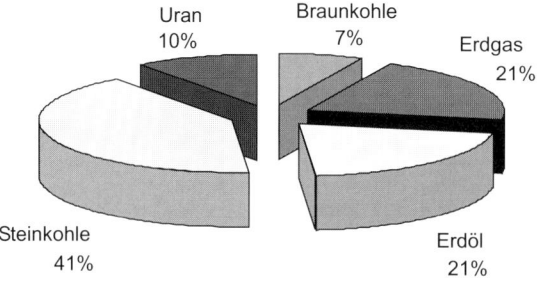

Uran 10%
Braunkohle 7%
Erdgas 21%
Steinkohle 41%
Erdöl 21%

Verteilung des Primärenergiebedarfes

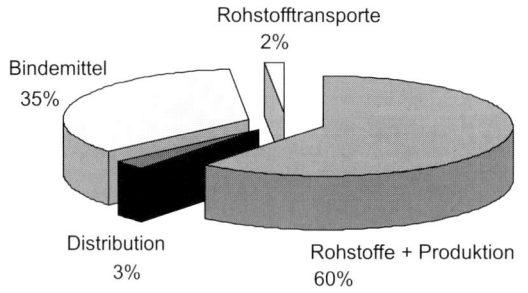

Rohstofftransporte 2%
Bindemittel 35%
Distribution 3%
Rohstoffe + Produktion 60%

Stoffliche Ressourcen	Dämm-keil [kg/m³]	Lamelle [kg/m³]	Dämm-platte [kg/m³]
Taubes Gestein	23,7	53,8	114
Basalt	20,0	45,4	96,9
Zusatzsteine	11,2	24,4	54,3
Deckschicht	4,14	9,42	20,1
Dolomit	3,48	7,92	16,9
Kalkstein	2,87	6,52	13,9

Baustoffprofil Steinwolle

Wirkungsabschätzung		Dämm-keil [kg/m³]	Lamelle [kg/m³]	Dämm-platte [kg/m³]
Treibhauspotential (GWP)	CO_2-Äq.	45,6	103,6	221
Ozonabbaupotential (ODP)	R11-Äq.	0,0	0,0	0,0
Versauerungspotential (AP)	SO_2-Äq.	0,31	0,697	1,48
Eutrophierungspotential (NP)	PO_4-Äq.	0,03	0,077	0,16
Photooxidantienpotential (POCP)	C_2H_4-Äq.	0,02	0,053	0,11

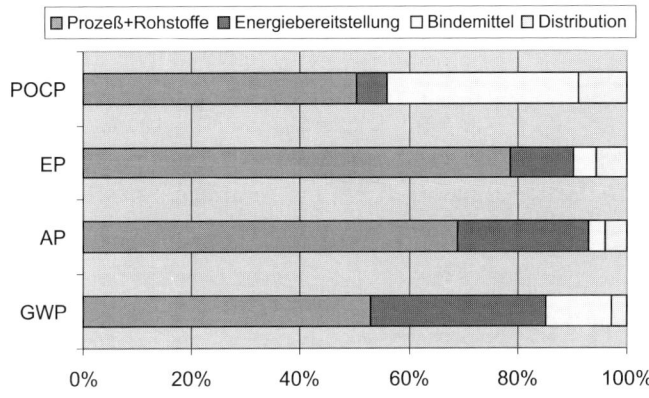

□ Prozeß+Rohstoffe ■ Energiebereitstellung □ Bindemittel □ Distribution

Abfälle	Dämm-keil [kg/m³]	Lamelle [kg/m³]	Dämm-platte [kg/m³]
Abraum	95,0	216	460
Erzaufbereitungsrückstände	7,17	16,3	34,8
Hausmüll	0,05	0,12	0,25
Sondermüll	0,001	0,003	0,005

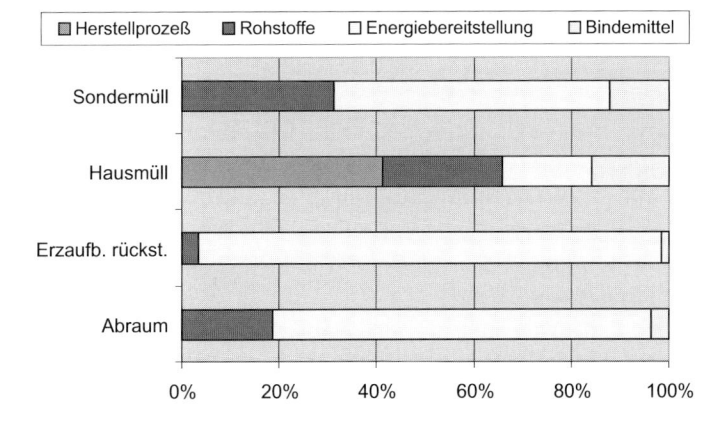

■ Herstellprozeß ■ Rohstoffe □ Energiebereitstellung □ Bindemittel

Ressourcen

Massenmäßig dominant für die Herstellung von Steinwolle ist das aus den Vorketten stammende Taube Gestein, welches beim Abbau von Ressourcen im Über- und Untertagebau anfällt. Von nennenswertem Anteil sind Basalt, Zusatzsteine und Dolomit, die direkt in den Schmelzprozeß und damit in das Produkt eingehen.

Wirkungsabschätzung: Treibhauspotential (GWP)

Dominante Größe für das Treibhauspotential (GWP) sind die durch den Einsatz fossiler Brennstoffe anfallenden CO_2-Emissionen. Dabei trägt die Produktion incl. der Rohstoffbereitstellung zu knapp 85% zu den gesamten GWP-relevanten Emissionen bei.

Den größten Anteil tragen dabei die direkten Prozeßemissionen durch die Koksverbrennung sowie die Bereitstellung elektrischer Energie und Koks.

Das Bindemittel ist mit gut 13% ebenfalls nicht zu vernachlässigen.

Eine Betrachtung der Distribution würde die gesamten CO_2-Emissionen der Steinwolle um 1,8% erhöhen.

Wirkungsabschätzung: Versauerungspotential (AP)

Schwerpunktmäßig fallen versauernde Emissionen als direkte Prozeßemissionen von Ammoniak, Schwefeldioxid und Stickoxiden an.

Darüber hinaus hat lediglich die Strombereitstellung mit ihren Stickoxidemissionen einen nennenswerten Anteil am Versauerungseffekt der Steinwolleherstellung.

Wirkungsabschätzung: Überdüngungspotential (NP)

Die Situation im Bereich Überdüngung ist weitgehend parallel zum Versauerungspotential zu sehen. Die Emissionen von Ammoniak und Stickoxiden prägen auch hier das Bild.

Wirkungsabschätzung: Photooxidantienpotential (POCP)

Für das Photooxidantienpotential sind Prozeßemissionen von Phenol mit einem Anteil von ca. 42% am gesamten Photooxidationspotential der größte Einzelposten.

Aus den Vorketten kommen nennenswerte Anteile aus der Bereitstellung von Phenol, Heizöl und Polyethylen.

Berücksichtigt man die Distribution der Steinwolle, so steigt das Photooxidantienpotential für die Herstellung und die Distribution um knapp 10%.

Damit ist das Photooxidantienpotential das am stärksten durch die Distribution tangierte Wirkpotential.

Abfälle

Abraum, Erzaufbereitungsrückstände und Sondermüll fallen bei Strombereitstellung und der Bereitstellung der Rohstoffe an. Der Hausmüll fällt im wesentlichen innerhalb der Werkstore an.

4.14 Expandiertes Polystyrol (EPS)

4.14.1 Übersicht

Auf dem deutschen Markt werden zwei Varianten von EPS-Schaumstoff angeboten: mit Flammschutzmitteln und ohne, wobei für Bauanwendungen aus Gründen des Brandschutzes Flammschutzmittel eingesetzt werden müssen. Meistens wird hierfür Hexabromcyclododecan (HBCD) eingesetzt. Alle berechneten Daten beziehen sich auf durchschnittliche Verarbeitungsbedingungen. Der Fertigungsprozeß der EPS-Platten ist in der Regel zweistufig. Zunächst wird das Perlgranulat vorgeschäumt und dann in einer Blockschäumanlage zu den Produkten unterschiedlicher Abmaße verarbeitet. Bei der Verarbeitung zu einer Rohdichte von 10 kg/m³ ist ein weiterer Fertigungsschritt erforderlich (Nachschäumen). Es schließen sich die Prozesse Schneiden und Stapeln an.

4.14.2 Datenerhebung

Durchführung:	Patentliteratur aus Industrieprojekten [77, 78, 79]
Erhebungsart:	Datensammlung und Auswertung am IKP/IWB
Bezugsjahr:	1993/1997
Repräsentativität:	Deutschland/Europa
Datenqualität:	gut [77, 79]

4.14.3 Spezifische Randbedingungen

Für die Verarbeitung des Rohstoffs sind Transport-Kennwerte der deutschen Marktsituation herangezogen. Daten zur Verarbeitung sind von deutschen Rohstoffverarbeitern zur Verfügung gestellt worden [79]. Grunddaten der Energiebereitstellung sind entsprechend der im Projekt erarbeiteten Randbedingungen aus der Datenbank der Software GaBi 3 entnommen [9].

Baustoffprofil expandiertes Polystyrol (EPS)

Auswertung Primärenergie (PE)	PS 15 [MJ/m³]	PS 20 [MJ/m³]	PS 30 [MJ/m³]
Primärenergie nicht erneuerbar	1442	1895	2816
Primärenergie Wasserkraft	2	3	4
Primärenergie nachwachsender Rohstoffe	0,2	0,2	0,3
im EPS enthaltene Energie	599	798	1197

Anteile Energieträger nicht erneuerbar

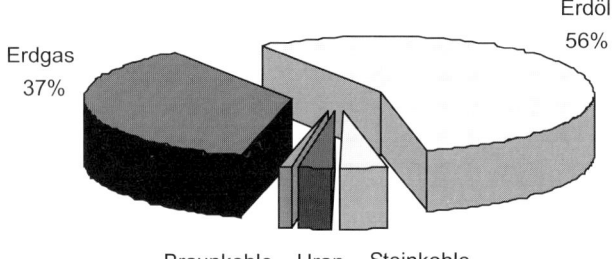

Erdöl 56%

Erdgas 37%

Braunkohle 1%   Uran 2%   Steinkohle 4%

Stoffliche Ressourcen	PS 15 [kg/m³]	PS 20 [kg/m³]	PS 30 [kg/m³]
Taubes Gestein	1,2	1,4	1,9
Natriumchlorid	0,03	0,04	0,06
Kalkstein	0,31	0,41	0,60
Eisenerz	0,02	0,02	0,03
Bariterz und Bentonit	0,01	0,01	0,01
Bauxit	0,02	0,02	0,04
Wasser	240	281	363
Erdgas	4,3	5,7	8,5
Erdöl	10,6	14,2	21,3

Baustoffprofil expandiertes Polystyrol (EPS)

Wirkungsabschätzung		PS 15 [kg/m³]	PS 20 [kg/m³]	PS 30 [kg/m³]
Treibhauspotential (GWP)	CO_2-Äq.	48,4	62,7	92,3
Ozonabbaupotential (ODP)	R11-Äq.	0,0	0,0	0,0
Versauerungspotential (AP)	SO_2-Äq.	0,32	0,43	0,64
Eutrophierungspotential (NP)	PO_4-Äq.	0,027	0,035	0,052
Photooxidantienpotential (POCP)	C_2H_4-Äq.	0,042	0,055	0,081

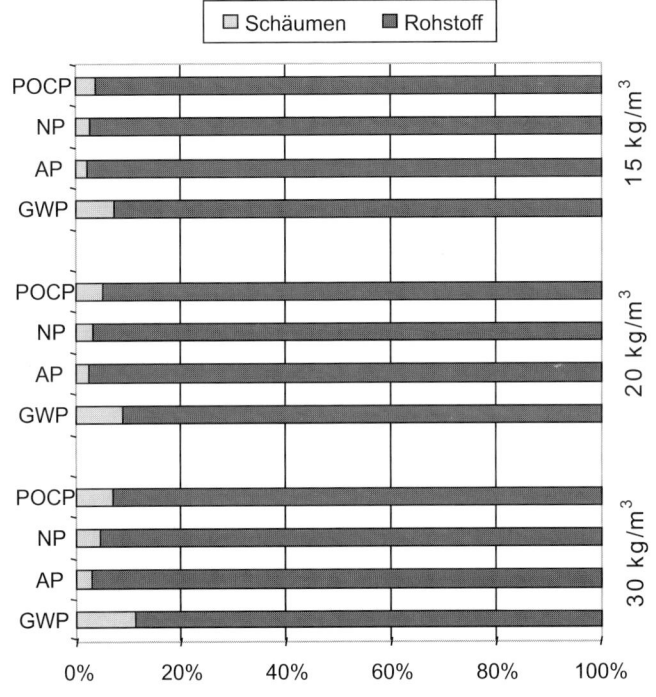

Abfälle	PS 15 [kg/m³]	PS 20 [kg/m³]	PS 30 [kg/m³]
Abraum	13,54	15,92	20,71
Erzaufbereitungsrückstände	0,37	0,45	0,60
Hausmüll	0,06	0,07	0,10
Sondermüll	0,15	0,20	0,30

4.14.4 Sachbilanz

Die gesammelten Daten stellen Literaturwerte für die Herstellung von expandiertem Polystyrol dar. Die Herstellung des Rohstoffes ist auf die europäische Ebene bezogen [77], die Daten der Verarbeitung beziehen sich auf Deutschland [78, 79].

Bilanzobjekt:	Herstellung expandiertem Polystyrol
Bezugseinheit:	1 m³ EPS
Systemgrenzen:	Input: Ressourcen,
	Output: Werkstor Polystyrol-Schäumer

Der Flächenverbrauch sowie Lärm und Geruch wurden nicht erfaßt. Ebenso sind für weiterführende Bilanzen Transporte zum Kunden zu berücksichtigen.

4.14.5 Baustoffprofil expandiertes Polystyrol (EPS)

Das Baustoffprofil wurde für die drei Rohdichteklassen 15 kg/m³, 20 kg/m³ und 30 kg/m³ gerechnet und ausgewiesen. Das Volumen und die Dichte steht bei EPS-Anwendungen im Baubereich im Vordergrund des Interesses. Es zeigt sich ein deutlicher Unterschied im Primärenergiebedarf bezogen auf einen Kubikmeter produziertes EPS, vergleicht man Produkte unterschiedlicher Rohdichten. Der Aufwand an Primärenergie variiert in der gleichen Größenordnung wie die eingesetzten Masse Polystyrol pro Kubikmeter EPS. Dies deutet auf eine Dominanz der rohstoffbereitstellenden Prozesse hin. Bezieht man die Auswertung auf die Masse, ergibt sich pro kg EPS mit 15 kg/m³ ca. 96 MJ Energiebedarf; im Vergleich zu ca. 94 MJ pro kg EPS mit 30 kg/m³. Hier wird der erhöhte Dampfbedarf bei kleineren Rohdichten deutlich.

Über 90% des Energiebedarfes werden durch die Prozesse der Herstellung des EPS-Rohstoffs benötigt und knapp 10% durch das Schäumen an sich. Da es sich bei EPS um einen Kunststoff handelt, werden die Anteile an nicht erneuerbaren Energieträgern durch Erdöl und Erdgas bestimmt.

Etwa 42% der Energieträger sind als stoffgebundene Energie im EPS noch enthalten, vor allem Erdöl und Erdgas.

Kohle und Uran sind der Energiebereitstellung zuzuschreiben.

Ressourcen

Der stoffliche Ressourcenbedarf wird daher neben dem Wasserbedarf auch durch die energetischen Ressourcen Erdöl und Erdgas bestimmt.

Wirkungsabschätzung: Treibhauseffekt (GWP)

Die Wirkungsabschätzung zeigt bezüglich der Größe Treibhauseffekt (GWP) ähnliches Verhalten wie der Energiebedarf. Die relevantesten Emissionen sind CO_2 (ca. 90%), und Methan (ca. 10%). Lachgas spielt eine untergeordnete Rolle.

Etwa 88% des Treibhauspotentials werden durch die Rohstoffbereitstellung verursacht. Innerhalb des Schäumprozesses ist die Dampferzeugung mit ca. 7% der wichtigste Prozeßschritt.

Wirkungsabschätzung: Ozonabbaupotential (ODP)

Stoffe, die zum direkten Ozonabbau beitragen, werden bei der Herstellung von EPS nicht freigesetzt.

Wirkungsabschätzung: Versauerungspotential (AP)

Die Versauerung wird von SO_2 und NO_X zu über 99% dominiert, wobei ca. 97% auf Prozesse der Bereitstellung des Rohstoffs entfallen.

Wirkungsabschätzung: Überdüngungspotential (NP)

Ähnlich stellt sich die Situation für die Überdüngung dar (Stickoxide), wobei geringe Anteile auf Emissionen in Wasser fallen (CSB, Phosphat).

Wirkungsabschätzung: Photooxidantienpotential (POCP)

Die Photooxidantien werden durch die NMVOC-Emissionen der Rohstoffherstellung bestimmt.

Abfälle

Mengenmäßig bestimmt der Abraum die Abfallkategorien. Es werden über 94% des Abraums durch die Bereitstellung des Stromes zum Schäumen verursacht. Der Abraum entsteht durch die bei der Gewinnung und Aufbereitung der Energieträger abzutrennenden Materialien.

Auch die Erzaufbereitungsrückstände sind durch die Strombereitstellung dominiert. Der Sondermüll fällt fast ausschließlich während der Prozesse der EPS-Rohstoffbereitstellung an. Im Vergleich zu den Vorstufen fällt beim Schäumen nur Abwasser in geringen Mengen an.

4.15 Zellulosefaserdämmstoff

4.15.1 Übersicht

Das bei der Herstellung von Zellulosefaserdämmstoffen eingesetzte Tageszeitungspapier stammt überwiegend aus Remittenden, Verlagsabfällen oder Altpapiersammlungen. Nach einer Sortierung wird das Papier in einem Schredder in handtellergroße Papierschnitzel zerkleinert.

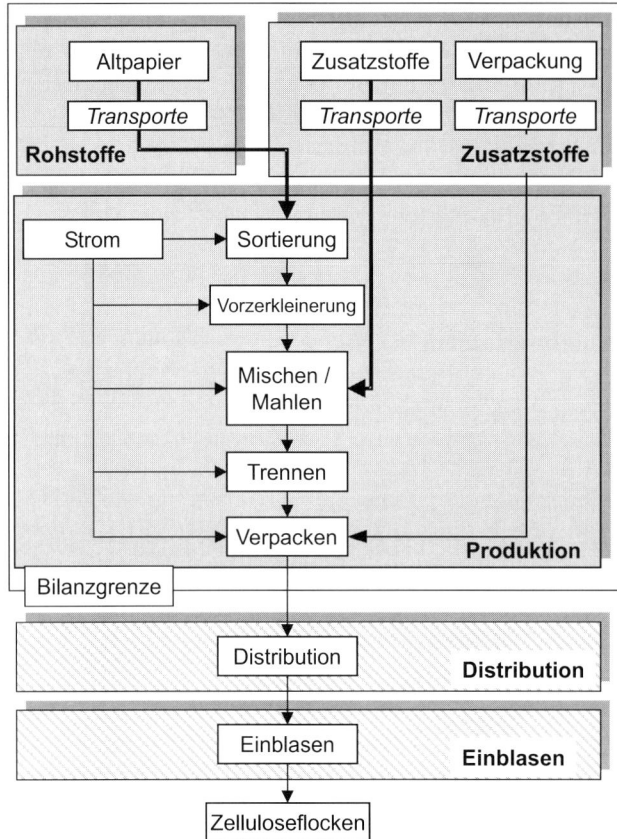

Abbildung 44: Prozeßkette der Zelluloseherstellung

Diese Schnitzel werden in einer definierten Menge mit den pulverisierten Zusatzstoffen Borax und Borsäure vermischt und anschließend in einer Hammermühle gemahlen. Während des Mahlprozesses lagern sich Borax und Borsäure an den Papierfasern an. Nach dem intensiven Mahlprozeß werden die Papierflocken in einem Zyklon entstaubt. Die entstaubten Flocken werden in Papiersäcke aus Recyclingpapier verpackt.

Die Abbildung 44 veranschaulicht den Produktionsprozeß graphisch, die grau hinterlegten Felder werden später im Baustoffprofil getrennt betrachtet. Auf die außerhalb der Bilanzgrenze dargestellten Module Distribution und Einblasen wird im Fließtext bei Bedarf eingegangen.

Die tabellarische Darstellung beschränkt sich zur Wahrung einheitlicher Bilanzgrenzen auf die Darstellung der Vorgänge innerhalb der Bilanzgrenzen.

Um den Aufwand für die Distribution der Dämmstoffe so gering wie möglich zu halten, werden diese bei der Verpackung um den Faktor 2–3 komprimiert. Die anschließende Verteilung der Dämmstoffe zu Händler/Baustelle erfolgt mittels Bahn und LKW. Wie für alle Dämmstoffe ist der Anteil der Distribution an den gesamten Aufwendungen für die Herstellung nicht völlig vernachlässigbar.

Während für andere Dämmstoffe das Einbringen in das Gebäude mehr oder weniger von Hand geschieht, werden die Zelluloseflocken maschinell in die entsprechenden Wand- bzw. Dachkonstruktionen eingeblasen. Um eine etwaige ökologische Relevanz des Einbringens der Dämmstoffe in das Gebäude zu identifizieren, wurde der Einblasvorgang ebenfalls analysiert.

4.15.2 Datenerhebung

Durchführung:	Hersteller von Zelluloseflocken
Erhebungsart:	Datenerhebungsbögen und Auswertung am IKP
Bezugsjahr:	1996
Repräsentativität:	50% des Marktes für Zellulosefaserdämmstoffe
Datenqualität:	gut

4.15.3 Sachbilanz

Die erhobenen Daten stellen Mittelwerte für die Herstellung von Zellulosedämmstoffen in Deutschland dar.

Bilanzobjekt:	Herstellung von Zelluloseflocken
Bezugseinheit:	1 m^3 Zelluloseflocken lose aufgeblasen (Rohdichte ca. 40 kg/m^3)
	1 m^3 Zelluloseflocken eingeblasen (Rohdichte ca. 50 kg/m^3)
	1 m^3 Zelluloseflocken eingeblasen (Rohdichte ca. 70 kg/m^3)
Systemgrenzen:	Input: Ressourcen,
	Output: Werkstor

Der Flächenverbrauch sowie Lärm und Geruch wurden nicht erfaßt.

4.15.4 Baustoffprofil Zelluloseflocken

Der Energieverbrauch bei der Herstellung von Zelluloseflocken wird durch die Vorketten dominiert. Die Vorketten, d.h. die Bereitstellung von Borax und Borsäure verbrauchen ca. 63% der gesamten Energie innerhalb der Systemgrenzen.

An zweiter Stelle folgt der Produktionsprozeß mit ca. 34%, der Transport des Altpapiers zu den Betrieben schlägt mit 3% zu Buche.

Berücksichtigt man die Distribution und das Einblasen des Dämmstoffs, dann erhöht sich der Gesamtenergieverbrauch an nicht erneuerbaren Energieträgern von 4,29 MJ/kg auf 4,87 MJ/kg. Dies entspricht einer Steigerung des Gesamtenergieverbrauches von knapp 14%. Die Steigerung um 0,58 MJ resultiert dabei größtenteils aus der Distribution (0,48 MJ), der Einblasvorgang ist mit 0,1 MJ deutlich weniger energieintensiv.

Baustoffprofil Zellulosedämmstoff

Auswertung Primärenergie (PE)	40 [MJ/m³]	50 [MJ/m³]	70 [MJ/m³]
Primärenergie nicht erneuerbar	172	215	301
Primärenergie Wasserkraft	1,4	1,75	2,45
Primärenergie nachwachsender Rohstoffe	988	1235	1729
im Dämmstoff enthaltene erneuerbare Energie	988	1235	1729

Anteile Energieträger nicht erneuerbar

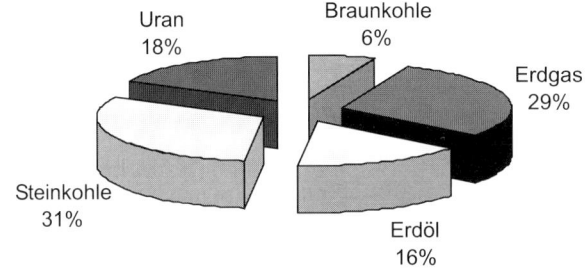

Uran 18%
Braunkohle 6%
Erdgas 29%
Steinkohle 31%
Erdöl 16%

Verteilung des Primärenergiebedarfes

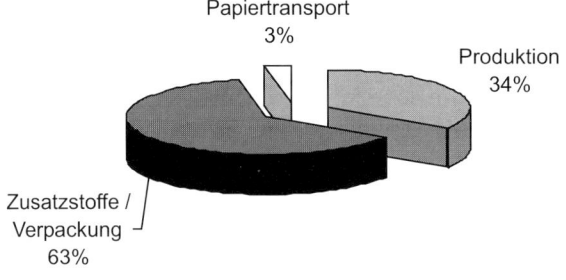

Papiertransport 3%
Produktion 34%
Zusatzstoffe / Verpackung 63%

Stoffliche Ressourcen	40 [kg/m³]	50 [kg/m³]	70 [kg/m³]
Altpapier	33,44	41,80	58,51
Taubes Gestein	3,16	3,96	5,54
Kalkstein	4,14	5,18	7,25
Natriumchlorid	0,95	1,19	1,66
Colemaniterz	7,72	9,66	13,52

Baustoffprofil Zellulosedämmstoff

Wirkungsabschätzung		40 [kg/m³]	50 [kg/m³]	70 [kg/m³]
Treibhauspotential (GWP)	CO_2-Äq.	12,92	16,15	22,61
GWP im Dämmstoff fixiert	CO_2-Äq.	49,04	61,30	85,81
Ozonabbaupotential (ODP)	R11-Äq.	0	0	0
Versauerungspotential (AP)	SO_2-Äq.	0,041	0,051	0,072
Eutrophierungspotential (NP)	PO_4-Äq.	0,0052	0,0065	0,0091
Photooxidantienpotential (POCP)	C_2H_4-Äq.	0,0024	0,003	0,0042

□ Produktion ■ Zusatzstoffe □ Papiertransport

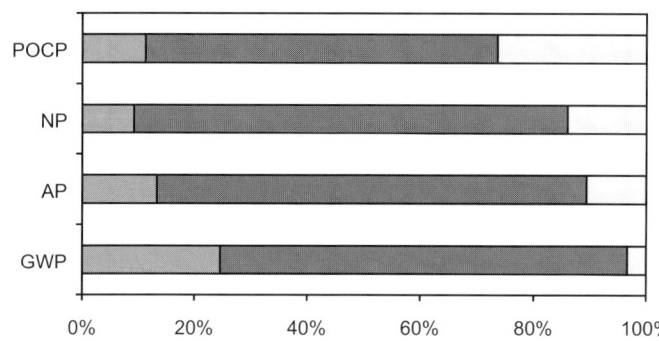

Abfälle	40 [kg/m³]	50 [kg/m³]	70 [kg/m³]
Abraum	45,12	56,4	78,96
Erzaufbereitungsrückstände	5,72	7,15	10,01
Hausmüll	4,2	5,25	7,35
Sondermüll	0,52	0,65	0,91

□ Produktion ■ Zusatzstoffe □ Papiertransport

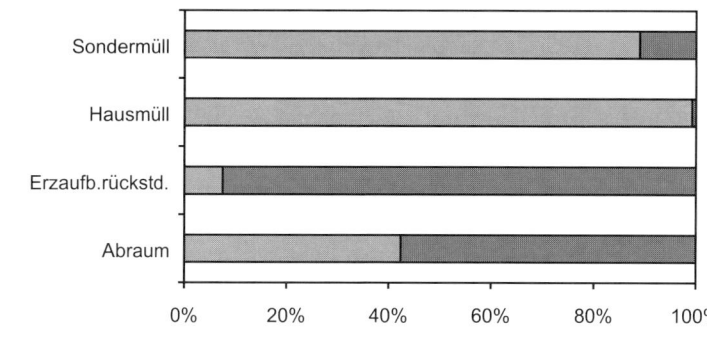

Der Einblasprozeß ist dabei von der Rohdichte und der jeweils verwendeten Maschine abhängig. Eine Analyse des Einblasvorganges unter Berücksichtigung des Maschinenbestandes in Deutschland ergab eine Schwankungsbreite des Energieverbrauches für das Einbringen des Dämmstoffs in Abhängigkeit von der Rohdichte von $\pm 0{,}02$ MJ. Insofern ist das Einblasen des Dämmstoffs auch unter Berücksichtigung verschiedener Dämmstoffrohdichten von nachgeordneter Bedeutung.

Sowohl im Produktionsprozeß selbst als auch im Rahmen der Rohstoffbereitstellung sind keine nennenswerte Einsätze regenerativer Energieträger oder von Sekundärbrennstoffen zu verzeichnen. Die ausgewiesenen Werte für nachwachsende Rohstoffe und Sekundärbrennstoffe stammen ebenso wie die Primärenergie aus Wasserkraft aus der Bereitstellung elektrischer Energie.

Die Energieträger Uran, Kohle und Öl werden ebenfalls im wesentlichen über die Strombereitstellung in Anspruch genommen.

Ressourcen

Betrachtet man den Verbrauch stofflicher Ressourcen sticht der Verbrauch von Altpapier mit 835 g/kg ins Auge.

Die dominierende Größe bei den Ressourcen ist damit ein in großen Mengen verfügbarer Reststoff.

In den Vorketten treten als weitere nennenswerte Verbräuche stofflicher Ressourcen die Inanspruchnahmen von Kalkstein und Natriumchlorid (Steinsalz) für die Sodagewinnung (Vorstufe von Borax) sowie der Verbrauch von Colemaniterz für die Bereitstellung der Boraxprodukte auf.

Taubes Gestein fällt im Rahmen der Strombereitstellung an.

Wirkungsabschätzung: Treibhauspotential (GWP)

Die Herstellung der Flocken trägt mit ca. 25% zum gesamten Treibhauspotential von 320 g CO_2-Äq. bei. Ursache ist dabei der Verbrauch elektrischer Energie sowie die Verbrennung fossiler Brennstoffe für Hallenheizung etc.

Den bei weitem größten Einzelposten für das Treibhauspotential liefern die Zusatzstoffe mit insgesamt ca. 230 g CO_2-Äq. Die Vorkette für die Boraxprodukte ist dabei mit 158 g CO_2-Äq. die für das Treibhauspotential aufwendigste Vorkette.

Distribution (38 g) und Einblasen (5 g) sind weniger bedeutend.

Wirkungsabschätzung: Versauerungs-/Überdüngungspotential (NP/AP)

Der Schwerpunkt dieser Emissionen liegt ein weiteres mal in der Bereitstellung der Zusatzstoffe (76%). Grund dafür sind Rohstofftransporte sowie die vorgelagerte Sodaproduktion. Die bei der Dieselverbrennung entstehenden Stickoxide (NO_X) liefern einen hohen Beitrag zu Versauerung und Überdüngung, weshalb sämtliche Transportprozesse im Hinblick auf NP/AP eine hohe Bedeutung haben. Dies wird auch an den vergleichsweise hohen Werten für die Papiertransporte (ca. 10%) sichtbar.

Bezieht man die Distribution der Dämmstoffe in die Betrachtung mit ein, ergibt sich für das Versauerungspotential eine Steigerung auf 1,344 g SO_2-Äq.
(+30%) und für das Überdüngungspotential ein Anstieg auf 0,18 g PO_4-Äq.
(+39%).

Wirkungsabschätzung: Photooxidantienpotential (POCP)

Die für die Entstehung des Sommersmog relevanten Emissionen von flüchtigen
organischen Verbindungen (VOC) treten für die gesamte Herstellung der Zelluloseflocken nahezu ausschließlich im Bereich von Transporten auf. Aus diesem
Grund tritt die Produktion selbst stark in den Hintergrund. Die Vorketten für die
Zusatzstoffe (62%), die eine Reihe von Transporten beinhalten sowie die Papiertransporte (26%) sind die wichtigsten Größen innerhalb der Bilanzgrenzen.

Erweitert man den Betrachtungsrahmen um die Distribution, so ergibt sich
ein Anstieg des Photooxidationspotentials von 0,06 g Ethen-Äq. auf 0,11 g Ethen-
Äq., was einer Steigerung von 93% entspricht.

Abfälle

Abraum und Erzaufbereitungsrückstände fallen zu großen Teilen bei der Strombereitstellung an. Aus diesem Grund ergibt sich für Abraum- und Erzaufbereitungsrückstände ein paralleles Verhalten zu den anderen energiedominierten Umweltwirkungen (Anteilsmäßig hoher Stromverbrauch bei Produktion und Borax-
bereitstellung). Als Sondermüll fallen in erster Linie Filterstäube in der Produktion
an, der anfallende Hausmüll ergibt sich ebenfalls aus Produktionsrückständen.

4.16 Flachsfaserdämmstoff

4.16.1 Übersicht

Bei der Produktion des Flachsfaser-basierten Dämmstoffs werden Flachskurzfasern und Polyesterfasern zusammen mit dem Flammhemmstoff Ammoniumphos-
phat im Krempelprozess zu Dämmvliesen verarbeitet.

Ausgangspunkt der Produktion ist der Anbau von Flachs, der hier im Vergleich zum Bezugssystem Brache betrachtet wird. Die Bodenbearbeitung umfaßt
die Grundbettbereitung (im Herbst des Vorjahres), die Saatbett-bereitung, zwei-
maliges Striegeln sowie einmaliges Walzen zur hier ausschließlich betrachteten
mechanischen Unkrautbe-kämpfung. Zur Aussaat kommen Leinsamen aus der
Vorjahresproduktion. Im Verlauf des Jahres werden in 6 Arbeitsgängen mit dem
Schleuderstreuer je ha (= 10000 m²) 100 kg Stickstoff (als Calciumammonium-
nitrat CAN), 20 kg Phosphor (als Tripelsuperphosphat TSP) 110 kg Kalium (als
KCl) und 27 kg Magnesium (als MgO) als Düngemittel sowie 120 kg Calcium (zu
80% als Kalkmehl und zu 20% als Branntkalk) im wesentlichen zur pH-
Regulierung ausgebracht.

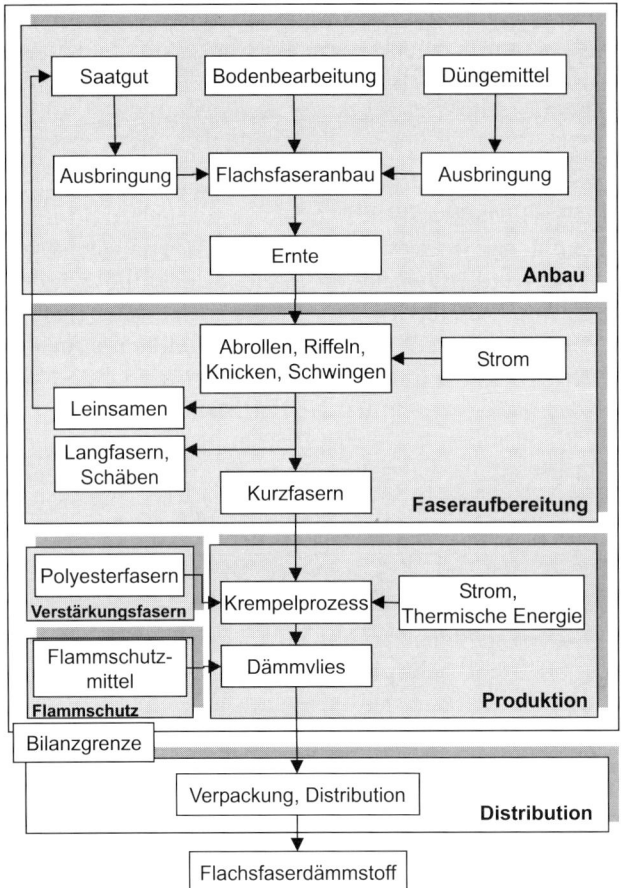

Abbildung 45: Prozeßkette der Flachsfaserdämmstoffherstellung

Im Frühherbst werden die Pflanzen gerauft (abgerissen/ausgerissen), und während der sogenannten „Röste" auf dem Feld zweimal gewendet. Die Röste bewirkt eine enzymatische Teilzersetzung, welche die spätere Faserabtrennung vereinfacht, sowie die Lufttrocknung der Pflanzen auf etwa 12% Wassergehalt. Anschließend werden die oberirdischen Pflanzenteile (7000 kg/ha) zu Rollballen aufgerollt und zur Faseraufbereitung transportiert.

Zur Auftrennung des Röstflaches werden folgende Prozesse durchgeführt:

• Abrollen der Flachsgroßballen auf Abrolltisch und Befüllung der Schwinge,
• Riffeln des Flachses (Entsamen; (1000 kg Leinsamen, davon 120 kg für die Aussaat im Folgejahr intern abgezogen; Verwendung der weiteren Samen als Tierfutter, Aussaat, Öl),
• Knicken oder Brechen der Flachsstengel in einer Knickmaschine: Abtrennung der Fasern von den Schäben (3600 kg, die im Sinne der Bilanzierung kein Koppelprodukt darstellen und deren Energieinhalt daher gesondert ausgewiesen wird) und von den 870 kg Abfallstoffen einschließlich anhaftender Erde,

- Schwingen in zwei Schritten in einer Schwingturbine: Trennung in Kurzfasern (560 kg) für Dämmstoffe, Polsterfüllungen oder Beimischung zu Geweben und in Langfasern (980 kg) für Bekleidung.

Zur Erzeugung der Dämmvliese in der Fabrik werden die Flachskurzfasern zusammen mit den als Verstärkungs- und Versteifungsfasern dienenden Polyesterfasern in einem Krempelprozeß verarbeitet. Abschließend wird das Flammschutzmittel appliziert und getrocknet.

Um die Bilanzgrenzen einheitlich zu halten, werden im unten dargestellten Baustoffprofil die Aufwendungen für die Distribution in der tabellarischen Darstellung nicht aufgeführt. Im beschreibenden Text wird auf die Distribution eingegangen. In einzelnen Wirkkategorien stellt die Distribution der Dämmstoffe eine ökologisch nicht zu vernachlässigende Größe dar. Die Abbildung 45 veranschaulicht die Prozeßkette.

4.16.2 Datenerhebung

Durchführung:	Hersteller von Flachsfaserdämmstoffen
Erhebungsart:	Datenerhebungsbögen, Studienarbeit, div. Literatur und Auswertung am IKP
Bezugsjahr:	1998
Repräsentativität:	typischer, qualitativ hochwertiger Dämmstoff aus Flachs-Kurzfasern
Datenqualität:	gut

4.16.3 Sachbilanz

Die erhobenen Daten sind für eine durchschnittlich gute Ernte und eine Produktion des Dämmstoffes in Deutschland repräsentativ.

Bilanzobjekt:	Herstellung von polyesterfaserverstärktem, mit Flammschutz ausgerüstetem Flachsfaserdämmstoff
Bezugseinheit:	1 m³ (entspricht 30 kg) Flachsfaserdämmstoff
Systemgrenzen:	Input: Ressourcen (in den Flachsfasern des Dämmstoffes fixiertes CO_2 wird ausgewiesen) Output: Werkstor
Allokation:	Die Lasten des Anbaus werden nach Marktwert auf die Produkte Kurzfasern, Langfasern und Samen aufgeteilt. Die Masse und somit der Energieinhalt der Schäben werden nicht als Koppelprodukt behandelt, sondern als potentieller Nutzen (entsprechend der Lasten des Anbaus) auf die Produkte aufgeteilt und gesondert ausgewiesen.

Flächennutzung, sowie Lärm und Geruch wurden nicht erfaßt.

Baustoffprofil Flachsfaserdämmstoff

Auswertung Primärenergie (PE)	[MJ/m³]
Primärenergie nicht erneuerbar	1050
Primärenergie Wasserkraft	5,70
Primärenergie nachwachsender Rohstoffe	369
im Dämmstoff enthaltene erneuerbare Energie	369
im Dämmstoff enthaltene fossile Energie	189
mögliche Gutschrift aus Schäben	279

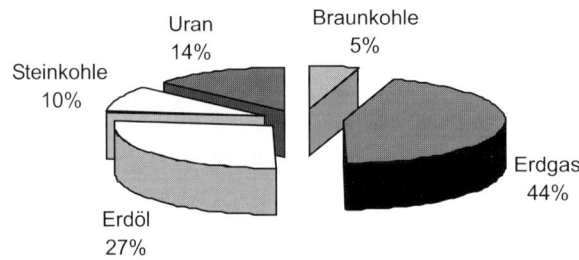

Anteile Energieträger nicht erneuerbar

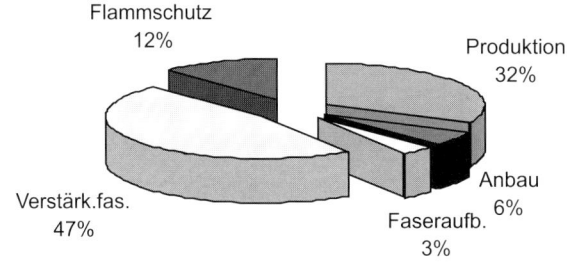

Verteilung des Primärenergiebedarfes

Stoffliche Ressourcen	[kg/m³]
div. erzhaltiges Gestein	93,5
Wasser	3480
Taubes Gestein	9,60
Rohkalisalz	10,8
Phosphaterz	12,9
Deckschichten (Boden)	25,7

Baustoffprofil Flachsfaserdämmstoff

Wirkungsabschätzung		[kg/m³]
Treibhauspotential (GWP)	CO_2-Äq.	52,6
GWP im Dämmstoff fixiert	CO_2-Äq.	-40,3
Ozonabbaupotential (ODP)	R11-Äq.	0,0
Versauerungspotential (AP)	SO_2-Äq.	0,168
Eutrophierungspotential (NP)	PO_4-Äq.	0,0306
Photooxidantienpotential (POCP)	C_2H_4-Äq.	0,0354

Legende: ▨ Produktion ▤ Anbau ☐ Faseraufb. ☐ Verstärkungsfaser ▤ Flammschutz

Abfälle	[kg/m³]
Abraum	170
Erzaufbereitungsrückstände	48,3
Hausmüll	0,568
Sondermüll	0,102

Legende: ▨ Produktion ▤ Anbau ☐ Faseraufb. ☐ Verstärkungsfaser ▤ Flammschutz

4.16.4 Baustoffprofil Flachsfaserdämmstoff

Der *Energieverbrauch* bei der Herstellung des Flachsfaserdämmstoffs wird durch die Vorketten dominiert. Hier verbrauchen die Bereitstellung der synthetischen Verstärkungsfasern und des Flammschutzmittels zusammen ca. 59% der gesamten Energie innerhalb der Systemgrenzen. Der Herstellungsprozess selbst trägt mit etwa 32% zum Energieverbrauch bei. Dagegen hat der Anbau des Flachses nur einen Anteil von etwa 6%. Wenn man den Energiegehalt der Schäben mit einem Heizwert von ca. 279 MJ (bezogen auf 1 m³ Dämmstoff) einbezieht, ist die Energiebilanz des Anbaus sogar deutlich positiv (216 MJ Energieüberschuß im Anbausystem pro m³ Dämmstoff). Berücksichtigt man die im Dämmstoff enthaltene erneuerbare Energie von 369 MJ/m³ (nutzbar, wenn der Dämmstoff nach der Nutzungsphase verbrannt würde) zeigt sich, daß der Anbau deutlich mehr erneuerbare Energie liefert, als er fossile Energieträger verbraucht. Transportprozesse (von Erntegut, Verstärkungsfasern und Flammschutzmittel) haben am Primärenergieeinsatz einen Anteil von weniger als 1%.

Sowohl im Produktionsprozeß selbst als auch im Rahmen der Rohstoffbereitstellung sind keine nennenswerte Verbräuche regenerativer Energieträger oder von Sekundärbrennstoffen zu verzeichnen. Der erneuerbare Primärenergieeinsatz von 369 MJ/m³ ist gleich dem Inhalt erneuerbarer Energie im Dämmstoff. Fossile Energie (189 MJ/m³) ist durch die Verstärkungsfasern im Dämmstoff enthalten und wäre bei der Entsorgung potentiell nutzbar.

Die ausgewiesenen Werte für Wasserkraft stammen aus der Bereitstellung elektrischer Energie. Die Energieträger Uran, Kohle und Öl werden ebenfalls im wesentlichen über die Strombereitstellung in Anspruch genommen. Erdgas wird vor allem zur Bereitstellung thermischer Energie in der Produktion genutzt.

Ressourcen

Bei der Nutzung stofflicher Ressourcen fällt der Verbrauch von Wasser mit ca. 3,5 m³/m³ auf. Hier handelt es sich um Prozeß- und vor allem Kühlwasser aus den Vorketten (dominant: Düngemittelbereitstellung, Flammschutzmittel und auch Polyesterfasern). Gleiches gilt für den Verbrauch diversen erzhaltigen Gesteins (wobei die Polyesterfaserbereitstellung eine geringe Rolle spielt). Der Verbrauch von Rohkalisalz, Phosphaterz und Deckschichten haben ihren Ursprung in der Düngemittelbereitstellung.

Wirkungsabschätzung: Treibhauspotential (GWP)

Den größten Anteil zum GWP von insgesamt 52,6 kg CO_2-Äq. pro m³ trägt die Bereitstellung der Polyesterfasern mit 38%. Die Dämmstoffproduktion selbst hat hier einen Anteil von ca. 35%. Ursache ist dabei der Verbrauch thermischer Energie aus Erdgas zur Dämmvliesproduktion, sowie elektrischer Energie für den Anlagenbetrieb. Flachsanbausystem und Flammschutzmittel sind mit je unter 10% weniger bedeutend. Das in den Flachsfasern im Dämmstoff gespeicherte und aus der Atmosphäre fixierte CO_2 von 40,3 kg ist gesondert ausgewiesen. Saldiert ergäben sich somit 12,3 kg CO_2 Äquivalent pro m³.

Wirkungsabschätzung: Überdüngungspotential (NP)

Die Hauptquelle für eutrophierend wirkende Emissionen bildet das Anbausystem der Flachsfasern mit 62% Anteil und hier im wesentlichen der Austrag von Nitrat aus der Stickstoffdüngung. Auch die Bereitstellung der Polyesterfasern trägt noch ca. 15% zu den insgesamt 30,6 g PO_4-Äq. je m³ Dämmstoff bei. Relevant sind hier wie auch bei der Flammschutzmittelbereitstellung die beteiligten Transportprozesse: Die bei der Dieselverbrennung entstehenden Stickoxide (NO_X) liefern einen relevanten Beitrag zur Überdüngung (wie auch zur Versauerung).

Wirkungsabschätzung: Versauerungspotential (AP)

Hinsichtlich der Versauerung hat die Flammschutzmittelbereitstellung mit ca. 42% den höchsten Anteil an den gesamten 168 g SO_2-Äq. je m³ Dämmstoff. Doch auch das Anbausystem (Düngemittelbereit-stellung, NH_3-Emissionen, NO_X des ackerbaulichen Maschineneinsatzes) trägt ca. 20% bei. Die Dämmstoffproduktion und Polyesterfaserbereitstellung haben jeweils deutlich über 10% Anteil.

Wirkungsabschätzung: Photooxidantienbildungspotential (POCP)

Die Freisetzung von Stoffen, die direkt oder indirekt zur Photooxidantienbildung in den bodennahen Luftschichten beitragen, wird bei einem Gesamtpotential von 35,4 g C_2H_4-Äq. je m³ mit einem Beitrag von ca. 61% von der Polyesterfaserbereitstellung dominiert. Die Flammschutzmittelbereitstellung trägt hier jedoch auch noch einmal 20% bei. Berücksichtigt man die Distribution des Flachsfaserdämmstoffs, so steigt das Photooxidantienpotential für die Herstellung und die Distribution auf 37,8 g, d.h. um ca. 2,4 g bzw. 7%. Damit ist das Photooxidantienpotential das am stärksten durch die Distribution tangierte Wirkpotential.

Die Flachsfaseraufbereitung ist in allen Wirkkategorien von untergeordneter Bedeutung. Es ist zu betonen, daß dieses Baustoffprofil die spezifischen Umwelteinwirkungen des Flachsfaserdämmstoffs unter den beschriebenen Randbedingungen wiedergibt. Bei einer Zunahme der Menge des produzierten Dämmstoffs können sich bei der Marktwert-Allokation der Anbauprodukte Verschiebungen ergeben:

Wenn der Bedarf an Flachs-Kurzfasern z.B. nicht mehr aus der Langfaserproduktion gedeckt werden kann, stellen Kurzfasern das Hauptprodukt dar. Die Lasten des Anbaus steigen somit bezogen auf das Produkt Dämmstoff. Dies ist dadurch relativiert, daß der Anbau außer im Wirkpotential Überdüngung nirgends dominiert.

Während für das in dieser Studie betrachtete Marktgefüge die genannten Randbedingungen gelten, muß beim Übergang zu einer Massenproduktion zusätzlich die Frage der Tragfähigkeit der nachwachsenden Ressource und der Flächenverfügbarkeit diskutiert werden.

4.17 Fenstersysteme

4.17.1 Übersicht

Es wurden vier unterschiedliche Fensterkonstruktionen mit den Rahmenwerkstoffen Holz, Holz-Aluminium, Aluminium und PVC untersucht. Detailinformationen sind dem Bericht Ganzheitliche Bilanzierung von Fenstern und Fassaden zu entnehmen [81]. Zusammen decken diese Konstruktionstypen über 97% des deutschen Fenster-Marktes ab.

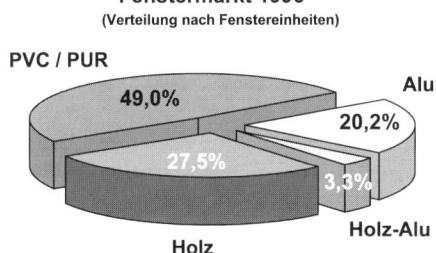

Abbildung 46: Anteile der Rahmenwerkstoffe

4.17.2 Datenerhebung

Durchführung:	Betriebe der Fenster und Fassadenindustrie
Erhebungsart:	Datenerhebungsbögen und Auswertung durch IKP
Bezugsjahr:	1996
Repräsentativität:	Repräsentative Betriebe ausgewählt (VFF), ca. 97% Marktanteil nach Rahmenmaterialien
Datenqualität:	sehr gut

4.17.3 Spezifische Randbedingungen

Die Herstellung von Aluminium, PVC und Stahl zur Rahmen-, Beschlag- und Glasproduktion wird durch die jeweiligen Rohstoff-Prozesse abgedeckt, d.h. es sind die Rohstoff-Ketten bis hin zum Erz bzw. zum Erdöl bilanziert, wie auch die Produktion des Dichtungsmaterials Ethylen-Propylen-Dien-Elastomer (EPDM). Beim Rohstoff Holz ist der Wald (d.h. das Wachstum der Bäume) innerhalb der Systemgrenzen, was bedeutet, daß etwaige CO_2-Emissionen durch die Verrottung oder Verbrennung des Holzes vorher durch das Wachstum (CO_2-Aufnahme) der Atmosphäre entzogen wurden (siehe auch Kap. 3.2.6 und [30-32]).

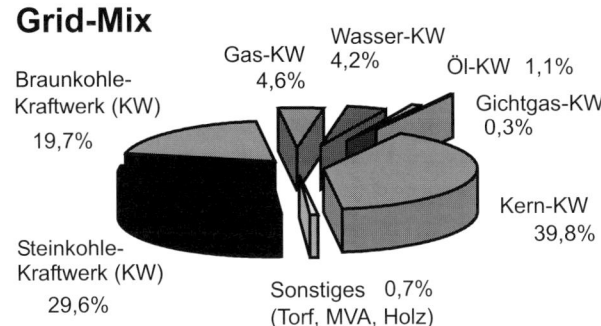

Abbildung 46a: Aufteilung der Energieträger der Stromerzeugung (Grid-Mix 1995)

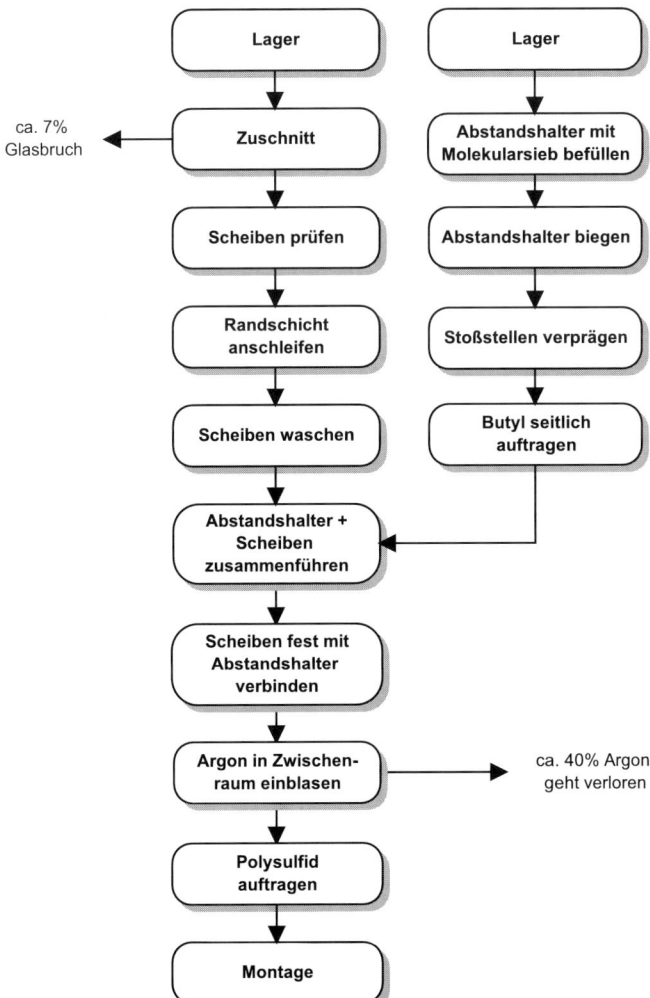

Abbildung 47: Herstellung der Verglasung

Die Bilanzierung des Energieträgers Strom erfolgt mittels einer Kombination aus Top-Down-Ansätzen (Energie- und Emissionsstatistiken) und Kraftwerksmodellen (bottom-up). Die Stromerzeugung wird länderspezifisch nach dem Mix der Erzeugung aus verschiedenen Energieträgern ('Grid-Mix') bilanziert. Alle Fenstern wurden mit gleichem Isolierglasverbund gerechnet; die Daten zur Isolierglasproduktion und zur Beschichtung (sputtern) stammen aus Literatur des Jahres 1996 [80]. Der Isolierglasverbund besteht beim Fenster der betrachteten Größe aus zwei Floatglasscheiben (4 mm), die über ein mit Aluminiumsilikat gefülltes Aluminiumprofil (16 mm) mittels Butylverklebung miteinander verbunden sind. Zur Verminderung der Wärmeleitung wird der Scheibenzwischenraum mit Argon gefüllt. Die Randbedingungen sind der Prozeßkette der Herstellung der Verglasung zu entnehmen.

4.17.4 Sachbilanz

Die erhobenen Daten charakterisieren am Markt dominante, gängige Konstruktionen aus repräsentativ ausgewählten Fertigungen [81].

Bilanzobjekt:	Herstellung verschiedener Fensterkonstruktionen (1,23 m x 1,48 m)
Bezugseinheit:	1 Fenster
Systemgrenzen:	Input: Ressourcen, Output: Werkstor

Der Flächenverbrauch sowie Lärm und Geruch wurden nicht erfaßt. Ebenso sind für weiterführende Bilanzen Transporte zum Kunden zu berücksichtigen.

Die Fenstersysteme stellen, im Gegensatz zu den Baustoffen, eine mögliche funktionelle Einheit dar (siehe Kapitel 3.2.3). Die Baustoffe ergeben erst nach deren Kombination eine, in diesem Zusammenhang sinnvolle, funktionelle Einheit. Somit kann in diesem Sinne eine isolierte Betrachtung der Herstellung nicht erfolgen, da dies nur einen Teilaspekt, der über den ganzen Lebenszyklus definierten funktionellen Einheit widerspiegeln würde. Aus diesen Konsistenzgründen heraus sind bei den Fensterprofilen die Prozesse der Nutzung und Nachnutzung auch in dieser Übersicht zugeordnet. Die thermische Nutzungsphase wurde in [81] mit vergleichbarem k-Wert gerechnet und ist abhängig vom gewählten Heizsystem (siehe 4.18). Sie ist dann unabhängig von Rahmenmaterial und deshalb im Systemprofil nicht aufgeführt (jedoch je nach Szenario errechenbar). Die zusätzlichen, über das Maß der anderen Profile hinausgehenden Prozesse sind hier grau unterlegt.

4.17.5 Systemprofil PVC-Fenster

Die eingesetzte, nicht erneuerbare Primärenergie beträgt in der Herstellung 2423 MJ pro Fenster und dominiert den Energiebedarf. Das Potential an Photooxidantienbildung ist gering. Dies liegt in der Tatsache begründet, daß keine Lackierung

Systemprofil PVC-Fenster

Auswertung Primärenergie (PE)	Her-stellung [MJ]	Trans-porte [MJ]	Recyc-lingpo-tential PVC [MJ]	Recyc-lingpo-tential Metalle [MJ]
Primärenergie nicht erneuerbar	2423	30	-43	-111
Primärenergie Wasserkraft	48	0	2	-12
Primärenergie nachwachsender Rohstoffe	2,4	0	0	0

Wirkungsabschätzung		Her-stellung [kg]	Trans-porte [kg]	Recyc-lingpo-tential PVC [kg]	Recyc-lingpo-tential Metalle [kg]
Treibhauspotential (GWP)	CO_2-Äq.	144,800	2,2	1,2	-13,2
Ozonabbaupotential (ODP)	R11-Äq.	0,0	0,0	0,0	0,0
Versauerungspotential (AP)	SO_2-Äq.	0,468	0,019	-0,007	-0,018
Eutrophierungspotential (NP)	PO_4-Äq.	0,053	0,003	-0,001	-0,002
Photooxidantienpotential (POCP)	C_2H_4-Äq.	0,057	0,003	-0,006	-0,001

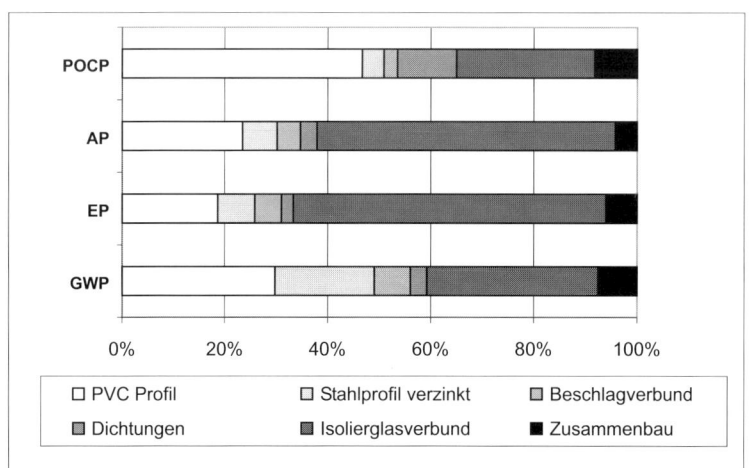

Auswertung Abfälle	Her-stellung [kg]	Trans-porte [kg]	Recyc-lingpo-tential PVC [kg]	Recyc-lingpo-tential Metalle [kg]
Hausmüll	3,20	0	3,2	-0,6
Erzaufbereitungsrückstände	27,70	0	0,6	-7,3
Abraum	280,90	0	41,5	-2,4
Sondermüll	0,25	0	0,002	-0,001

nötig ist und die Anlagen der PVC-Synthese oft gekapselt sind. So werden auch Kohlenwasserstoffe kontrolliert der Abluftreinigung zugeführt. Das Isolierglas bestimmt einen wesentlichen Anteil der Wirkkategorien. Es ist kein Unterhalt bzw. Wartung des Rahmens über die Nutzung nötig.

Das Recyclingpotential gibt die Gutschriften oder Belastungen nach dem Recyclingmodell (vgl. Kapitel 3.3.4) an, welche sich bei heutiger Aufbereitungstechnik ergeben. Es ist getrennt für PVC und Metalle ausgewiesen.

4.17.6 Systemprofil Holz-Fenster

Bei den Konstruktionen mit Holzrahmen ist zunächst der relativ geringe Einsatz an nicht erneuerbaren Energieträgern auffallend. Dies ist die Folge der Verwendung des nachwachsenden Rohstoffes Holz als Konstruktionswerkstoff. Der Umstand, daß es sich um einen nachwachsenden Rohstoff handelt, spiegelt sich auch in der CO_2-Bilanz dieser Konstruktionen wieder. Das Photooxidantienpotential ist auf die Applikationen in Herstellung und Wartung mit lösemittelhaltigen Lakken zurückzuführen. Die Anteile der Rubrik Holzoberfläche sind dementsprechend hoch. Der Isolierglasverbund hat beim Holzfenster eine große Bedeutung.

Beim Treibhauspotential ergibt sich die Situation, daß negative Werte in der Grafik auftreten. Dies erklärt sich durch die CO_2-Aufnahme des Holzes während dem Wachstum. Die Abfall- und Abraummenge ist als gering zu bewerten. Der Einsatzes des Lacksystems zur Oberflächenversiegelung führt zu Sondermüllaufkommen. Es ist ein Unterhalt des Fensters in Form von Streichen des Rahmens nötig.

4.17.7 Systemprofil Aluminium-Fenster

Die Aluminium-Konstruktion weist einen Primärenergieeinsatz von 4375 MJ auf, was sich durch die energieintensive Synthese des Primäraluminium erklärt, wobei der Strombedarf der Elektrolyse die Hauptrolle spielt. Mit den heute eingesetzten Techniken der Energie-, respektive Strombereitstellung folgt daraus ein relativ hoher Beitrag zum Treibhauspotential.

Der Abfall und Abraum beim Aluminiumfenster ist auf die Aufbereitungsschritte vom Bauxit zum Aluminium zurückzuführen. Ein beachtlicher Teil des Treibhauspotentials und des Eutrophierungspotential ist auf die Polyamidstege zurückzuführen. Dies ist zum Großteil die Folge von Lachgas-Emissionen in der Polyamid-Herstellroute. Das Isolierglas spielt insgesamt auch hier eine wichtige Rolle. Aluminium ist ein gut stofflich rezyklierbares Rahmenmaterial.

Das Recycling des eingesetzten Aluminiums in andere Anwendungen ist heute Stand der Technik, ein Sammelsystem zum closed-loop Recycling ist seit einigen Jahren im Aufbau. Es ist keine Wartung der Oberfläche nötig, da die Lebensdauer der Beschichtung über der der Konstruktion liegt. Weiterhin fällt die relativ geringe Menge an anfallendem Sondermüll auf, was auf die Beschichtungsmethode (Pulverbeschichtung) zurückzuführen ist. Es fallen bei der Pulverbeschichtung kaum nicht verwertbare Rückstände an.

Systemprofil Holz-Fenster

Auswertung Primärenergie (PE)	Her-stellung	Trans-porte	Unter-halt/ Wartung	Recyc-lingpo-tential
	[MJ]	[MJ]	[MJ]	[MJ]
Primärenergie nicht erneuerbar	1409	27	78	-153
Primärenergie Wasserkraft	56	0	2	-18
Primärenergie nachwachsender Rohstoffe	706	0	0	0

Wirkungsabschätzung		Her-stellung	Trans-porte	Unter-halt/ Wartung	Recyc-lingpo-tential
		[kg]	[kg]	[kg]	[kg]
Treibhauspotential (GWP)	CO_2-Äq.	68,500	2,0	3,4	11,5
Ozonabbaupotential (ODP)	R11-Äq.	0,0	0,0	0,0	0,0
Versauerungspotential (AP)	SO_2-Äq.	0,479	0,017	0,013	0,041
Eutrophierungspotential (NP)	PO_4-Äq.	0,046	0,003	0,001	0,008
Photooxidantienpotential (POCP)	C_2H_4-Äq.	0,248	0,003	0,044	-0,002

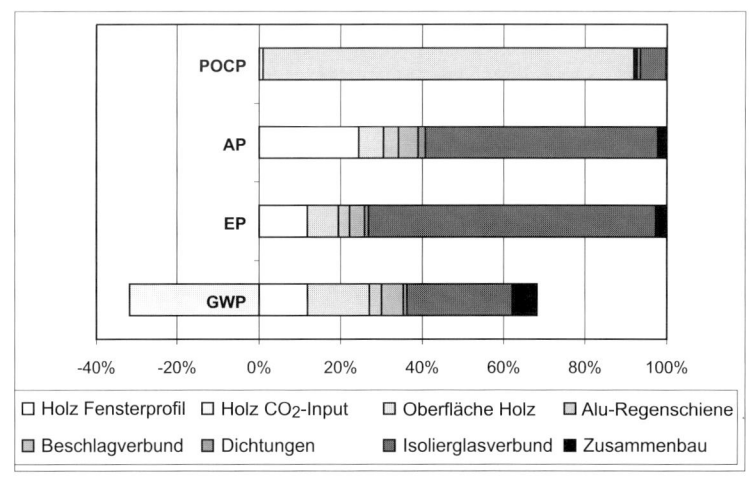

☐ Holz Fensterprofil ☐ Holz CO_2-Input ☐ Oberfläche Holz ☐ Alu-Regenschiene
◩ Beschlagverbund ▨ Dichtungen ▥ Isolierglasverbund ■ Zusammenbau

Auswertung Abfälle	Her-stellung	Trans-porte	Unter-halt/ Wartung	Recyc-lingpo-tential
	[kg]	[kg]	[kg]	[kg]
Hausmüll	1,9	0	0,2	2,1
Erzaufbereitungsrückstände	12,0	0	0	-2,9
Abraum	230,5	0	2,1	-8,9
Sondermüll	1,12	0	0,01	0,37

Systemprofil Aluminium-Fenster

Auswertung Primärenergie (PE)	Her-stellung [MJ]	Transporte [MJ]	Recyc-lingpo-tential [MJ]
Primärenergie nicht erneuerbar	4375	28	-1094
Primärenergie Wasserkraft	522	0	-232
Primärenergie nachwachsender Rohstoffe	2,8	0	0

Wirkungsabschätzung		Her-stellung [kg]	Transporte [kg]	Recyc-lingpo-tential [kg]
Treibhauspotential (GWP)	CO$_2$-Äq.	291,000	2,1	-68,2
Ozonabbaupotential (ODP)	R11-Äq.	0,0	0,0	0,0
Versauerungspotential (AP)	SO$_2$-Äq.	0,860	0,018	-0,172
Eutrophierungspotential (NP)	PO$_4$-Äq.	0,106	0,003	-0,009
Photooxidantienpotential (POCP)	C$_2$H$_4$-Äq.	0,079	0,003	-0,012

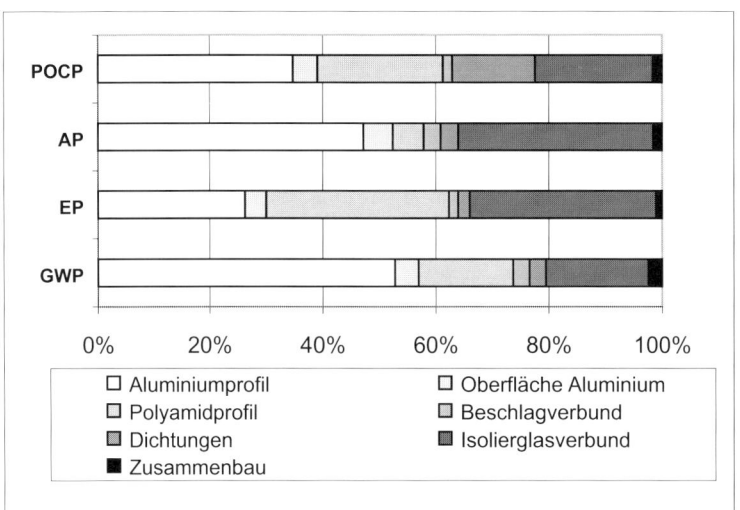

Auswertung Abfälle	Her-stellung [kg]	Transporte [kg]	Recyc-lingpo-tential [kg]
Hausmüll	4,8	0	2,7
Erzaufbereitungsrückstände	56,4	0	-21,6
Abraum	597,5	0	-188,9
Sondermüll	0,44	0	-0,03

Systemprofil Holz-Aluminium-Fenster

Auswertung Primärenergie (PE)	Herstellung [MJ]	Transporte [MJ]	Recyclingpotential Holz [MJ]	Recyclingpotential Metalle [MJ]
Primärenergie nicht erneuerbar	2579	29	-19	-449
Primärenergie Wasserkraft	218	0	0,6	-89
Primärenergie nachwachsender Rohstoffe	611	0	0	0

Wirkungsabschätzung		Herstellung [kg]	Transporte [kg]	Recyclingpotential Holz [kg]	Recyclingpotential Metalle [kg]
Treibhauspotential (GWP)	CO_2-Äq.	137,700	2,2	17,7	-29,5
Ozonabbaupotential (ODP)	R11-Äq.	0,0	0,0	0,0	0,0
Versauerungspotential (AP)	SO_2-Äq.	0,584	0,018	0,054	-0,069
Eutrophierungspotential (NP)	PO_4-Äq.	0,058	0,003	0,008	-0,004
Photooxidantienpotential (POCP)	C_2H_4-Äq.	0,235	0,003	0,000	-0,005

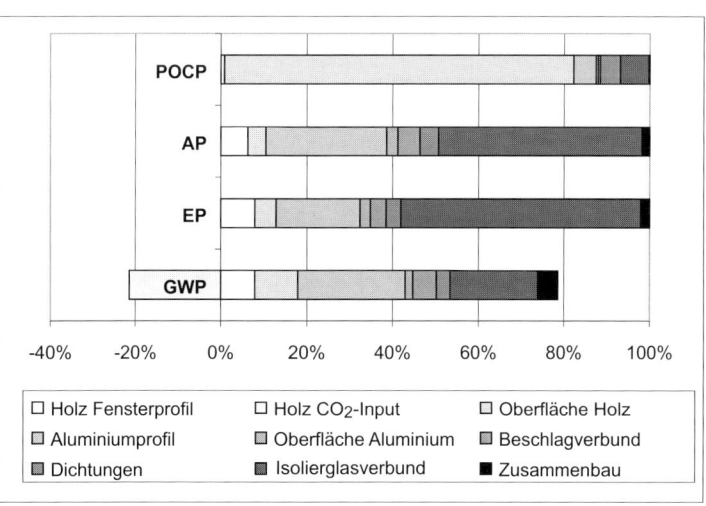

Auswertung Abfälle	Herstellung [kg]	Transporte [kg]	Recyclingpotential Holz [kg]	Recyclingpotential Metalle [kg]
Hausmüll	3,3	0	4,0	-0,3
Erzaufbereitungsrückstände	30,7	0	0,3	-10,1
Abraum	402,0	0	12,4	-75,9
Sondermüll	1,110	0	0,33	-0,05

4.17.8 Systemprofil Holz-Aluminium-Fenster

Es kommt der nachwachsende Rohstoff Holz zum Einsatz, der einen Großteil der Masse der Konstruktion stellt. Jedoch ist die Konstruktion aufwendiger als die der Holz-Variante. Da der Witterungsschutz beim Holz-Alu-Fenster vom Aluminium übernommen wird, ist keine Wartung notwendig.

Die Oberflächenbehandlung des Holzes ist maßgeblich an POCP beteiligt. An weiteren Wirkgrößen ist die Verglasung und das Aluminiumprofil überdurchschnittlich beteiligt. Weitere Aussagen sind, anteilig an der Masse des jeweiligen Werkstoffes, bei den Aluminium- und Holzfenstern nachzulesen und werden deshalb nicht wiederholt.

4.18 Heizsysteme

4.18.1 Übersicht

Betrachtet werden die folgenden Heizsysteme (Bezeichnung mit dem Wärmeerzeuger) [83]:
– System 1: Wandhängendes Brennwert-Gasheizgerät (BWG-W)
– System 2: Wandhängendes Gasheizgerät (NTG-W)
– System 3: Ölheizkessel (ÖHK)

System 1 stellt den momentan neuesten Stand für konventionelle Heiztechnik dar. Ein Brennwertgerät nutzt im Gegensatz zu den konventionellen Wärmeerzeugern auch die Wärme, die bei der Abkühlung der Abgase unter deren Taupunkt gewonnen werden kann. Somit wird zusätzlich auch die Kondensationswärme des im Abgas enthaltenen Wasserdampfs, der bei der Verbrennung von wasserstoffhaltigen Brennstoffen entsteht, durch Kondensieren für das Heizsystem genutzt. System 2 und 3 entsprechen dem aktuellen Standard. In System 2 ist ein Niedertemperatur-Gasheizgerät in wandhängender Bauart als Wärmeerzeuger eingebunden. Bei System 3 ist der Wärmeerzeuger ein Ölheizkessel, versehen mit einem Gebläsebrenner für den Brennstoff Heizöl EL. Eine Betrachtung älterer Systeme wurde nicht durchgeführt.

4.18.2 Datenerhebung

Durchführung:	Betriebe der Haustechnikindustrie
Erhebungsart:	Datenerhebungsbögen und Auswertung durch PE Product-Engineering
Bezugsjahr:	1995
Repräsentativität:	Betriebe mit hohem Marktanteil, repräsentative Technologien
Datenqualität:	gut

4.18.3 Spezifische Randbedingungen

Die Werkstoffbilanzen wurden der Software-Datenbank GaBi entnommen. Vereinzelte Daten von Werkstoffen, die nicht in der Datenbank hinterlegt sind, wurden aus Literatur und Patentschriften abgeschätzt. Es wurden alle Transporte der Herstellung der Werkstoffe und der Bereitstellung von Energie berücksichtigt.

Die Daten der Energiebereitstellung sind äquivalent zu den anderen Baustoffprofilen der Software GaBi Datenbank entnommen und je Herstellungsprozeß spezifisch berücksichtigt. Die Herstellung der Infrastruktur befindet sich außerhalb der Bilanzgrenze.

Bei der Herstellung wurden keine Verarbeitungsverluste berücksichtigt. Es wurden somit die real im Gerät vorhandenen Werkstoffanteile erfaßt. Ausgangsbasis für die Ergebnisse der gemittelten Geräte waren gemittelte Werkstoffzusammensetzungen. Gerätekomponenten und Bauteilen, die einer Geheimhaltung unterliegen, wurden zusätzlich mit Literaturdaten aus verschiedenen Quellen gemittelt.

Die Mittelung erfolgte aus Funktionskomponenten der einzelnen Gerätetypen von mindestens drei Herstellern. Es wurden hierzu sich gleichende Gerätetypen mit ähnlichen Leistungsdaten herangezogen.

Als Abschneidekriterium gilt 1% der Summe der Masse pro Komponente bei großen Komponenten. Bei als umweltlich kritisch bekannten Werkstoffen (siehe umweltliche Relevanz) wurden auch kleinere Anteile, ab 6 g Masse, in die Betrachtung einbezogen.

Waren nur von einem oder zwei Herstellern Gerätedaten verfügbar, erfolgte eine Mittelung unter Zuhilfenahme verschiedener Literaturdaten.

Elektronik, d.h. elektronische Bauteile und Leiterplatten wurden nur massenseitig erfaßt. Zum Zeitpunkt der Betrachtung lagen keine gesicherten Bilanzierungsdaten über die Herstellung vor.

4.18.4 Sachbilanz

Tabelle 17: Systeminventare Heizsysteme, Auflistung Heizsystemkomponenten

System 1 (BWG-W)	System 2 (NTG-W)	System 3 (ÖHK)
wandhängendes Brennwertgerät	wandhängendes Gasheizgerät	Ölheizkessel
Standardspeicher (200 l)	Standardspeicher (200 l)	Standardspeicher (200 l)
Heizkreisverteilung	Heizkreisverteilung	Heizkreisverteilung
Kamin (1 m Edelstahlrohr)	Kamin (1 m Edelstahlrohr)	Kamin (8 m Edelstahlrohr)
		Heizungspumpe
		Speicherladepumpe
Heizkörper (500 kg)	Heizkörper (300 kg)	Heizkörper (300 kg)
		Öltank
		Ausdehnungsgefäß

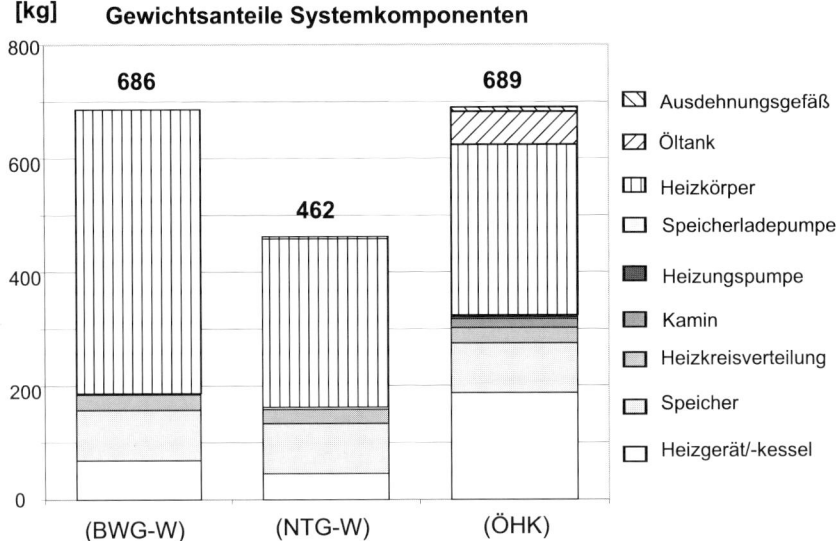

Abbildung 48: Inventare der betrachteten Heizsysteme, Heizsystemkomponenten

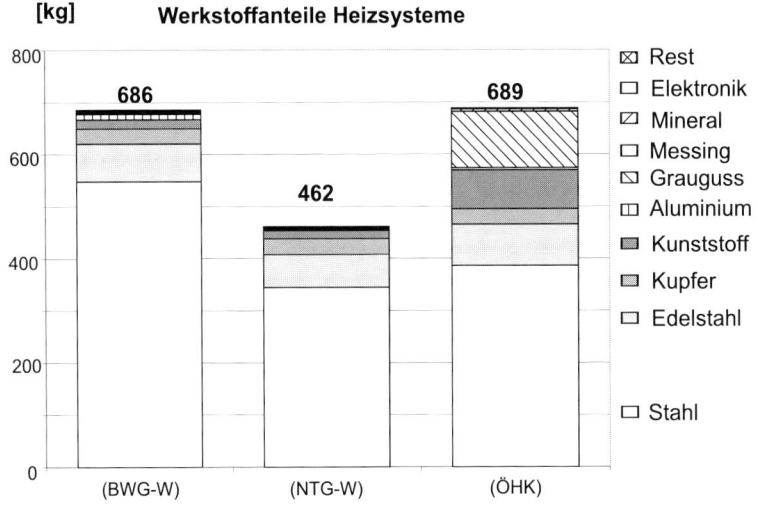

Abbildung 49: Werkstoffanteile der betrachteten Heizsysteme

Abbildung 48 zeigt die Massenanteile der verschiedenen Heizsystemkomponenten. Das Brennwertsystem erfordert ca. 40% größere Heizkörperflächen, da mit geringeren Systemtemperaturen gearbeitet wird.

Auch der Warmwasserspeicher für die Brauchwassererwärmung ebenso wie die Wärmeerzeuger stellen einen großen Anteil. Bei den Wärmeerzeugern wiegt der Ölheizkessel mehr als das doppelte wie die wandhängenden Heizgeräte.

Die Abbildung 49 zeigt die Verteilung der Werkstoffe in den Heizsystemen. Stahl hat den größten Anteil. Verantwortlich sind dafür hauptsächlich die Heizkörper, die fast ausschließlich aus Stahlblech bestehen und von allen Systemkomponenten den größten Massenanteil haben.

Bei Heizsystem 1 machen die Heizkörper beispielsweise ca. 73% der gesamten Masse aus. Der größte Anteil des Edelstahls ist in Form von Edelstahlblech in den Warmwasserspeichern verbaut.

Der Graugußanteil in Heizsystem 3 ist hauptsächlich auf den Anteil des Gußkessels im Ölheizkessel zurückzuführen. Die Kupferverrohrung der Heizkreisverteilung stellt den Hauptanteil des Kupfers.

4.18.5 Systemprofil Heizsysteme

Nachfolgend sind die Ergebnisse der Bilanzierung der Herstellung der Heizsysteme dargestellt. Nicht enthalten sind die Transporte vom Hersteller zum Kunden. Je nach Hersteller gibt es individuelle Vertriebsarten.

Zwischen 40% und 60% des Energiebedarfs an nicht erneuerbaren Primärenergieträgern wird durch die Bereitstellung des Materials Stahl und Edelstahl benötigt. Der Stahl stellt (s.o.) massenmässig den bedeutendsten Materialanteil am Heizsystem dar. Der Energieverbrauch korreliert in diesem Fall mit der Masse der Geräte.

Taubes Gestein, Kupfererz und Eisenerz stellen neben dem Wasser die Hauptmassen des stofflichen Ressourcenverbrauches.

Der Treibhauseffekt ist hier eine vom Energiebedarf dominierte Wirkungsgröße, da prozeßtechnisch Emissionen wie Lachgas oder Methan nicht von übergeordnetem Einfluß sind.

Emissionen, die zu einem direkten Ozonabbaupotential beitragen, werden im Zusammenhang der Herstellung der Heizsysteme nicht frei. Das Versauerungspotential wird stark durch den Edelstahlbedarf dominiert, was auch für die Eutrophierung gilt.

Bei den Abfällen fällt ein relativ geringes Aufkommen an Hausmüll auf. Die Abraummengen und die Erzaufbereitungsrückstände sind auf den Erzabbau und -veredelung sowie die Energieträgerbereitstellung zurückzuführen.

Systemprofil Heizsysteme

Auswertung Primärenergie (PE)	BWG [MJ/Stk]	NTG [MJ/Stk]	ÖHK [MJ/Stk]
Primärenergie n. erneuerbar	30950	20792	35867
Primärenergie Wasserkraft	1600	1148	1497

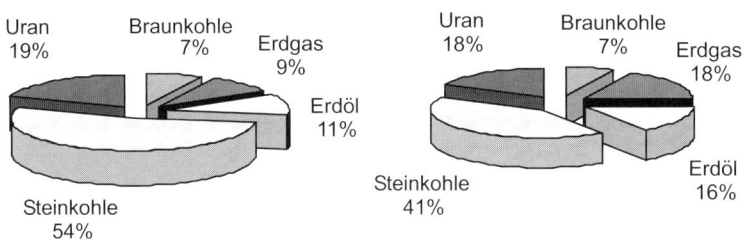

BWG-W und NTG-W

Uran 19% Braunkohle 7% Erdgas 9% Erdöl 11% Steinkohle 54%

ÖHK

Uran 18% Braunkohle 7% Erdgas 18% Erdöl 16% Steinkohle 41%

Stoffliche Ressourcen	BWG [kg/Stk]	NTG [kg/Stk]	ÖHK [kg/Stk]
Bauxit	41,9	7,5	16,6
Chromerz	35,9	31,3	40,3
Eisenerz	919,6	599,6	684,4
Kalkstein	227,8	158,1	194,4
Kupfererz	2320	2441	3243
Natriumchlorid	110,5	95,1	119,3
Nickelerz	11,9	10,4	26,6
Taibes gestein	5692	3861	5659
Zinkerz	19,0	17,1	49,6
Wasser	74,2	47,8	81,0

Wirkungsabschätzung		BWG	NTG	ÖHK
Treibhauspotential (GWP)	CO_2-Äq.	2735	1825	2770
Ozonabbaupotential (ODP)	R11-Äq.	0,0	0,0	0,0
Versauerungspotential (AP)	SO_2-Äq.	53,1	47,3	57,5
Eutrophierungspotential (NP)	PO_4-Äq.	0,50	0,34	0,57
Photooxidantienpot. (POCP)	C_2H_4-Äq.	0,35	0,25	0,84

Abfälle	BWG	NTG	ÖHK
Abraum	5439	3796	6359
Erzaufbereitungsrückstände	3390	3128	3625
Hausmüll	92,3	68,3	102,1
Sondermüll	3,60	2,32	3,25

4.19 Baustellenprozesse

Nach allgemeiner Einschätzung spielen Baustellenprozesse bei einer Bilanzierung über den gesamten Lebenszyklus nur eine untergeordnete Rolle. Es wurde der Frage nachgegangen, inwieweit bzw. welche Umwelteinwirkungen, verursacht durch die Bauwerksherstellung, in Bezug auf den ganzen Lebenszyklus als relevant anzusehen sind [86]. Gegenstand der Untersuchung waren der Bau einer Kinderklinik in Tübingen sowie ein Erweiterungsbau der Fachhochschule Druck in Stuttgart. Die Untersuchungen der Bauphase wurden auf die Rohbaumaßnahmen beschränkt. Abbildung 50 zeigt eine Luftaufnahme der Kinderklinik.

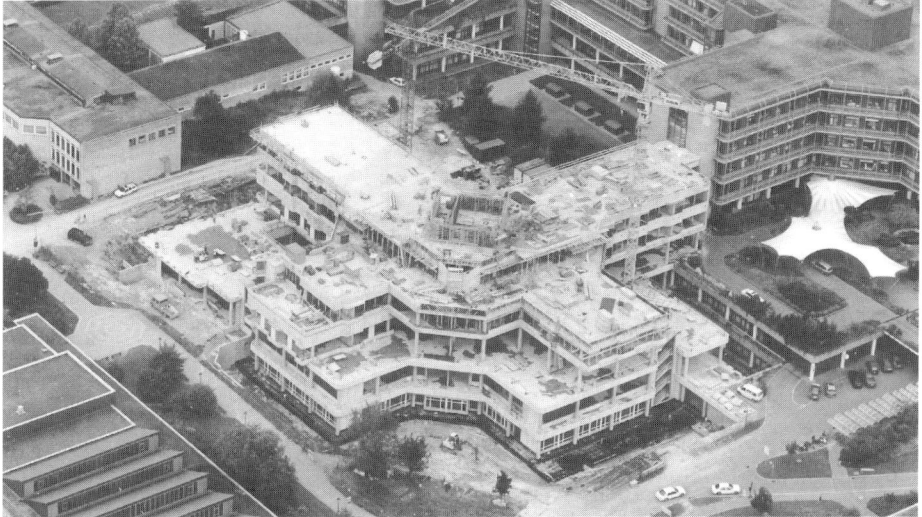

Abbildung 50: Baustelle Kinderklinik in Tübingen (Luftbild: Manfred Grohe)

Die folgenden Abbildungen geben einen Überblick über die Anteile der Baustellenprozesse, der Baustoffherstellung sowie der Nutzungsphase am Treibhauspotential, dem Versauerungspotential und dem Eutrophierungspotential. Die hier dargestellten Ergebnisse sind als Abschätzung zu verstehen. Für die Nutzungsphase wurde ein Zeitraum von 80 Jahren zugrunde gelegt. Betrachtet wurde dabei ausschließlich der Wärme- bzw. Kältebedarf. Ebenfalls dargestellt wurde das Verhältnis Baustellenprozesse zu Baustoffherstellung.

Die Anteile des Baustellenbetriebs variieren von 1% des GWP bei der Kinderklinik bis hin zu 20% beim Versauerungspotential im Falle der FH-Druck.

Die wichtigsten Einflußfaktoren bei den Baustellenprozessen bildeten die Transporte der Baustoffe zur Baustelle sowie der Transport des Aushubs. Der Stromverbrauch stand, mit dem Kran als Hauptverursacher, an zweiter Stelle. Der Dieselverbrauch sowie die daraus resultierenden Emissionen spielten bei den betrachteten Baustellen nur eine untergeordnete Rolle. Die hier dargestellten Ergebnisse variieren von Bauvorhaben zu Bauvorhaben. Dies gilt sicherlich für reine Wohngebäude insbesondere bei kleineren Wohneinheiten.

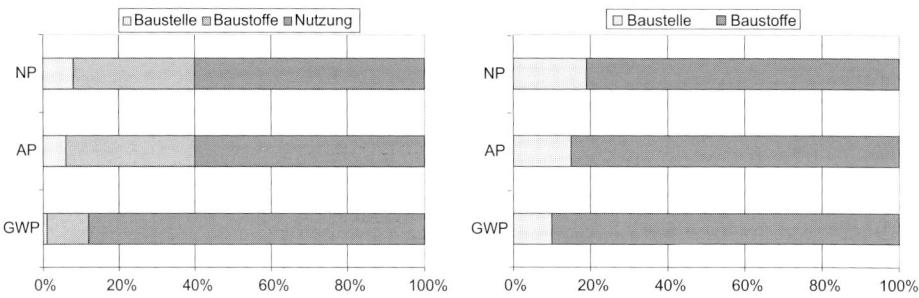

Abbildung 51: Anteile Baustelle, Baustoffe, Nutzung an GWP, AP und NP (Kinderklinik)

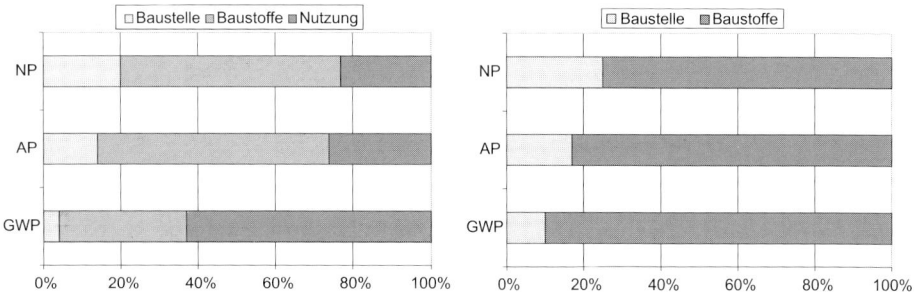

Abbildung 52: Anteile Baustelle, Baustoffe, Nutzung an GWP, AP und NP (FH-Druck)

Die Hauptlasten von Bauprozessen stammen aus Strom- und Dieselverbräuchen auf den Baustellen. Die Zuordnung dieser Verbräuche zu einzelnen Prozeßschritten gestaltet sich schwierig. Dies gilt insbesondere bei Aufwandsangaben für die Herstellung von Bauteilen.

Geht man jedoch nicht von realen Verbräuchen auf der Baustelle aus sondern von einer Bilanzierung im Vorfeld, so liefern Aufwandsangaben wie Einsatzzeiten und Leistungsangaben hinreichende Ergebnisse für Abschätzungen im Vorfeld. Hier steigt sicherlich die Qualität der Aussagen mit steigender Information über das Bauvorhaben.

Gesondert zu betrachten sind Prozesse mit speziellen Prozeßemissionen wie z.B. Lösungsmittel bei Farben oder Emissionen bei Schweißen von Bitumenbahnen. Im folgenden sind verschiedene im Rahmen des Forschungsvorhabens verwendeten Baustellenprozesse dargestellt.

4.19.1 Schalung

Basis für die Bilanz bildete eine Rahmenschalung nach [87, 88]. Die Herstellung der Schalung wurde nicht betrachtet. Es handelt sich somit um eine Abschätzung bei der die Materialien der Schalung die Basis der Berechnung bildeten.

Berücksichtigt wurden der Schalungsträger, die Schalhaut sowie diverse Kleinteile wie z.B. Richtstützen und Schlösser, Spannanker, Mutterplatte, Ausleger, etc. Ebenso wurden Annahmen für das Gerüst getroffen.

Die Bezugseinheit ist 1 m² Wandschalung. Für die Schalung wurden 150 Einsätze angenommen.

Profil Rahmenschalung (Wand)		
Auswertung Primärenergie (PE)		**[MJ/m²]**
Primärenergie n. erneuerbar		41
Primärenergie Wasserkraft		0,5
Wirkungsabschätzung		**[kg/m²]**
Treibhauspotential (GWP)	CO_2-Äq.	4,1
Ozonabbaupotential (ODP)	R11-Äq.	0,0
Versauerungspotential (AP)	SO_2-Äq.	0,006
Eutrophierungspotential (NP)	PO_4-Äq.	0,001
Photooxidantienpot. (POCP)	C_2H_4-Äq.	0,001

Dies betrifft den Schalungsträger und die Kleinteile. Für die Schalhaut (nordisches Nadelholz, 11fach verleimt) wurden 25 Einsätze zugrunde gelegt.

Die hier dargestellten Ergebnisse müssen als Abschätzung gesehen werden, da diese in Abhängigkeit von Schalungstyp, Anzahl der Einsätze, Gebäudegeometrie, etc. stark variieren.

4.19.2 Betonieren mit Betonpumpe

Die Grundlage des Profils bilden der Dieselverbrauch nach [86] sowie die dabei entstehenden Emissionen [89]. Der Dieselverbrauch schwankt je nach Konsistenz und Größtkorn des Betons. Ebenso ist die Förderhöhe und Förderweite zu berücksichtigen.

Es wurde mit einem durchschnittlichen Dieselverbrauch von 0,33 kg/m³ gerechnet.

Für den Prozeßschritt Betonieren ist ein Stromverbrauch von 0,8 kWh je m³ Beton zu berücksichtigen [90]. Die Bezugseinheit ist 1 m³ Beton. Der Antransport der Betonpumpe wurde nicht berücksichtigt.

Die Basis zur Ermittlung von Umweltlasten von Baumaschinen bildete der Synthesebericht des Bundesamtes für Umwelt, Wald und Landschaft (BUWAL) „Schadstoffemissionen und Treibstoffverbrauch von Baumaschinen" [89].

Im Einzelfall muß bei Baumaschinen in Bezug auf Verbräuche und Emissionen von großen Streuungen ausgegangen werden. Gründe hierfür sind unterschiedliche Einsatzbereiche und Arbeitsverhältnisse, unterschiedliche Wartungszustände der Maschinen sowie unterschiedliche Geschicklichkeit der Maschinenführer.

Profil Betonieren		
Auswertung Primärenergie (PE)		**[MJ/m³]**
Primärenergie n. erneuerbar		25
Primärenergie Wasserkraft		0,2
Wirkungsabschätzung		**[kg/m³]**
Treibhauspotential (GWP)	CO_2-Äq.	15,5
Ozonabbaupotential (ODP)	R11-Äq.	0,0
Versauerungspotential (AP)	SO_2-Äq.	0,012
Eutrophierungspotential (NP)	PO_4-Äq.	0,002
Photooxidantienpot. (POCP)	C_2H_4-Äq.	0,001

4.19.3 Durchschnittsbaumaschine

Zur Abschätzung unbekannter Baumaschinen wie Radlader oder Bagger wurde untenstehendes Profil verwendet. Basis der Abschätzung bildet der Dieselverbrauch der Baumaschine für den mittlere Emissionsfaktoren ermittelt worden sind werden [89]. Die Bezugseinheit des Profils ist 1 l Diesel. Das Profil gibt die Umweltrelevanz des Verbrauchs von 1 l Diesel wieder. Nach [89] sind die im Rahmen dieser Studie herangezogenen Messungen sinnvolle Durchschnittsangaben. Bei der Bilanzierung der Beispielgebäude wurden im Rahmen der Bauprozesse ein Hydraulikbagger und Minibagger explizit betrachtet. Dabei wurden zusätzlich zur Leistung und des Löffelinhalts weitere Einflußfaktoren wie Bodenart, Spielzahl, Füllfaktor etc. berücksichtigt [91].

Profil Durchschnittsbaumaschine		
Auswertung Primärenergie (PE)		**[MJ/m³]**
Primärenergie n. erneuerbar		38
Primärenergie Wasserkraft		0,01
Wirkungsabschätzung		**[kg/m³]**
Treibhauspotential (GWP)	CO_2-Äq.	3,0
Ozonabbaupotential (ODP)	R11-Äq.	0,0
Versauerungspotential (AP)	SO_2-Äq.	0,035
Eutrophierungspotential (NP)	PO_4-Äq.	0,006
Photooxidantienpot. (POCP)	C_2H_4-Äq.	0,005

4.19.4 Minibagger

Gewicht: 2,3 t
Leistung: 15 kW
Tieflöffel: 0,1 m^3
Dieselverbrauch: 0,270 kg/kWh
Bezugseinheit: 1 m^3 Boden

Die betrachteten Böden entsprechen jeweils mitteldichten Böden der Bodenklassen 1, 2 und 3.

Profil Minibagger		
Auswertung Primärenergie (PE)		**[MJ/m^3]**
Primärenergie n. erneuerbar		16,6
Primärenergie Wasserkraft		0,005
Wirkungsabschätzung		**[kg/m^3]**
Treibhauspotential (GWP)	CO$_2$-Äq.	1,34
Ozonabbaupotential (ODP)	R11-Äq.	0,0
Versauerungspotential (AP)	SO$_2$-Äq.	0,016
Eutrophierungspotential (NP)	PO$_4$-Äq.	0,003
Photooxidantienpot. (POCP)	C$_2$H$_4$-Äq.	0,003

4.19.5 Hydraulikbagger

Gewicht: 20 t
Leistung: 100 kW
Tieflöffel: 1,3 m^3
Dieselverbrauch: 0,263 kg/kWh
Bezugseinheit: 1 m^3 Boden

Die betrachteten Böden entsprechen jeweils mitteldichten Böden der Bodenklassen 1, 2 und 3.

Profil Hydraulikbagger		
Auswertung Primärenergie (PE)		**[MJ/m^3]**
Primärenergie n. erneuerbar		6,8
Primärenergie Wasserkraft		0,002
Wirkungsabschätzung		**[kg/m^3]**
Treibhauspotential (GWP)	CO$_2$-Äq.	0,54
Ozonabbaupotential (ODP)	R11-Äq.	0,0
Versauerungspotential (AP)	SO$_2$-Äq.	0,007
Eutrophierungspotential (NP)	PO$_4$-Äq.	0,001
Photooxidantienpot. (POCP)	C$_2$H$_4$-Äq.	0,001

4.20 Nutzungsphasenprozesse

Die umweltliche Relevanz der Nutzungsphase von Gebäuden stellt sich, neben der Wartung oder dem Austausch von Bauteilen, hauptsächlich über den Verbrauch an Strom für Haus(-halts)geräte und die Haustechnik dar.

4.20.1 Heizsystembetrieb

Somit ist die thermische Nutzungsphase, für die ausschließlich die Haustechnik verantwortlich ist, beschränkt auf das Bereitstellen eines angestrebten Raumklimas sowie der Brauchwasserbereitstellung. Detaillierte Informationen und Randbedingungen zur Nutzungsphase sind in Kapitel 5.3 zu finden.

Um die thermische Nutzungsphase abbilden zu können, sind drei unterschiedliche Heizsysteme bezüglich ihrer Umweltrelevanz durch den Betrieb untersucht worden. In Kapitel 4.18 sind diese Geräte bereits bezüglich deren Herstellung über ein umweltliches Profil charakterisiert worden.

Bilanzobjekt:	Betrieb des Heizsystems
Bezugseinheit:	1 kWh zu deckender Heizenergiebedarf (Endenergie im Haus)
Systemgrenzen:	Input: Ressourcen, Output: Abgaskanal

Die im Profil errechneten Werte reflektieren den Energiebedarf und die durch die Emissionen des Heizsystems verursachten potentiellen Umweltwirkungen je kWh Heizenergiebedarf eines Gebäudes. Gegenüber dem Ölheizkessel zeigt sich das Brennwertgerät um ca. 22% energieeffizienter.

Das Niedertemperatur-Gasheizgerät (NTG-W) nimmt pro kWh Heizenergiebedarf eine Zwischenstellung ein. Die aufwendigere Technik des Brennwertgerätes (BWG-W) macht sich an einem gegenüber dem Niedertemperatur-Gasheizgerät (NTG-W) höheren Hilfsenergiebedarf in Form von Strom deutlich. Die Situation des Energiebedarfs spiegelt sich im Treibhauspotential wieder.

Im Falle der Versauerung wird die unterschiedliche Brennstoffart deutlich. Der Brennstoff Heizöl EL mit 0,2% Schwefelgehalt hat damit deutlich mehr Schwefel als das Erdgas. Dieser wird während der Verbrennung zu SO_2 konvertiert und äußert sich in dementsprechenden Emissionen.

Auch beim Photooxidantienpotential äußert sich die emissionsärmere Vorkette der Brennstoffbereitstellung der gasgefeuerten Geräte. Organische Emissionen (wie NMVOC, oder andere Kohlenwasserstoffe) sind für das Photoxidantienpotential maßgeblich verantwortlich.

Systemprofil Heizsysteme

Auswertung Primärenergie (PE)	BWG [MJ/kWh]	NTG [MJ/kWh]	ÖHK [MJ/kWh]
Primärenergie n. erneuerbar	4,0	4,6	5,1
Primärenergie Wasserkraft	0,006	0,005	0,009

Brennwertgerät BWG-W

91,8%

8,2%

■ PE durch Brennstoffverbrauch
□ PE durch Hilfsenergiebedarf (Strom)

Niedertemperaturgasgerät NTG-W

93,8%

6,2%

Ölheizkesssel ÖHK

90,2%

9,8%

Wirkungsabschätzung		BWG [g/kWh]	NTG [g/kWh]	ÖHK [g/kWh]
Treibhauspotential (GWP)	CO_2-Äq.	228	259	372
Ozonabbaupotential (ODP)	R11-Äq.	0,0	0,0	0,0
Versauerungspotential (AP)	SO_2-Äq.	0,100	0,119	0,616
Eutrophierungspotential (NP)	PO_4-Äq.	0,011	0,014	0,103
Photooxidantienpot. (POCP)	C_2H_4-Äq.	0,051	0,059	0,369

In Abbildung 53 ist eine Näherung für den spezifischen Verbrauch an Primärenergie aus Ressourcen pro kWh verbrauchte Heizwärme in Abhängigkeit des Jahresheizwärmebedarfs und der jeweiligen Geräte dargestellt.

Die aufgetragenen Kurven zeigen den Gesamtwirkungsgrad der Heizsysteme. Das Brennwertgerät (BWG-W) hat den geringsten spezifischen Verbrauch, der Ölheizkessel (ÖHK) den größten. Entsprechend hat das Brennwertgerät den besten, der Ölheizkessel den schlechtesten Gesamtwirkungsgrad.

Die Geraden sind eine Näherung, da der spezifische Verbrauch bei der verwendeten Systemmodellierung nicht null werden kann.

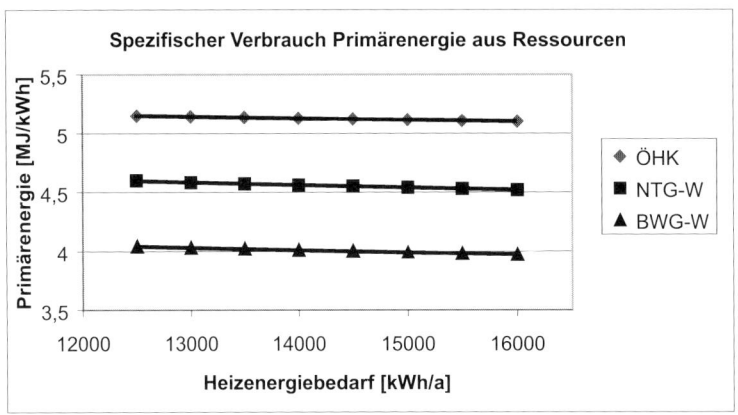

Abbildung 53: Spezifischer Verbrauch der Primärenergie

Entsprechend dem jeweiligen Energieinhalt der Annahme einer 100%igen Konvertierung der Energie des Brennstoffes und einen Heizenergiebedarf gegen sehr große Werte, liegt eine waagerechte Asymptote bei 3,6 MJ/kWh.

Sowohl die Heizungsregelung wie auch die als konstant angenommene Laufzeit der Heizungspumpe verursachen einen Grundverbrauch an Strom.

Der Gesamtwirkungsgrad der Heizsysteme nimmt mit sinkendem Jahresheizwärmebedarf des Gebäudes ab, entsprechend obiger Überlegungen. Der relative Anteil der (mit einem schlechteren Bereitstellungswirkungsgrad behafteten) Hilfsenergie Strom nimmt zu.

4.20.2 Hausgerätebetrieb

Je nach Gebäude, Größe, Anzahl der Räume, Anzahl der Nutzer und spezifischen Randbedingungen sind andere Verbräuche an Strom durch die elektrischen Geräte im Gebäude während der Nutzungsphase anzusetzen. Die umweltlich relevanten Interventionen durch die Bereitstellung einer kWh Strom respektive dessen Verbrauch in der Nutzung eines Gebäudes, ist im *Leitfaden zur Erstellung von Sachbilanzen in der Steine-Erden Industrie* [2] dokumentiert. Durchschnittliche Stromverbrauchswerte für Hausgeräte und Haushalte finden sich in [92].

4.21 Recycling (Aufbereitungssystem)

Ein Großteil der anfallenden Baurestmassen werden in Bauschuttaufbereitungsanlagen aufbereitet. Aus diesem Grund werden die Recyclingaufwendungen für Bauschutt im folgenden explizit aufgeführt. Detaillierte Informationen und Randbedingungen sind in Kapitel 5.4 zu finden. Grundlage der Datenbasis für die Bilanz bildete eine Datenerhebung bei 25 Aufbereitungsunternehmen mit einer Gesamtjahresproduktion im Jahr 1996 von 6,97 Mio. Tonnen. Dies entspricht ca. 15% der deutschen Gesamtproduktion.

Bilanzobjekt:	Bauschuttaufbereitung
Bezugseinheit:	1 Tonne Bauschutt (aufbereitet)
Systemgrenzen:	Input: Ressourcen,
	Output: Werkstor Aufbereitungsanlage

Profil Bauschuttaufbereitung

Auswertung Primärenergie (PE)	[MJ/t]
Primärenergie nicht erneuerbar	84,2
Primärenergie Wasserkraft	0,16

Anteile Energieträger nicht erneuerbar

Steinkohle 3%
Uran 7%
Braunkohle 2%
Erdgas 8%
Erdöl 80%

Stoffliche Ressourcen	[kg/t]
Bariterz und Bentonit	0,01
Taubes gestein	0,73
Kalkstein	0,01
Wasser	65,5

Wirkungsabschätzung		[kg/t]
Treibhauspotential (GWP)	CO_2-Äq.	5,9
Ozonabbaupotential (ODP)	R11-Äq.	0,0
Versauerungspotential (AP)	SO_2-Äq.	0,057
Eutrophierungspotential (NP)	PO_4-Äq.	0,009
Photooxidantienpotential (POCP)	C_2H_4-Äq.	0,008

Die erhobenen Daten stellen Mittelwerte für die Bauschuttaufbereitung in Deutschland dar. Es wurden sowohl stationäre als auch mobile Anlagen betrachtet. Der Flächenverbrauch sowie Lärm und Geruch wurden nicht erfaßt. Ebenso sind für weiterführende Bilanzen Transporte zum Kunden zu berücksichtigen. Emissionen in Luft wurden in den Aufbereitungsanlagen nicht gemessen. Auftretende Emissionen durch Radlader oder sonstige Transportmittel wurden mittels Emissionsfaktoren berechnet.

5 Methode zur Bilanzierung von Gebäuden

Die in Kapitel 4 erarbeiteten Baustoffprofile stellen die Grundlage der Applikation der weiterführenden Methode dar, die in diesem Kapitel beschrieben wird.

Ausgangspunkt der Überlegungen, die in eine neue methodische Vorgehensweise mündeten, ist die Tatsache, daß bei einem komplexen System wie einem Gebäude die Summation von Energien oder Massen der eingesetzten Baustoffe nicht zwingend Aussagen über die ökologische Charakterisierung zuläßt oder gar zu Fehlinterpretationen führen kann. Dies gilt insbesondere mit Blick auf die Anwendung der Lebensweganalyse von Herstellung über Nutzung und Recyclingpotentiale auf ein gesamtes Gebäude. Auf frei geschnittene, einzelne Bauteile oder Baustoffe sind Bilanzierungsmethoden bereits angewendet worden, was nicht zuletzt im Kapitel 4 dokumentiert ist. Der Übergang der Analyse von Bauprodukten über Bauteile auf das Gebäude stellt neue Anforderungen an die Modellbildung. Diese Anforderungen erwachsen aus dem Zusammenhang eines Übergangs einer singulären, isolierten Teilsystemcharakterisierung einzelner Bauprodukte zu einer pluralistischen, ein vielseitig beeinflußtes Gesamtsystem „Gebäude" beschreibenden Betrachtungsweise. Unter Bauprodukten werden in diesem Zusammenhang Materialien und Baustoffe verstanden, die isoliert oder im Verbund die Eigenschaften von Bauteilen, wie Wände oder Decken charakterisieren. Die Systemeigenschaften eines Gebäudes (als Gesamtheit der Bauteile) werden neben dem ökologischen Profil des Bauproduktes an sich nicht zuletzt durch das Zusammenwirken der Verbunde an Bauprodukten bestimmt.

Eine primäre Anforderung an die Methode ist der flexible Einsatz für unterschiedliche Problemstellungen. Zwingend nötig ist, mit Blick auf die Heterogenität eines Gebäudes und den nahezu unbegrenzten Permutationsmöglichkeiten an Baustoffen und Subsystemen, eine modulare Struktur der Methode.

5.1 Allgemeines und Zusammenhänge

Der Aufbau der Methode läßt sich in drei übergeordnete Hierarchieebenen unterteilen: Bauprodukt – Bauteil – Gebäude. Die verschiedenen Bauprodukte bauen somit die Bauteile auf. Technische Anforderungen und Randbedingungen von Konstruktionen lassen ein weites Feld an Möglichkeiten zu Kombinationen offen. So kann das Modell nicht nur bestehende Konstruktionen modellieren, sondern ist offen für neue Applikationen, Varianten und Konstruktionen. Diese Erweiterbarkeit bezieht sich auf die Anlage neuer Datensätze im Bereich Baustoffherstellung, sowie auf die Möglichkeit aus den Baustoffprofilen neue Bauteile zu definieren.

Die Abbildung 54 zeigt die unterschiedlichen Hierarchieebenen der Struktur, welche die flexible Performance der Methode unterstützt.

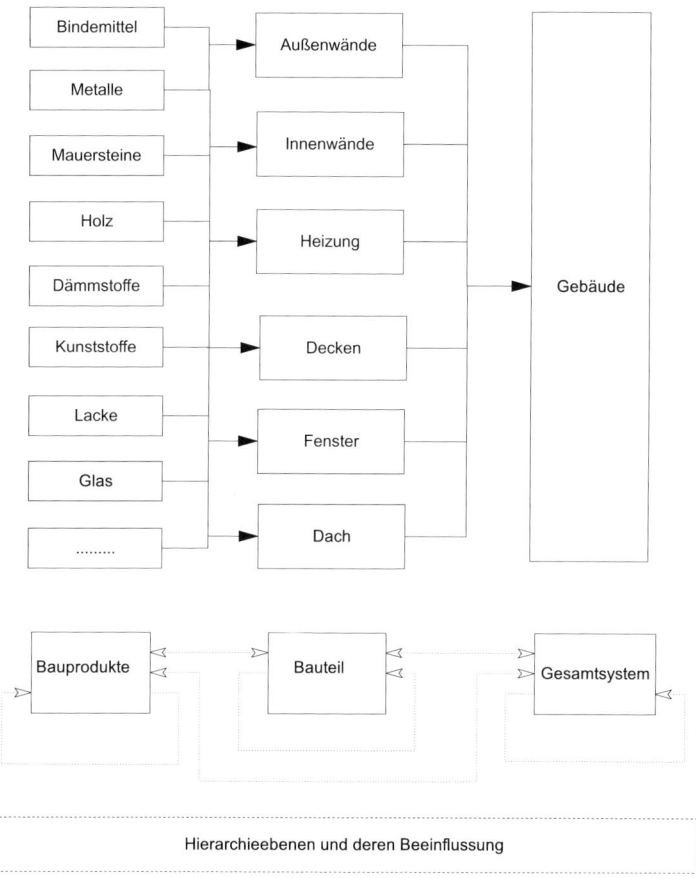

Abbildung 54: Hierarchie der Struktur und Informationsflüsse

Im unteren Teil der Abbildung 54 ist der Informationsfluß zwischen den verschiedenen Hierarchiestufen abgebildet. Interpretiert werden kann die Darstellung in der Weise, daß Rückkopplungen des ökologischen Profils des Gesamtgebäudes zwischen allen Ebenen der Informationsaggregation stattfinden. Der Baustoff beispielsweise hat Einfluß auf das ökologische Profil des Bauteils in dem er zum Einsatz kommt und beeinflußt somit auch das Gebäude. Die Anforderungen, die ein Gebäude an die Nutzung stellt, haben jedoch genauso Einfluß auf den Baustoff, da dieser gemäß der technischen Spezifikation eine gewisse Aufgabe (Statik, Energiefluß, ...) zu übernehmen hat. Würde der Baustoff diesen Anforderungen nicht gerecht, könnte die funktionelle Einheit nicht bereitgestellt werden. Somit beeinflussen diese Anforderungen des Systems über die Materialien das ökologische Profil.

Auch die Art, der Aufbau und das technische Pflichtenheft der Bauteile (z.B. Fenster) haben einen Einfluß auf das ökologische Profil des Gesamtgebäudes.

Rückkopplungen bestehen auch innerhalb einer Hierarchieebene. Ein Bauteil, wie z.B. eine Außenwand, kann verschiedene Aufwendungen in der Bauphase aufweisen. Somit können zwei gleiche Bauteile unterschiedliche Umweltrelevanz aufweisen. Dies gilt ebenso für verschiedene Herstellungsprozesse gleicher Materialien. Denkt man an vorausschauende Optimierungsansätze, kann das Gesamtsystem beeinflusst werden, wenn die Parameter der Randbedingungen, die bei der Betrachtung der Nutzungsphase hypothetischen Charakter haben, variiert werden. So ergeben sich für physikalisch gleiche Gebäude unterschiedliche ökologische Profile.

Werden gesamte Gebäude bilanziert, haben sich daher einige Aspekte als fundamental wichtig herausgestellt, um belastbare Ergebnisse bezüglich des gesamten Lebenszyklus zu erhalten.

Substantiellen Einfluß auf das Verhalten bzw. die Charakterisierung des Gesamtsystems haben besonders:

- **Zieldefinition und der Untersuchungsrahmen** (wer führt die Untersuchung durch und was soll erreicht werden). Da Ergebnisse von Ökobilanzen in hohem Maße von dem Ziel einer Untersuchung (zum Beispiel Schwachstellen analysieren, Optimierungsansätze identifizieren, bestimmte ökologische Aspekte beleuchten) abhängen, ist die Dokumentation als notwendige Basis der Arbeiten und der späteren Interpretation der Ergebnisse zu sehen.

  Beispiel: Die Zieldefinition ist, ein Gebäude bezüglich der treibhausrelevanten Emissionen über seinen Lebenszyklus zu optimieren. Der Untersuchungsrahmen umfaßt alle Prozesse der Herstellungskette, die zum gesamten Treibhauspotential mehr als 5% beitragen, sowie die Nutzung und das Recycling. Somit sind in diesem Zusammenhang nur Emissionen, die ein GWP aufweisen von Interesse. Der Untersuchungsrahmen kann sich auf Prozesse und Prozeßteilketten konzentrieren, die das Treibhauspotential signifikant beeinflussen (z.B. Erdöl/Erdgasexploration, Transporte, Energiekonversionen, thermische Prozesse), wohl wissentlich, daß so anderweitig umweltrelevante Prozesse vernachlässigt werden (können). Aggregationen bzw. Gewichtungen von Umweltpotentialen, sind aufgrund der isolierten Betrachtung von GWP nicht nötig. Es können jedoch auch keine Aussagen über die umweltliche Relevanz der Maßnahme aus diesen Ergebnissen abgeleitet werden. Änderungen des Untersuchungsrahmens (alle treibhausgasausstoßenden Prozesse werden betrachtet) kann Einfluß auf das Ergebnis haben, ist jedoch nicht zwingend. Soll generell die umweltliche Relevanz eines Gebäudes untersucht bzw. optimiert werden (alle umweltlichen Wirkungskategorien müssen berücksichtigt werden), orientiert sich die Analyse nicht mehr nur an einer Wirkungskategorie. Das Ergebnis respektive das Optimum kann sich daher signifikant anders darstellen.

- **Wahl der funktionellen Einheit** (was soll in welchem Umfang und Qualität bereitgestellt werden). Die funktionelle Einheit bei der Betrachtung von Gebäuden wird unterschiedlich definiert. Hierbei geht es nicht unbedingt um richtige und falsche funktionelle Einheiten, als vielmehr um sinnvolle und weniger sinnvolle. Es werden z.B. Flächeneinheiten eines Wohnraums, Flächeneinheiten pro Bewohner, Anzahl der Bewohner, Gebäudevolumen oder Nutzfläche herangezogen. Werden Vergleiche auf Gebäudeebene durchgeführt, ist der Vergleich des Gesamtsystems, d.h. vergleichbarer Gebäude sinnvoll, was heißt, daß die funktionelle Einheit *ein* Gebäude eines bestimmten Typus (z.B. Einfamilienhaus) einer vergleichbaren Größe ist. Dies heißt nicht, daß Vergleiche von Bauteilen unmöglich sind. Doch da es bei Vergleichen auf Bauteilebene notwendig ist, vergleichbare Einheiten zu definieren, ist beim Freischneiden der Bauteile die Substituierbarkeit der Komponenten Voraussetzung und die Verifikation der Ergebnisse mit Blick auf das Gesamtgebäude wichtig.

- **Übergreifende Beeinflussungen der Subsysteme Wand-Keller-Decke-Dach-Heizungssystem-Fenster (Rückkopplungen).** Dieser Punkt untermauert die Forderung einer Verifikation der Ergebnisse am Gesamtgebäude. Haben beispielsweise zwei Subsysteme der Gebäudehülle sehr unterschiedliche k-Werte, kann erst eine Analyse des Gesamtsystems ermitteln, welche Maßnahme (weitere Reduzierung des Bauteils mit besserem k-Wert, Konzentrierung auf die Optimierung des Bauteils mit schlechterem k-Wert oder keine Maßnahme im Bereich der k-Wert-Verbesserung sondern Wahl eines effektiveren Heizsystems) die effektivere ist.

- **Betrachtungszeitraum** (welcher Zeithorizont wird angesetzt). Gebäude können durchaus eine Lebensdauer von 100 Jahren oder mehr aufweisen. Dies setzt voraus, daß die technischen Voraussetzungen der Substanz genutzt werden können. Jedoch zu beachten ist, daß Subsysteme (z.B. Fenster, Dach) diesen Zeitraum nicht ohne Wartung bzw. Austausch überstehen können. Des weiteren ist zu beachten, daß der absolute Zeitraum der Nutzungsphase im voraus nicht mit Sicherheit bestimmt werden kann, da andere Aspekte (z.B. kommunale Raumordnung, Besitzerwechsel, Umnutzung) die technisch mögliche Nutzungsdauer verkürzen können. Da somit keine definitiven Aussagen über die reale Nutzungszeit gemacht werden können, sind Szenarien und deren Einfluß auf das Gesamtergebnis nötig. Annahmen, die lediglich *ein* maximales Zeitintervall zugrunde legen, sind daher zu indifferent. Werden nachbetrachtende Analysen durchgeführt (konkretes Gebäude, welches die Nutzungsphase schon hinter sich hat), kann ein Zeitintervall ausreichend sein, da Angaben zur tatsächlichen Nutzungsdauer vorliegen. Auch die Verrechnung der über den Lebenszyklus auftretenden Umwelteinflüsse, ist unter diesen Voraussetzungen möglich. Werden zukünftige Zeiträume (z.B. in der Planungsphase, in der die Nutzungsphase noch bevorsteht) analysiert, sind die umweltlichen Einflüsse als Potentiale zu verstehen und können nicht ohne weiteres mit schon entstandenen Umweltbeeinflussungen verrechnet werden.

Beispiel: Ein Gebäude verursacht durch die Herstellung der Baustoffe und die Bauphase x kg CO_2-Äquivalente an Treibhauspotential. In der Nutzungsphase werden durch Heizenergieverbrauch und entsprechender Energiebereitstellung y kg CO_2-Äquivalente freigesetzt. Durch Recycling, Wiederverwendung von Baustoffen oder thermischer Verwertung mit Energierückgewinnung ist es möglich, einen nicht unerheblichen Teil der verwendeten Baustoffe einer anderen Anwendung zukommen zu lassen oder deren gespeicherte Energie umzusetzen und anderen Lebenszyklen zuzuführen (z.B. in anderen Gebäuden zu verwenden) und somit z kg CO_2-Äquivalente einzusparen. Die Emissionen der Herstellung und der Nutzung können mit sehr guter Genauigkeit berechnet wer-

den. Nachnutzungsmaßnahmen und deren Einsparpotential sind hypotheti-
scher Natur (in ferner Zukunft abhängig von Nutzer, Politik, ...) und sind daher
als Potentiale separat auszuweisen bzw. nicht mit Herstellung und Nutzung zu
verrechnen (siehe auch Kapitel 5.4).

Grundlage einer Charakterisierung eines Gebäudes ist die Analyse der Beeinflussungen und Rückkopplungen im System. Die Kenntnis der sensitiven Elemente innerhalb des Systems ist Voraussetzung für eine effektive Interpretation
der Ergebnisse. Das ökologische Profil eines Gebäudes wird über ca. 400 Input-
und Outputflüsse (Masse- und Energieflüsse) beschrieben. Permutationen von
Prozeßketten (Ressourcen- und Energiebereitstellungsmodelle, Transportmodelle,
Nutzungseinflüsse, Recyclingmodelle) erhöhen die variierenden Parameter um
bis zu weitere 200. Abbildung 55 gibt einen grafischen Überblick der Situation.

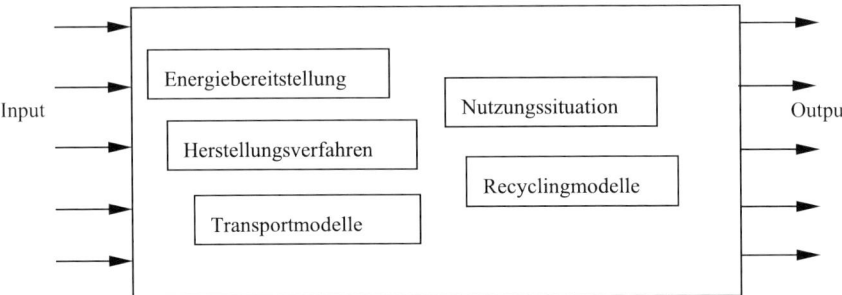

Abbildung 55: Variable Größen des ökologischen Profils von Gebäuden

Die Einflüsse, die letztendlich das ökologische Profil formen bzw. bestimmen,
rühren aus unterschiedlichen Phasen des Lebenszyklus her. Die Abbildung 56
zeigt schematisch eine Übersicht der verschiedenen Ebenen (Produkte, Materialien, Bauteile, Eigenschaften, Informationen, Prozesse, Lebensphasen), die das
ökologische Profil eines Gesamtsystems „Gebäude" beeinflussen.

Die verschiedenen Lebensphasen in der Bereitstellung von Wohn- oder Nutzfläche durch ein Gebäude lassen sich in die Herstellungs- und Bereitstellungsprozesse vor der eigentlichen Bauphase, die Bauphase, die Nutzung des Gebäudes
und die Nachnutzungsphase (Recycling, Verwertung, Entsorgung) unterteilen
(siehe Abbildung 56 unten). Die verschiedenen Phasen beeinflussen das ökologische Profil des Gebäudes, welches z.B. durch Ressourcenverbrauch, Energiebedarf, Emissionen, Abfälle und Flächenverbrauch beschrieben wird, in vielfältiger
Art und Weise und unterschiedlichen zeitlichen Horizonten. Die Herstellungsverfahren beeinflussen das ökologische Profil durch die in der Produktion von
Bauprodukten und Bauteilen verursachten umweltrelevanten Interventionen.
Dies sind z.B. Prozeßemissionen, Transportemissionen, Energieverbrauch, Ressourceneinsatz und Abfallaufkommen. Der Nutzen ist die Bereitstellung eines
(Bau-)Produktes, Bauteils oder einer Dienstleistung als benötigte Teileinheit zur
Erstellung und Nutzung eines Gebäudes.

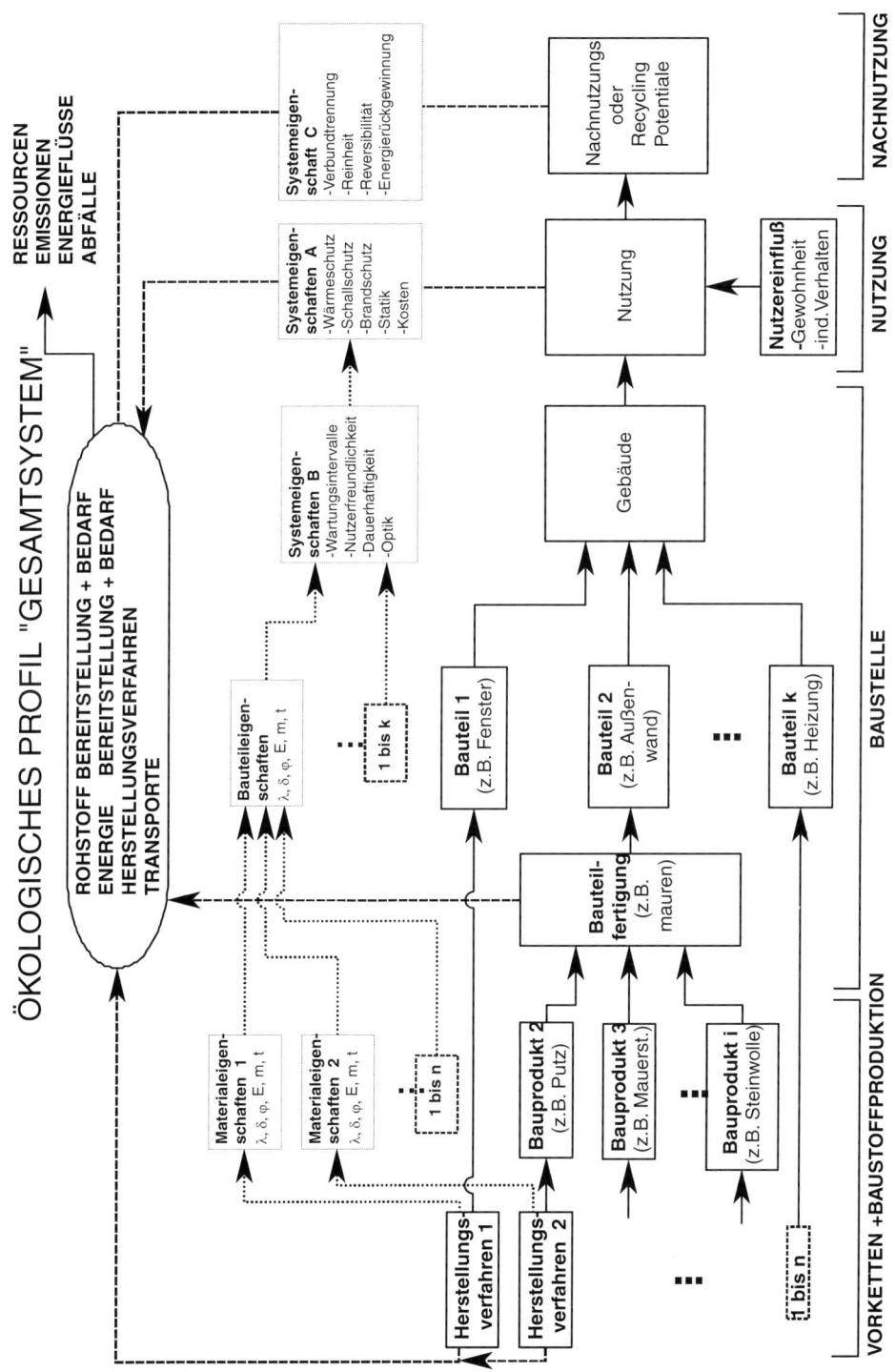

Abbildung 56: Einflüsse auf das ökologische Profil des Systems „Gebäude"

In der Herstellungsphase werden durch die Wahl des Verfahrens und der Materialien zugleich Materialeigenschaften oder Bauteileigenschaften (Wärmeleitfähigkeit, Masse, statische Größen, Kosten, Rohdichten u.ä.) festgelegt (siehe gestrichelte Kästen der Materialeigenschaften). Alle zur Errichtung eines Gebäudes nötigen Herstellungsverfahren von Bauprodukten und Bauteilen sind durch die linke Spalte (1 bis n) repräsentiert. Jedes produzierte Bauprodukt (1 bis n) ist über Materialeigenschaften charakterisiert. In der Bauphase werden die verschiedenen Bauprodukte (im Beispiel Mauersteine, Putz und Steinwolle,...) in einer Bauteilfertigung zusammengeführt und bilden so ein Bauteil (hier Außenwand). Auch die Bauphase hat direkten Einfluß auf das ökologische Profil des Gebäudes, da auf der Baustelle z.B. Energieverbräuche und Emissionen sowie Abfallmengen verursacht werden. Die Bauteileigenschaften sind abhängig von den verschiedenen Eigenschaften der verwendeten Bauprodukte bzw. Materialien oder deren Kombination (z.B. Statik des Mauerwerks und Dämmung der Steinwolle). Einige Bauteile (z.B. Fenster) sind als Einheit vorgefertigt worden und werden direkt montiert. Die Bauteileigenschaften werden somit bereits in der Herstellungsphase maßgeblich festgelegt. Die Methode führt die (fiktiv frei geschnittenen) Bauteile zu einem Gebäude zusammen. Die Systemeigenschaften (A; B; C) des Gebäudes werden wiederum durch die individuellen (1 bis k) Bauteileigenschaften bestimmt. Die Systemeigenschaften sind nicht streng unterteilt zu verstehen. Die Systemeigenschaften A werden überwiegend durch die Substanz des Gebäudes bestimmt, die Systemeigenschaften B beziehen sich auf die Nutzungssituation und die Systemeigenschaften C zielen auf die Recyclingfähigkeit und Nachnutzungseffektivität ab. Bei einer differenzierten Betrachtung der „Teilprozesse" Gebäude, Nutzung und Nachnutzung ist der übergreifende Charakter der meisten Eigenschaften zu beachten. Die Systemqualität charakterisiert die Systemeigenschaften während der Nutzungsphase. Zum Beispiel wird der Wärmeschutz erst in der Nutzungsphase von Bedeutung sein und ist so als Parameter der Systemqualität zu verstehen. Er ist jedoch fixiert über die Systemeigenschaft des Gebäudes nach der Bauteilfertigung und so abhängig von den Materialeigenschaften, die durch die jeweiligen Herstellungsprozesse festgelegt werden. Maßgeblichen Anteil am ökologischen Profil des Gebäudes haben die in der Nutzung auftretenden Effekte wie Transmissionswärmeverluste, Lüftungswärmeverluste und Wartungsintervalle. Bei diesen Größen hat der Nutzer direkten Einfluß auf das ökologische Profil des Gesamtgebäudes, d.h. über dessen Lebenszyklus. Der Nutzer hat z.B. Einfluß auf die Transmissionswärmeverluste über die Wahl der Innentemperatur, sowie auf die Lüftungswärmeverluste über die Luftwechselrate und auf die Wartungsintervalle (z.B. Fenster streichen, Fassade neu verputzen) und über seine individuelle und visuelle Empfindung. Ein Konzept einer ökologischen Bauweise hat dann Erfolg, wenn ein negativer Nutzereinfluß ausgeschaltet bzw. zumindest reduziert werden kann oder der Nutzer gut über Randbedingungen und Einflüsse seines Verhaltens informiert wird. Die Nutzungsphase des Gebäudes rekrutiert ihre Bedeutung aus der langen Nutzungszeit des Betrachtungsgegenstandes und weniger aus einer konzentrierten Belastung.

Die Nachnutzungsmaßnahmen schließen den Lebenszyklus des Gebäudes. Die Möglichkeiten einer sinnvollen Nachnutzung sind ebenfalls Systemeigenschaften. Voraussetzung für eine ökologische Nachnutzungsmaßnahme ist primär, daß die negativen Einflüsse des Mehraufwandes geringer sind als die zu erwartenden Folgen einer alternativen Nachnutzungsmaßnahme. Nachnutzungsmaßnahmen können z.B. sein: Deponierung, Verbrennung, stoffliches Recycling, chemisches Recycling, Wiederverwendung und Verwertung in produktfremden Lebenszyklen.

Die Ausführungen zu Abbildung 56 zeigen, daß ein Gebäude ein System aus unterschiedlichen Materialien und Baustoffen ist, aber wesentliche Systemeigenschaften erst auf Gebäudeebene zum Tragen kommen. Die Festlegung der Systemeigenschaften auf Gebäudeebene findet jedoch wiederum bei der Wahl, Herstellung und nicht zuletzt durch die Kombination der Materialien und Baustoffe weit vor der eigentlichen Bauphase statt. Somit werden wichtige Randbedingungen eines ökologischen Profils bereits in der Planungsphase und in den sogenannten Vorketten festgelegt. Optimierungsansätze müssen dieser Gegebenheit Rechnung tragen.

Wie vorher schon angesprochen, hat der Faktor Zeit einen nicht unerheblichen Einfluß auf die Ausprägung des ökologischen Profils. Die besondere Stellung der Nutzungsphase eines Gebäudes innerhalb dieser Fragestellung unterstreicht die Abbildung 57.

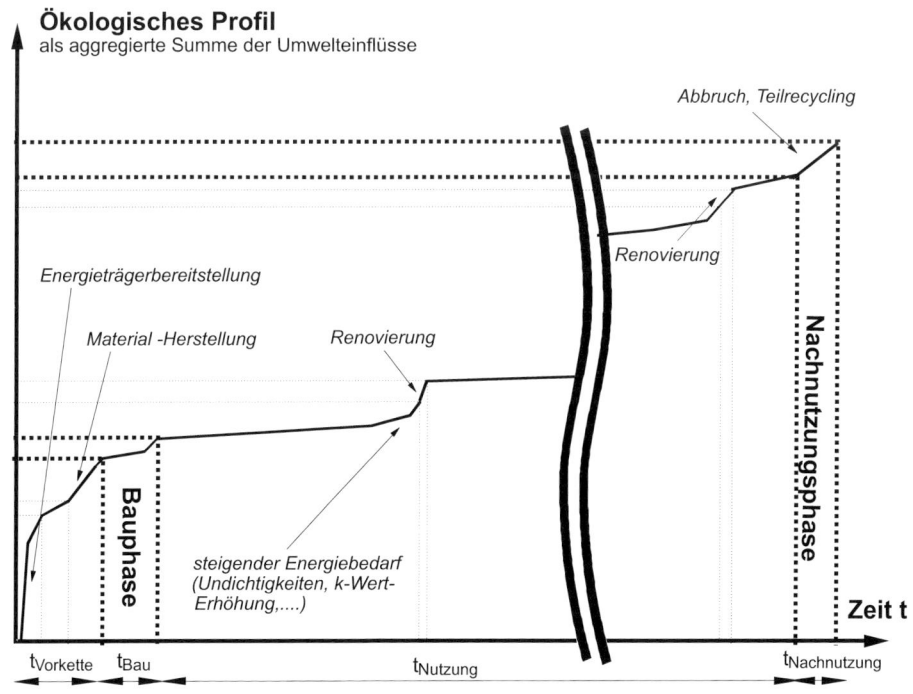

Abbildung 57: Zeitliche Aspekte des ökologischen Profils (ÖP)

Die Beiträge der einzelnen Phasen können je nach betrachtetem Haus stark variieren. Je weniger ein Gebäude energetisch optimiert ist, desto mehr fällt die Nutzungsphase ins Gewicht. Mit anderen Worten, je mehr ein Gebäude in seiner Systemqualität (bezüglich der Nutzungsphase) optimiert wurde, desto mehr fallen die anderen Phasen ins Gewicht.

In der Abbildung 57 ist demnach ein Haus mit einer optimierten Systemqualität dargestellt. Die Summe des ökologischen Profils aus den Vorketten, der Bauphase und der Nachnutzung kommt in der Größenordnung dem der Nutzungsphase gleich $\sum(\text{ÖP}_{\text{Vorketten}}+\text{ÖP}_{\text{Bau}}+\text{ÖP}_{\text{Nachnutzung}} \approx \text{ÖP}_{\text{Nutzung}})$. Wie auf der Abszisse zu erkennen ist, sind die Zeiträume, in denen die umweltrelevanten Interventionen stattfinden, sehr unterschiedlich. Absolut ausgedrückt variieren die Intervalle von Stunden bis Jahre.

Interpretiert man die Abbildung von links nach rechts, werden in vergleichsweise kurzer Zeit die Energieträger und Rohstoffe bereitgestellt, die eigentlichen Herstellungsprozesse der Materialien und Baustoffe sowie die Transporte abgewickelt und die entsprechenden umweltrelevanten Interventionen freigesetzt. Die Steigung ($\Delta\text{ÖP}/\Delta t$) ist in diesem Bereich steiler als in der Bauphase und im überwiegenden Teil der Nutzung. Es handelt sich zum Teil um komplexe industrielle Prozesse, welche nötig sind, um eine gewünschte Systemqualität des Gebäudes zu erreichen.

Die Bauphase ist aufgrund anderer Aspekte interessant. Da meist eine beträchtliche Menge an Aushub anfällt, ist dieser als wesentlicher Anteil an der zu bewegenden Masse anzusehen. Die Masse ist teilweise als Indikator einer Reduktionsmaßnahme oder Verbesserung innerhalb eines als umweltrelevant identifizierten Prozesses einsetzbar. Als Indikator für die ökologische Relevanz eines Prozesses allgemein ist sie nicht zu verstehen. Als Beispiele können große Mengen an Kühlwasser oder Luftdurchsatz herangezogen werden, die massemäßig einen bedeutenden Anteil aufweisen können, jedoch von stark untergeordneter umweltlicher Relevanz sind. Da der während der Bauphase anfallende Aushub jedoch oft transportiert wird, ist die Relevanz dieser bewegten Masse nicht zu vernachlässigen. Das Energieäquivalent allein eines Aushubs ohne Transport kann zwischen 1 und 5% des Energiebedarfs der Gesamterstellung des Gebäudes betragen. Dies ist von der Art des Unterbodens abhängig. Baustellennahe Verwendung des Abraums (oder sogar „on-site-Verwendung") reduzieren die Transportaufwendungen deutlich. Abfall (Verschnitt, Bauhilfsstoffe, ...) und die Energieverbräuche durch den Baubetrieb sind weitere umweltrelevante Interventionen der Bauphase, doch spielen sie absolut gesehen eine untergeordnete Rolle. Die Bauphase ist auch aus der Systemsicht interessant, da entscheidende Randbedingungen, die zur Systemqualität führen, in dieser Phase beeinflußt werden können (siehe oben).

Die Nutzungsphase zeichnet sich durch eine anfänglich geringe Steigung ($\Delta\text{ÖP}/\Delta t$) aus, deren Verlauf durch den Wärmebedarf bestimmt wird, welcher über ein Heizungssystem gedeckt wird. Somit kommt die Nutzungsphase über die langen Zeiträume zu ihrer Bedeutung. Die Steigung der Kurve nimmt mit der Nutzung zu, da es zu Undichtigkeiten über eine dauernde Nutzung kommt (z.B. Fenster, Türen, Dach, ...). Es ist somit mit einem steigenden k-Wert über die Nutzung zu rechnen. Durch Renovierung und Wartung kann, verbunden mit einem gewissen Aufwand, die Steigung der Kurve pro Zeiteinheit wieder reduziert werden. Das heißt, durch Instandhaltungsmaßnahmen wird die Systemqualität wieder in den ursprünglichen Zustand gebracht. Renovierungsmaßnahmen hängen stark vom Bauteil aber auch vom Nutzer ab. Läßt man subjektive nutzerorientierte Kriterien außer acht (Optik, Ästhetik) und betrachtet die technisch nötigen Renovierungs- und Instandhaltungsmaßnahmen, ist immer noch ein bedeutender Nutzereinfluß auf die Größe des Intervalls festzustellen. Unsachgemäße Bedienung von Fenstern oder Heizsystemen, Unterschreiten einer minimalen Raumtemperatur über längere Zeit oder unzureichende Lüftung sind nur einige Beispiele, wie das ökologische Profil eines Gebäudes durch den Nutzer beeinflußt werden kann. Der negative Aspekt äußert sich vorwiegend in dem frühzeitigen Versagen einer Bauteilkomponente.

Nachnutzungsmaßnahmen können Abriß, Umbau, Umnutzung, Rückbau und (Teil-) Recycling, o.ä. sein. Hier kommt es je nach Maßnahme zu ganz individuellen Aufwendungen und Belastungen auf einen – verglichen zur Nutzungsphase – relativ kurzen Zeitraum.

Die Methode muß deshalb in der Lage sein, ein System zu charakterisieren, welches Abhängigkeiten zwischen verschiedenen Ebenen des ökologischen Profils behandeln und Informationen zwischen diesen Ebenen austauschen kann.

Die hier gewählte Vorgehensweise in der Modellierung, Charakterisierung und Analyse des Systems „Gebäude" stellt die Bereitstellung eines Nutzens durch eine Baumaßnahme in den Mittelpunkt der Betrachtung. Das Modell stellt den Bezug zur technischen Umsetzung her und soll mit einem akzeptablen Aufwand an Zeit hinreichende Genauigkeiten liefern, um somit auch in der Praxis anwendbar zu sein. Nulloptionen der Nichtbereitstellung der funktionellen Einheit werden in diesem Zusammenhang nicht als ökologische Optimierung verstanden. Gleichwohl können Suffizienzansätze (Begnügen mit einer Minderleistung) unter volkswirtschaftlichen oder gesellschaftlichen Gesichtspunkten sehr wohl zu ökologischen Optimierungen führen. Da die Ökobilanz jedoch eine vergleichbare funktionelle Einheit als Basis sieht und die funktionelle Einheit nicht in Frage stellt (und nicht stellen soll), schließen sich Suffizienzüberlegungen im Zusammenhang mit dieser Studie aus.

Die Struktur der Methode läßt sich mit einem Baukastensystem vergleichen. Die jeweiligen ökologischen Profile der Bau- und Werkstoffe sind in dem System hinterlegt. Ein Bauteil setzt sich aus den hinterlegten Baustoffen zusammen. Innerhalb der Bauteile wird in Außenwand ①, Innenwand ②, Fenster ③, Dach ④, Decke ⑤ und Heizsystem ⑥ unterschieden. Die Abbildung 58 zeigt den modularen Aufbau der Methode. Durch Kombination der unterschiedlichen Bauteile wird ein Gesamtgebäude simuliert. Zusatzbauteile, wie Anschlußteile (z.B. Ringanker) oder Teile, die sich nicht eindeutig einem Bauteil zuordnen lassen (z.B. Treppen) sowie Teile, die in sich abgeschlossene Einheiten bilden, jedoch thermisch nicht in Erscheinung treten (z.B. Dachrinnen), werden individuell über ihr ökologisches Profil in die Methode integriert und können aus einer Bibliothek der jeweiligen Kategorie definiert werden.

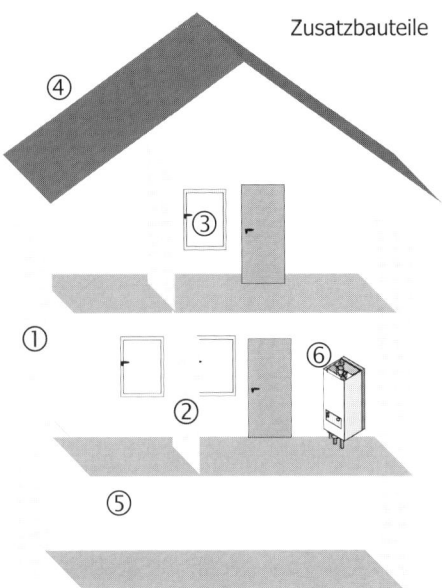

Abbildung 58:
Module des Gebäudes

Bezogen auf die thermisch-energetische Nutzungsphase haben diese Teile keinen oder zu vernachlässigenden Einfluß. Die Bauteile oder Regelkonstruktionen können somit in drei unabhängige und eine zusätzliche Kategorie unterteilt werden:

❶ Schichtaufbauten

❷ Fachwerkaufbauten ⎫ Zusatzbauteile

❸ Komplettbauteile

Außenwände, Innenwände und Decken weisen beim Massivbau in der Regel einen klassischen Schichtaufbau auf. Diese Bauteile setzen sich z.B. bei der Außenwand aus Innenputz, Mauerwerk, Dämmung und Außenputz schichtweise zusammen. Die Charakterisierung des Bauteils findet daher über die Art des Baustoffs und dessen Schichtdicke statt. Denkbar sind auch Holzdeckenkonstruktionen, die über einen Fachwerkaufbau charakterisiert werden.

Das Dach weicht in der Regel vom klassischen Schichtaufbau ab, da z.B. durch die Sparren kein homogener Querschnitt vorhanden ist und wird daher in die Kategorie Fachwerkaufbauten eingeteilt.

Fenster und Heizsysteme sind in sich geschlossene Systeme. Es stehen verschiedene Systeme zur Verfügung, die als Einheit verstanden werden und daher in ihrem Aufbau nicht veränderbar sind. Ergänzungen und Erweiterungen sowie Neuanlagen von Bauteilen sind möglich. Der Aufbau der Bauteile ist in Kapitel 4.17 und 5.2.3 beschrieben.

So erlaubt die Methode, aus einer Bibliothek bereits vorgefertigte Bauteile zu entnehmen oder selbständig neue Bauteile zu definieren und aus den Bauprodukten aufzubauen. Dabei greift die Verwendung der entsprechenden Bauprodukte auf die im Hintergrund liegenden ökologischen Profile zurück, so daß die

Herstellung und die Vorketten der Bauteile „automatisch" mit berücksichtigt sind.

Die Ganzheitliche Bilanzierung bezieht sich auf den gesamten Lebenszyklus eines zu untersuchenden Systems. Neben den Bereitstellungsprozessen von Energie und Rohstoffen sowie Transporten teilt sich der Lebenszyklus auf in Herstellung, Nutzung und Nachnutzung wie z.B. Recycling. Auf die verschiedenen Phasen und deren Zusammenhänge zu den Bauteilen wird im folgenden näher eingegangen.

5.2 Herstellungsphase (Vorketten und Bauphase)

Die Herstellungsphase bezieht sich auf verschiedene Ebenen des Systems und läuft zeitlich versetzt ab. Sie kann unterteilt werden in die Bereitstellungsverfahren, die Herstellung der Bau- und Werkstoffe, die Herstellung der Bauteile und schließlich in die Bauphase an sich (siehe Abbildung 56), die als Zusammenführung der Bauteile verstanden werden kann.

Die Herstellungsprozesse von Bauprodukten weisen gemäß Kapitel 4 individuelle ökologische Profile auf. Sie finden im Vorfeld der Bauphase statt und stellen die Basis der Herstellung bzw. der Erstellung von Bauteilen und des Gesamtgebäudes dar. Das ökologische Profil der Komplettbauteile wie z.B. Fenster und Heizungssysteme wird auch nahezu vollständig vor der Bauphase festgelegt. Auf der Baustelle kommt es nur noch zur Montage vorgefertigter Einheiten. Die eigentliche Bauphase umfaßt demnach drei Ebenen. Bauvorbereitung, die Erstellung von Bauteilen, wenn man z.B. an die Errichtung von Wänden, Dach und Decken denkt, sowie die Montage von Bauteilen z.B. im Fall von Fenstern und Heizsystemen.

In einer Bibliothek werden verschiedene Bauteile fertig hinterlegt sein, ebenso wird durch die offene Architektur der Methode die Möglichkeit bestehen, neue Bauteile anzulegen. Im folgenden sind Beispiele der Charakterisierung der Herstellung von Bauteilen der jeweiligen Kategorie gezeigt.

5.2.1 Bauteile mit Schichtaufbau (Wände und Decken)

Die Charakterisierung der Herstellung der schichtweise aufgebauten Bauteile geschieht über die Baustoffprofile (Kapitel 4). In Abbildung 59 ist der schichtweise Aufbau einer Wand schematisch dargestellt. Sie zeigt ein Beispiel, wie es in der Konstruktionen-Bibliothek hinterlegt ist. Einzelne Größen, die nicht als Schicht definiert werden können (wie z.B. der Mörtel oder Dübel), werden pro Quadratmeter Wand angesetzt und gehen auf diese Weise in die Berechnung ein. Der schichtweise Aufbau des Bauteils aus den Baustoffen wird hier an einer Außenwand dargestellt.

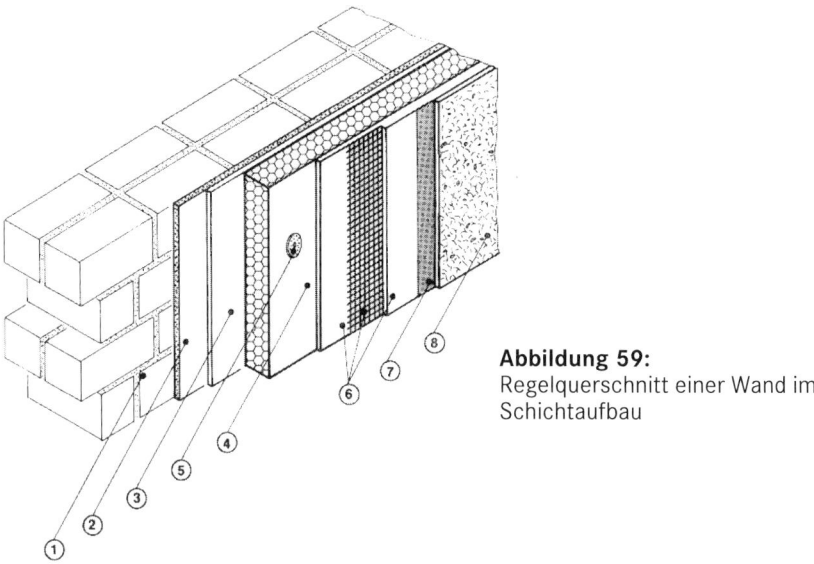

Abbildung 59:
Regelquerschnitt einer Wand im
Schichtaufbau

Tabelle 18: Aufbau der Wandkonstruktion

Nr.	Schicht	Dicke [mm]	Material
0	Innenputz	10	Gipsputz
1	Mauerwerk	175	KS-Mauerwerk
2	Haftgrund	0	–
3	Klebemörtel	5	mineralischer Kleber (8 kg/m^2)
4	Dämmplatte	100	EPE-PS 15
5	Befstigung	0	PA-Dübel (4 Stück/m^2)
6	Armiermörtel	5	mineralische Armierung
6	Armierung	0	Glasfasergewebe (170 g/m^2)
7	Voranstrich	3	Silikat-Voranstrich
8	Dekorputz	5	Silikatputz
	Wandaufbau	**303**	

Das Mauerwerk, die Dämmung, Kleber und Putze stellen hierbei die Schichten einer Wand dar. In Tabelle 18 wird der Aufbau des Beispiels näher erläutert, um die Struktur der Methode zu verdeutlichen.

Das ökologische Profil – auch ökologisches Inventar genannt – der einzelnen Schichten baut sich aus verschiedenen Materialien auf. Zum Beispiel sind dem Befestigungsdübel aus PA die Inventare von Polyamid und verzinktem Stahl inklusive der Bereitstellungen von Energie und Rohstoffen, Verfahren und Prozesse sowie Transporte zu dessen Herstellung hinterlegt. Über diese Weise sind alle im Bauteil verwendeten Materialien und Bauprodukte charakterisiert. Das ökologische Profil eines Bauteils ergibt sich somit aus der Prozeß-Baumstruktur vieler unterschiedlicher Prozesse, die aggregiert werden.

Handelt es sich um eine Holzständerkonstruktion, werden die Abmaße der Sparren und Sparrenabstände definiert, so daß der Holzbedarf der Wand und der Bedarf an Baustoffen oder Dämmung zwischen den Sparren errechnet werden kann. Diese Konstruktion fällt somit in die Kategorie Fachwerkaufbau.

Decken können ebenfalls einen klassischen Schichtaufbau aufweisen.

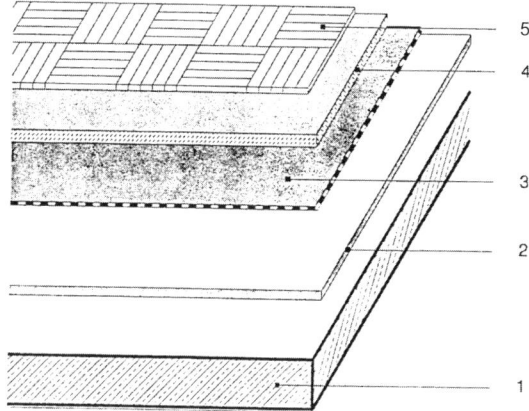

Abbildung 60:
Beispiel Regelquerschnitt einer Decke im Schichtaufbau

Tabelle 19: Aufbau der Deckenkonstruktion

Nr.	Schicht	Dicke [mm]	Material
1	Deckenplatte	180	OrtBeton
2	Estrichdämmung	20	Mineralwolle
3	Estrichfolie	0,5	PVC
4	Schwqimmender Estrich	50	Zementestrich
5	Bodenbelag	1	PVC
	Deckenaufbau	**252**	

Somit findet der schichtweise Aufbau der Decken analog zum schichtweisen Aufbau der Wände statt. Der k-Wert der Konstruktion wird über die Materialeigenschaften und Zusammensetzung der Konstruktion automatisch mit errechnet.

5.2.2 Bauteile mit Fachwerkaufbau

Die Abbildung 61 zeigt einen unregelmäßigen Aufbau einer Decke. Als Beispiel wurden hier Lagerhölzer eines Dielenboden herangezogen. Nicht alle Dicken der jeweiligen Schichten gehen in die Berechnung ein. Die Lagerhölzer werden in

Abmaßen und Abständen zueinander festgelegt, die Holzmengen errechnet und das verbleibende Schichtvolumen (hier Dämmschüttung) berechnet.

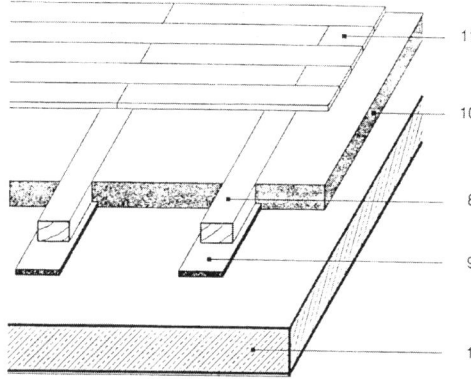

Abbildung 61:
Beispiel einer Deckenkonstruktion mit Lattungen

Tabelle 20: Aufbau der Deckenkonstruktion

Nr.	Schicht	Dicke [mm]	Material
1	Deckenplatte	180	OrtBeton
10	Dämmschüttung	60	Bimskies
11	Holzfußboden	22	Dielenboden
8	Lagerholz, imprägniert		Kiefer (50 mm x 80 mm)
9	Dämmstreifen		XPS (10 mm x 100 mm)
	Deckenaufbau	**262**	

Die nötigen Informationen sind daher die Maße der Lattung (50 mm x 80 mm) und der parallel verlaufenden Dämmung. Über die Angaben der Deckenmaße und der Anstände der Latten kann der benötigte Materialbedarf berechnet werden.

Ein weiteres Beispiel für einen unregelmäßigen Aufbau stellen die Dächer dar. Die Abbildung 62 zeigt den Aufbau eines geneigten Daches mit Dämmung zwischen den Sparren. Die Gipskartonplatte, Spanplatte und Dampfsperre folgen dem klassischen Schichtaufbau, die Dachsparren werden über deren Abmaße definiert und das verbleibende Volumen entsprechend errechnet und bei Zwischensparrendämmung dem Dämmstoff zugeschlagen. Die Unterspannbahn, die Konter- und Dachlattung, sowie die Dachsteine sind hinterlüftet und gehen somit in die Berechnung der Wärmeverluste durch Transmission nicht ein. Die Anzahl der Dachsteine und die damit verbundenen Mengen an Material werden durch die Größe der Dachfläche definiert. Zur thermischen Berechnung der Dachfläche ist diese in verschiedene Dachflächenteile zu unterteilen. Die thermische Austauschfläche, die auch mit Dämmung versehen ist, entspricht der Dachfläche ohne die Überstände. Die Dachüberstände sind separat zu definieren, da keine nennenswerten Wärmeübergänge stattfinden.

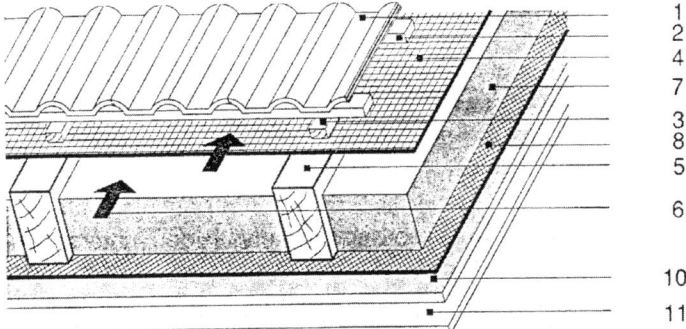

1
2
4
7
3
8
5
6
10
11

Abbildung 62: Regelquerschnitts eines Daches

Tabelle 21: Aufbau des Daches

Nr.	Schicht	Dicke [mm]	Material
1	Dacheindeckung		Betondachstein
2	Dachlatte		Kiefer (24 mm x 48 mm)
3	Konterlatte		Kiefer (24 mm x 48 mm)
4	Unterspannbahn		PE
5	Dachsparren		Kiefer (24 mm x 200 mm)
6	Belüfteter Hohlraum		
7	Wärmedämmung	75	Mineralwolle
8	Dampfsperre	0,1	PE
10	Spanplatte	10	Preßspäne
11	Gipskartonplatte	15	Gipskarton
	Dachaufbau	**100**	

Die Bauprodukte werden wie beschrieben für ein Bauteil spezifiziert und das Bauteil kann so bezüglich seiner Herstellung umweltlich quantifiziert werden. Des weiteren werden den Konstruktionen technische und physikalische Eigenschaften, λ-Wert, Brandschutzklasse und Dampfdiffusion zugewiesen, die oftmals in der Nutzungsphase von übergeordneter Bedeutung sind. Die Berechnung des k-Wertes der Konstruktionen erfolgt über die hinterlegten Materialeigenschaften.

5.2.3 Komplettbauteile

Komplexere Bauteile, die vorgefertigt an die Baustelle kommen und montiert werden, sind z.B. Fenster, Fassaden und Heizsysteme. Es können auch hier beliebig Bauteile definiert werden, falls entsprechende Informationen zu Materialzusammensetzung und Herstellungsverfahren bekannt sind, um das jeweilige ökologische Profil beschreiben zu können. Folgende Fenster-Bauteile sind bereits definiert und hinterlegt .

Die Fenster weisen entsprechend Aufbau und Rahmenmaterial individuelle ökologische Profile auf. In der Datenbank sind verschiedene Fenster-Konstruktionen hinterlegt. Es wurden ein Basisszenario festgelegt und weitere Größen gerechnet, so daß abweichende Größen individuell auf die jeweilige Situation skaliert werden können.

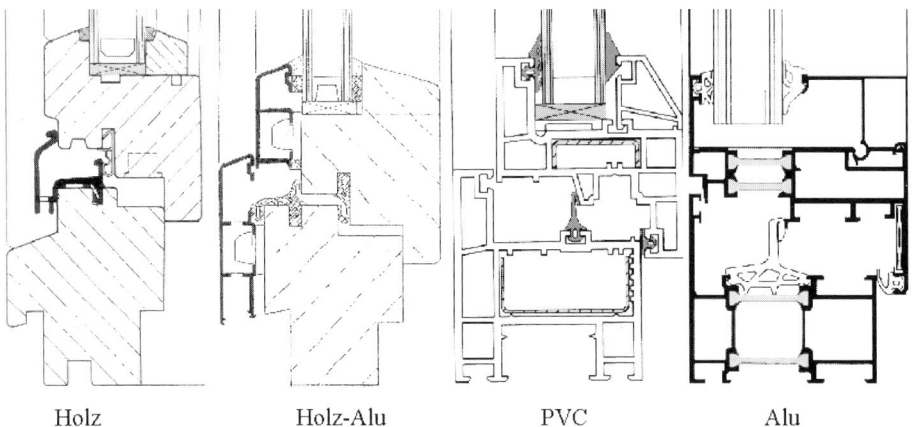

Holz   Holz-Alu   PVC   Alu

Abbildung 63: Fensterkonstruktionen (als Bauteile hinterlegt)

Innentüren werden in dieser Studie als Mobilar behandelt und daher nicht mit in die Berechnung aufgenommen. Haus-, Balkon- und Terassentüren werden über das Inventar von skalierten Fenstern abgeschätzt. Wie beschrieben können die Fenster, ihrer Größe entsprechend skaliert, d.h. angepaßt werden, so daß eine Abschätzung bezüglich der Materialien hinreichend genau ist.

5.2.4 Zusatzbauteile

Die simple Kombination von Bauteilen als Regelquerschnitte zu einem Gebäude würde das System Gebäude nicht detailliert genug beschreiben. Der Individualität eines speziellen Gebäudes könnte nicht genug Rechnung getragen werden und konstruktive Änderungen und Varianten könnten nicht in der erforderlichen Detailtiefe abgebildet werden. Die Definition von Zusatzbauteilen zu den jeweiligen Bauteilkategorien ermöglicht, die angesprochen Anforderungen zu erfüllen. Wie schon erwähnt, sind die Zusatzbauteile unabhängig von den drei Hauptkategorien zu sehen und können je nach individueller Konstruktion zur jeweiligen Kategorie hinzu definiert werden. Die Zusatzbauteile können entsprechend ihrer Aufgabe innerhalb des Modells in zwei Gruppen unterteilt werden:

- Additive Zusatzbauteile
- Verbindende Zusatzbauteile

Die additiven Zusatzbauteile, wie beispielsweise Dachrinnen, Pfetten und Kamine dienen zur Erhöhung der Modellierungstiefe. Durch diese Bauteile kann das Gebäude über die Regelquerschnitte hinaus individuell modelliert werden und dem zu modellierenden Gebäude besser angepaßt werden.

Die verbindenden Zusatzbauteile, wie beispielsweise Ringanker, statische Stähle und Sparren-Pfetten-Anker dienen dazu, die aus Regelquerschnitten aufgebauten Bauteile bei der Kombination zum Gesamtgebäude individuell an deren Schnittstellen anpassen zu können. Die Modellierung läßt Freiheitsgrade, um die jeweilige Konstruktion bezüglich der Schnittstellen anzupassen. Wird ein Ringanker verwendet, kann dieser dem Bauteil Decke sowie auch dem Bauteil Außenwand zugefügt werden. Dies ist je nach zu modellierendem Gebäude individuell zu entscheiden, beeinflußt das Gesamtergebnis jedoch nicht. Statische Stähle z.B. können je nach individueller Situation mit der entsprechenden Baustoffart und -menge zu Zusatzbauteilen kombiniert werden, um die Anschlüsse der Bauteile zu definieren oder eigene Zusatzbauteile zu kreieren. Die Zusatzbauteile ermöglichen so individuelle Anschluß- und Schnittstellenbehandlung.

5.3 Nutzungsphase

Die Nutzungsphase eines Systems schließt sich an die Herstellung an und endet wenn Nachnutzungsmaßnahmen wie Umnutzung (Wechsel der funkionellen Einheit), Abriß/Entsorgung, Rückbau/Recycling oder andere Verwertungs- und Verwendungsmethoden einsetzen.

Zeitlich definiert ist die Nutzungsphase daher über diejenige Zeiteinheit, in der eine bestimmte Funktion bereitgestellt werden kann. Die Funktion kann beispielsweise die Bereitstellung von x m^2 Wohnfläche mit y Zimmern eines kleinen Einfamilienhauses mit einem Quadratmeterpreis von z DM sein. Innerhalb der Nutzungsphase können oder müssen erhaltende Maßnahmen (Unterhalt, Wartung, Auswechselung) vorgenommen werden, so daß das Ende der Nutzung eines Bauteils oder Subsystems nicht zwingend dem Ende der Gebäudenutzungsphase entsprechen muß. Die Aufwendungen dieser instandhaltenden Maßnahmen sind in die Berechnungen zu integrieren.

Im Falle von Gebäuden ist die Nutzungsphase der Abschnitt des Lebenszyklus, der durch den Benutzer und sein Verhalten signifikant beeinflußt werden kann. Das gilt vor allem für den Energiebedarf und die energiebedingten Emissionen der Nutzungsphase. Das Produkt (hier ein Gebäude) und dessen Handhabung steht nicht mehr unter der Kontrolle der Hersteller, die den sachgerechten Umgang überprüfen könnten.

Technische Innovationen auf dem Bausektor bzw. bei Bauprodukten zeich-
nen sich deshalb durch eine Verringerung oder Beschränkung der möglichen
negativen Einflußnahme eines Benutzers auf das umweltliche Profil des Systems
oder Produktes aus, ohne die Bedienerfreundlichkeit oder den Nutzen einzu-
schränken. Als Beispiel kann die konstruktive Verbesserung des Wärmedurch-
gangs eines Fensters herangezogen werden (natürlich immer vor dem Hintergrund
von etwaigen Mehraufwendungen in der Produktion), da ein negativer Einfluß
des Benutzers, z.B. durch eine gleichbleibende überhöhte Wahl der Raumtemperatur von 24 °C, um 30% verringert wird. Das heißt, es werden nicht nur die ab-
soluten Transmissionswärmeverluste verringert. Vielmehr stellen die Verbesse-
rungen sicher, daß der Parameter „variable Raumtemperatur" – und die damit
verbundenen unterschiedlichen Wärmeverluste – durch die Optimierungen an
Einfluß verliert. Ein Fehlverhalten des Benutzers kann deshalb die Effekte
schwerer kompensieren oder überkompensieren.

Ziel einer umweltlich-technischen Innovation muß daher die Optimierung
eines Produktes bezüglich der Systemqualität des gesamten Lebenszyklus sein.
Die in der Herstellung umweltlich am wenigsten belastende Lösung muß nicht
die ökologisch beste Alternative sein. Wird die nötige Systemqualität des Gebäudes durch eine konstruktive Änderung eines Bauteils nicht in ausreichendem
Umfang erfüllt, kann es in der Nutzungsphase zu Kompensationseffekten einer
nur bezüglich der Herstellung ökologisch optimierten Konstruktion kommen und
die umweltrelevanten Wirkungen einer zeitintensiven Nutzungsphase können
stark dominant werden. Abbildung 64 zeigt graphisch eine Überkompensation
eines Bauteil A, welches durch geringere Aufwendungen in der Herstellung (geringerer Ordinatenabschnitt) eine geringere Systemqualität (größere Steigung der
Kurve) aufweist und so pro Zeiteinheit in der Nutzungsphase mehr Freisetzung
von Umweltpotential bewirkt. Es kommt so zu einem Break-Even zum Zeitpunkt t.
Betrachtet man Herstellung und Nutzung ist die Variante B trotz höherem Umweltpotential der Herstellung ab dem Zeitpunkt t besser.

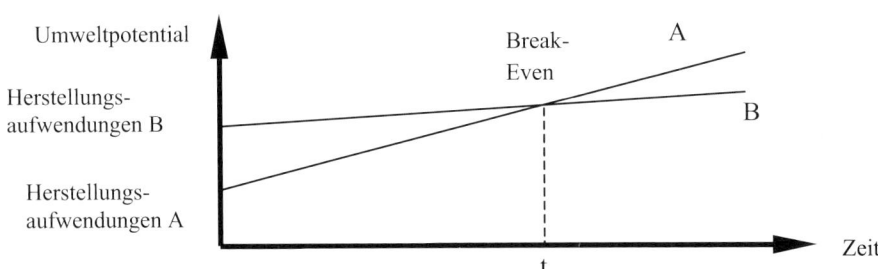

Abbildung 64: Umweltpotentiale als Funktion der Zeit

Die Nutzungsphase wird aus umweltlicher Sicht durch thermische Vorgänge
des Energiebedarfs und der Energiebereitstellung dominiert, wobei mechanische
Vorgänge (Wartung, Reparatur, Austausch) wiederum Einfluß auf die thermischen Vorgänge (Systemqualität, Wirkungsgrade, ...) haben. Somit kann in eine
thermische und in eine unterhaltsbedingte Nutzungsphase unterschieden werden.

5.3.1 Die thermische Nutzungsphase

Die thermische Nutzungsphase beschränkt sich energetisch auf das Bereitstellen eines angestrebten Raumklimas sowie der Brauchwasserbereitstellung. Welche Raumtemperatur und Luftfeuchtigkeit angestrebt wird, hängt nicht zuletzt auch von der zu erfüllenden Funktion des Gebäudes ab. Trivial ist, daß z.B. zwischen einer Lagerhalle und einem Schwimmbad unterschiedliche Anforderungsprofile und Bandbreiten der thermischen Nutzungssituation bestehen. Jedoch ist auch beim Vorhandensein eines vergleichbaren funktionellen Äquivalents (z.B. gleiche Nutzungsart und Größe), je nach Systemqualität spezifischer Eigenschaften der Bauteile des Gebäudes, eine nicht unerhebliche Bandbreite zu erwarten. Befindet sich die Raumtemperatur außerhalb des vom Nutzer gewünschten Spektrums, muß Energie zum Heizen (Temperatur zu gering) oder zum Kühlen (Temperatur zu hoch) aufgewendet werden.

Der Betrag des Energieaufwands wird auf der Bedarfsseite von dem thermischen Verhalten des Gebäudes, den klimatischen Randbedingungen der Umgebung sowie vom Nutzer selbst, auf der Deckungsseite von der Effizienz der eingesetzten Haustechnik bestimmt. Durch den Transmissionswärmestrom der eingestrahlten Sonnenenergie und den Transport von Wärme beim Luftaustausch zwischen Innen und Außen wird die Energiebilanz des Gebäudes charakterisiert. Die Abbildung 65 zeigt die Einflüsse auf den Wärmehaushalt eines Wohngebäudes.

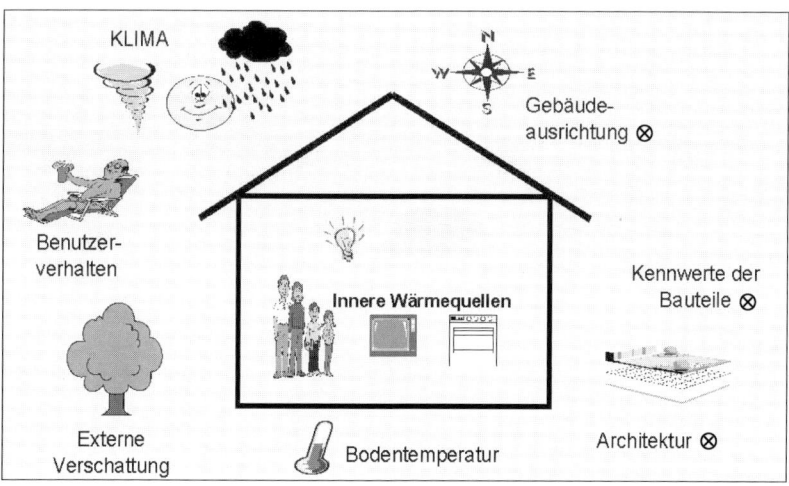

Abbildung 65: Einflüsse auf den Wärmehaushalt eines Einfamilienhauses

Aus der Abbildung wird deutlich, daß zur Optimierung eines Gebäudes sehr unterschiedliche Parameter zu analysieren und variieren sind. Soll ein Gebäude in der Planungsphase noch weit vor der eigentlichen Nutzung ökologisch bezüglich des gesamten Lebenszyklus optimiert werden, sind besonders die mit „⊗" gekennzeichneten Parameter von Wichtigkeit. Diese Parameter liegen im direkten Einflußbereich der unterschiedlichen Hersteller und Akteure, werden in der Planung festgelegt, fixieren die Systemqualität somit sehr früh und bestimmen ihrerseits Größe und Einfluß der thermischen Nutzungsphase. Korrigierende oder optimierende Möglichkeiten im Nachhinein sind nur eingeschränkt möglich.

Das Benutzerverhalten, die Nutzungssituation und externe Randbedingungen komplettieren die Einflußparameter. Im folgenden wird auf die unterschiedlichen Parameter näher eingegangen.

5.3.1.1 Benutzerverhalten

Das Benutzerverhalten beeinflußt alle drei Arten der Wärmeströme. Das individuelle Verhaltensmuster wird von den subjektiven Empfindungen des Einzelnen bestimmt und kann deshalb schwer normiert werden. Geht man dennoch von einem „Normnutzer" aus, ist es essentiell, Bandbreiten einer spezifischen Nutzung einschätzen zu können. Die Einflüsse auf den jeweiligen Wärmestrom sind:

Transmissionsstrom

Die vom Benutzer gewünschte Raumtemperatur beeinflußt den Temperaturgradienten zwischen Gebäude und Umgebung. Übersteigt die Umgebungstemperatur die gewünschte Raumtemperatur, muß der Raum unter Energieaufwand gekühlt bzw. für den umgekehrten Fall geheizt werden. Die meist als normale Raumtemperatur zur Verrechnung kommenden 20 °C schwanken nicht selten im Intervall 17–24 °C. Wird eine überhöhte Raumtemperatur gewünscht (z.B. 22 °C) steigt nicht nur der Transmissionsstrom aufgrund der linear eingehenden Temperaturdifferenz ΔT

$$Q = k \cdot A \cdot \Delta T$$

sondern auch das Zeitintervall in dem die Raumtemperatur durch Heizen erreicht werden muß (Heizperiode). Betrachtet man ein beliebiges Bauteil (z.B. Fenster) oder eine Außenwand bezüglich einer definierten Fläche und variiert die Parameter k-Wert von 1,3 W/(m²K) bis 2,6 W/(m²K) und die Raumtemperatur von 20 °C bis 24 °C (und damit die treibende Temperaturdifferenz) ergibt sich folgendes Bild der Transmissionswärmeverluste.

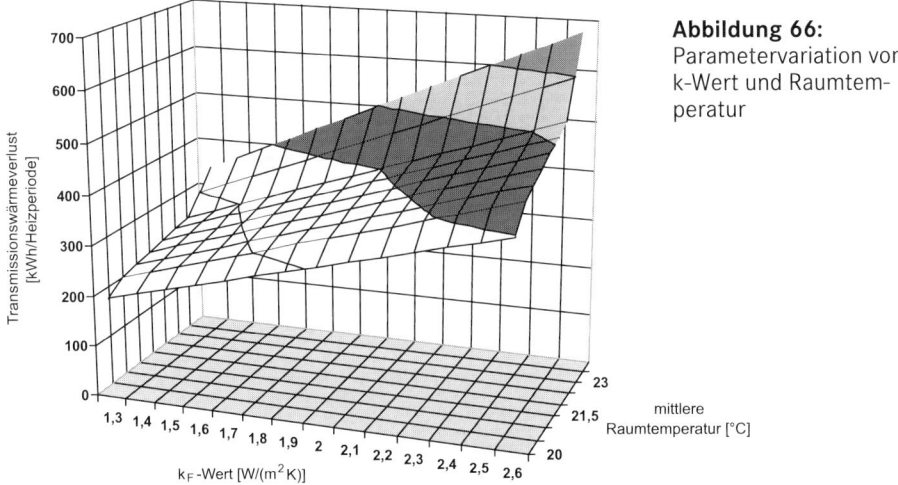

Abbildung 66: Parametervariation von k-Wert und Raumtemperatur

Es ist die Überhöhung der Transmissionsverluste durch die verlängerte Heizperiode zu erkennen.

Nicht nur über die Heiz- oder Kühlanlage nimmt der Benutzer Einfluß auf die Raumtemperatur. Durch die Nutzung von wärmeabgebenden Geräten (Lampen, EDV-Technik, Herd etc.) und seines vom Aktivitätsgrad abhängigen Stoffwechsels heizt er den Raum auf. Nähere Spezifikationen können der VDI Richtlinie 2078 [92] entnommen werden.

Strahlungsenergie

Durch interne Verschattungselemente (Vorhänge etc.) und externe Verschattungselemente (z.B. Rolläden) beeinflußt der Benutzer den Betrag der eingestrahlten Sonnenenergie durch die Fenster oder Glasflächen. Auch die benutzereigene Gestaltung des Gebäudeumfeldes (Bebauung, Baumpflanzung oder -rodung) kann sich auf die Bilanz der Strahlungsenergie auswirken.

Luftwechsel

Durch Lüften über Fenster oder Türen bestimmt der Benutzer die Luftwechselrate mit.

Sind Belüftungsanlagen mit in die Haustechnik integriert, ist auch hier eine Beeinflussung über den Nutzer möglich, da die Luftwechselrate variiert werden kann.

5.3.1.2 Klima

Die Gesamtheit der meteorologischen Parameter wie Temperatur, Wind, Strahlung, Niederschlag und Luftfeuchtigkeit einer Region über den Zeitraum eines Jahres hinweg wird als Klima bezeichnet. Das Klima ist hauptsächlich eine Folge physikalischer Vorgänge in der Atmosphäre infolge der Sonneneinstrahlung. Der Verlauf dieser Prozesse wird durch Klimafaktoren wie geographische Breite, Verteilung von Festland und Meer, Relief, Vegetation und Bebauung mitgestaltet.

Die Witterung stellt den Verlauf der meteorologischen Größen innerhalb eines kurzen Zeitraums dar, bei einer Momentaufnahme wird vom Wetter gesprochen.

Bezüglich der Untersuchung des thermischen Verhaltens eines Gebäudes bedeutet dies, daß für eine zeitlich hoch aufgelöste Darstellung der Energieströme Informationen des Wetters, also beispielsweise Ganglinien der Temperatur und Strahlung mit stündlicher Auflösung, benötigt werden. Betrachtet man die Gleichungsparameter des Transmissions-, Strahlungs-, und Lüftungswärmestromes wird klar, daß insbesondere die Umgebungstemperatur und die Strahlungsintensität ein wichtige Rolle spielen. Aber auch der an den Außenwänden angreifende Wind beeinflußt zum einen über die Konvektion an der Gebäudeoberfläche, zum anderen über den durch Fugenundichtigkeit verursachten ungeregelten Luftwechsel den Wärmehaushalt. Die in den Abbildungen 67, 68 und 69 dargestellten Klimate verdeutlichen die Varianz, die das individuelle Klima eines bestimmten Standortes aufweist. Neben dem Stuttgarter Klima wird als Vergleich ein alpines Klima aus den USA (vergleichbar mit dem mitteleuropäischen Alpenklima) und als Extremszenario ein arides Klima einer Wüste herangezogen. Die obere Ganglinie stellt die Temperatur, die untere jeweils das Strahlungsangebot des Standorts dar.

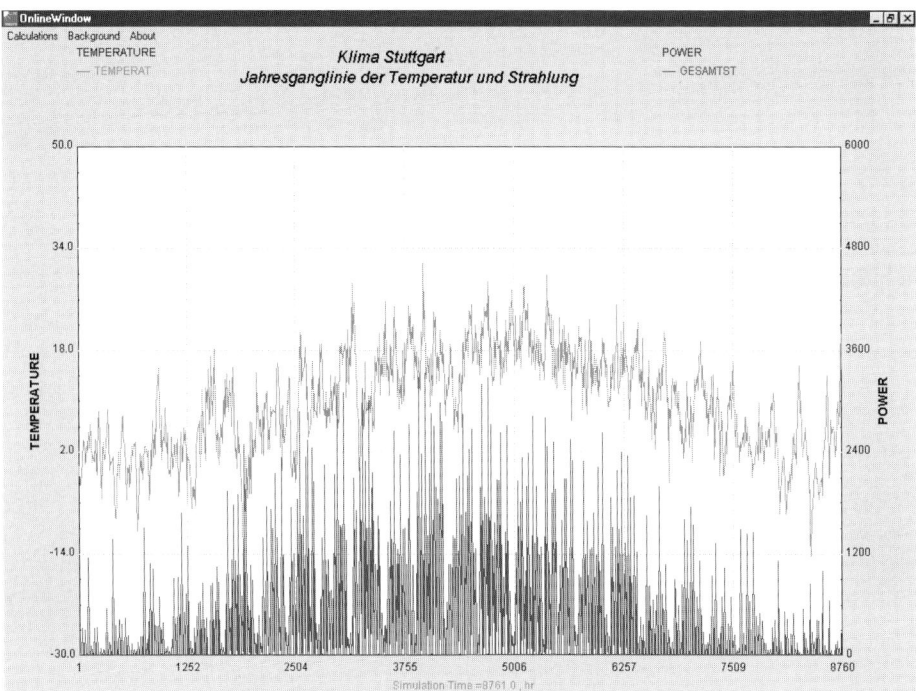

Abbildung 67: Maritimes, semi-humides, warmgemäßigtes Klima (Stuttgart, Deutschland)

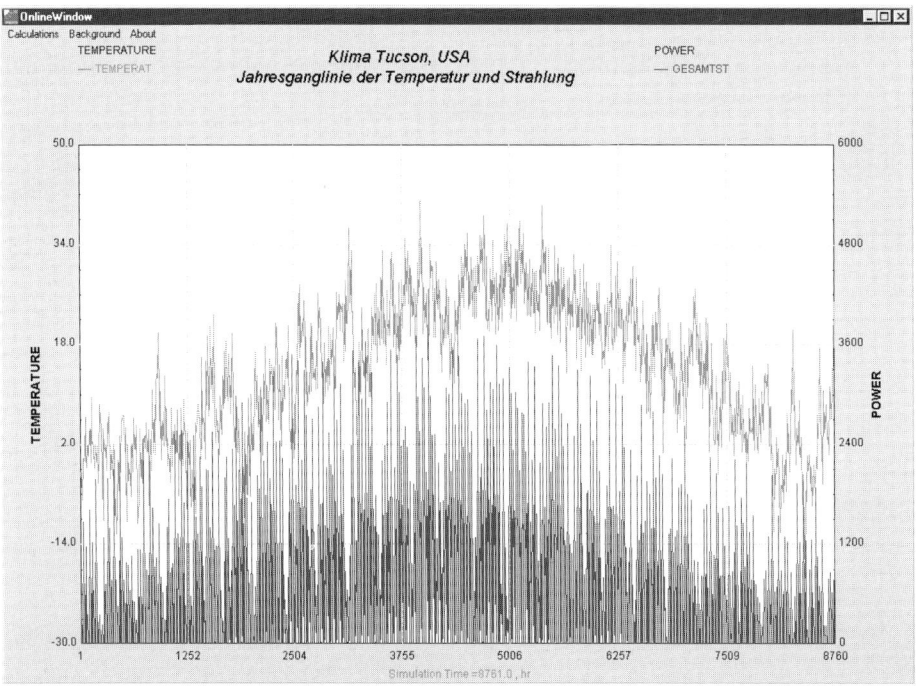

Abbildung 68: Arides Klima (Tucson, USA)

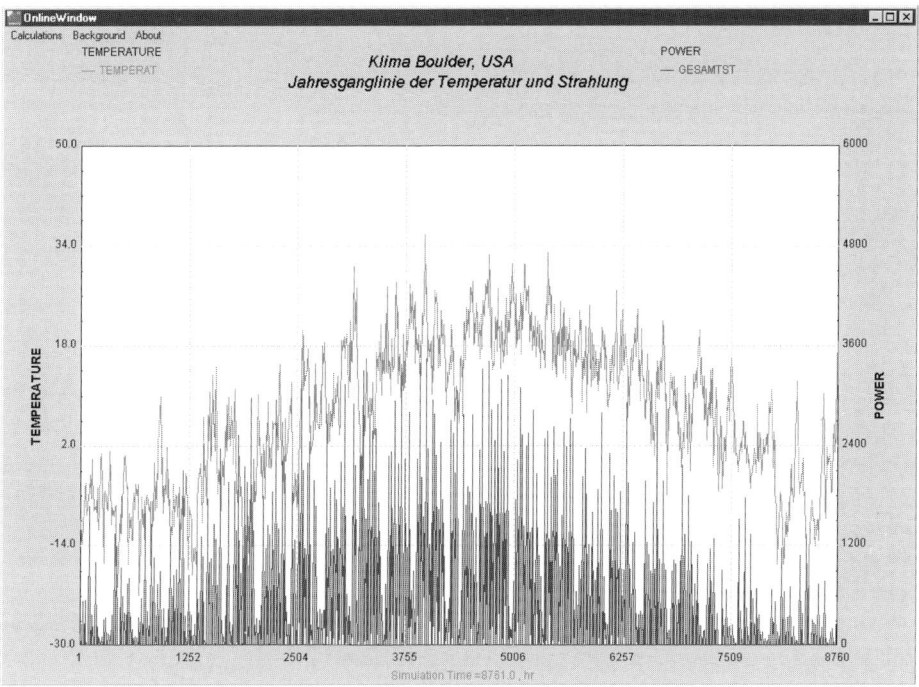

Abbildung 69: Alpines Klima (Boulder, USA)

Strahlung und Außentemperatur schwanken je nach Ort erheblich und bilden so die Basis einer unterschiedlich zu beurteilenden Wärmebedarfs- bzw. Kühllastrechnung. Hierbei geht der Parameter der Außentemperatur bei der Transmissionswärmeberechnung nach

$$Q = k \cdot A \cdot \left(T_{Raum} - T_{amb} \right)$$

in die energetische Berechnung ein. Die unterschiedliche Strahlungsintensität und -dauer bestimmen die solaren Gewinne maßgeblich und wirken in Wärmebedarfszeiten entlastend und in Kühlbedarfszeiten belastend auf den Energiebedarf.

5.3.1.3 Externe Verschattung

Befinden sich in der Umgebung des Gebäudes schattenwerfende Pflanzen (Bäume, Sträucher) oder Bauten, vermindert sich u.U. die Sonneneinstrahlung in die Räume. Vorteilhaft wirkt sich dies im Sommer aus, wenn die Raumtemperatur bereits das gewünschte Maximum erreicht hat. Im Winter hingegen muß zum Aufrechterhalten der Innentemperatur der verminderte Strahlungsgewinn über andere Wärmequellen, z.B. über die Heizungsanlage, gedeckt werden. Wie stark sich dieser Schattenwurf ausbildet, hängt vom Stand der Sonne sowie von der Größe und dem Abstand der Objekte ab. Auf die jeweilige Nutzungssituation abgestimmte Szenarien können mit der Software Sombrero® 2.0 (Schattenwurfberechnung) durchgeführt und die Daten in TRNSYS® eingelesen werden. Auswertungen können in MS-Excel® durchgeführt werden. Die folgenden Bilder repräsentieren einen Tagesgang einer Verschattungssituation durch einen Baum.

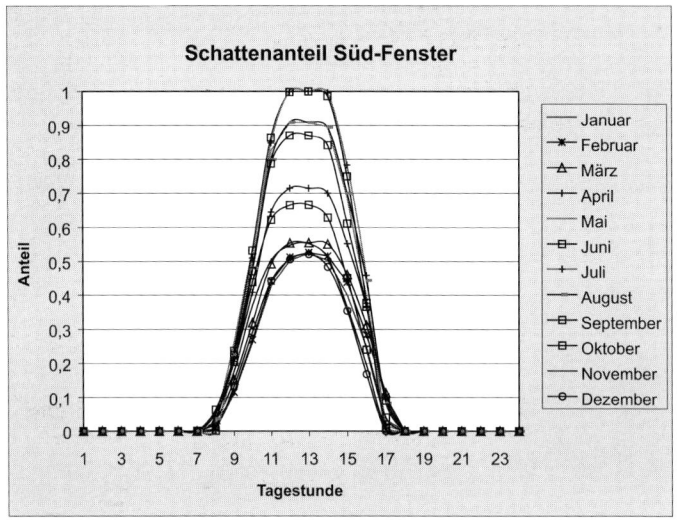

Abbildung 70: Verlauf des Schattenanteils über die Tagesstunden

Zu erkennen ist das in den Sommermonaten bei Baumbewuchs im Umfeld des Fensters bis zu 100% Verschattung auftreten kann.

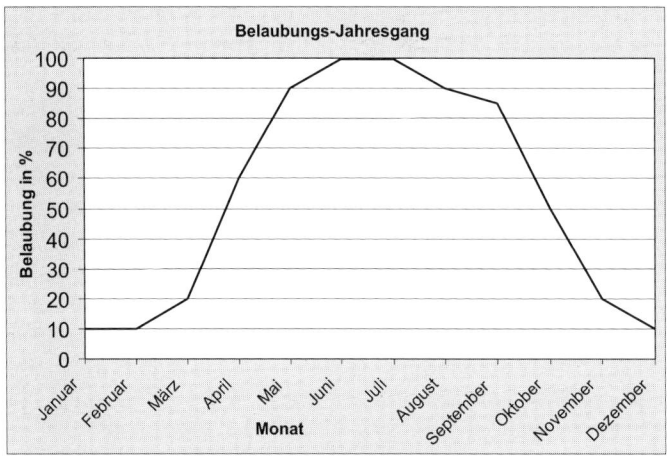

Abbildung 71: Verlauf des Belaubungsjahresganges

Die Verrechnung der über das Jahr variablen Verschattung ermöglicht, die spezifische Situationen abzubilden. Auswirkungen der Verschattung sind die Verschiebungen der Temperaturgänge für verschiedene Zimmer – auch thermische Zonen genannt – im Gebäude, wie es in Abbildung 72 deutlich wird.

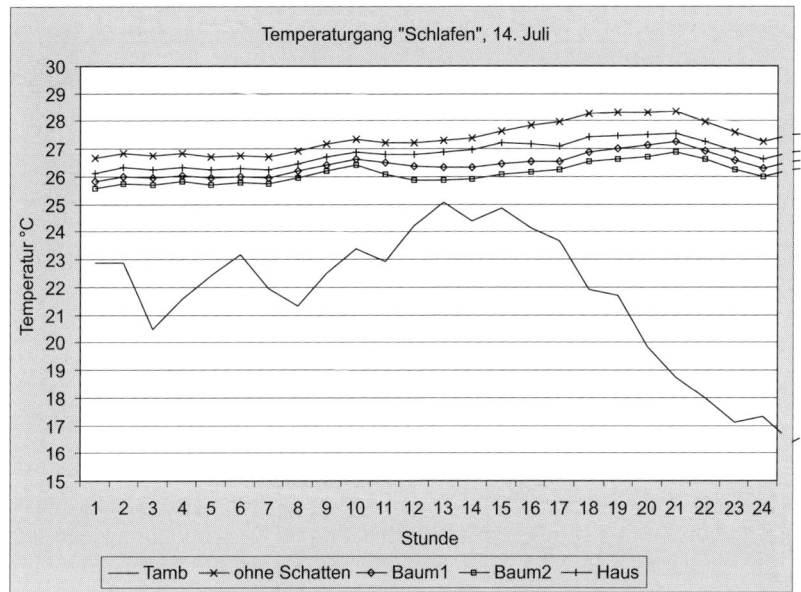

Abbildung 72: Temperaturgänge bei Verschattungsvarianten

Die Temperatur der thermischen Zone „Schlafen" verläuft ohne Verschattung erwartungsgemäß oberhalb der anderen Kurven. Je nach Verschattungsart (Haus, zwei verschiedene Bäume nach Kronendurchmesser und Abstand zum Gebäude) wird die Temperatur der thermischen Zone um 6–7% reduziert. Diese Erkenntnis ist bezüglich des Heizwärmebedarfes von untergeordneter Bedeutung, jedoch kann auf diese Art dem sommerlichen Wärmeschutz zumindest teilweise Rechnung getragen werden. Dies kann auf der einen Seite die Reduzierung von Kühllasten sein bzw. externe oder interne Verschattungssysteme überflüssig machen.

5.3.1.4 Bodentemperatur

Wärmetransmission findet ebenfalls zwischen den Kellerwänden und dem Erdreich statt. Somit geht auch die Bodentemperatur als Faktor in die Transmissionswärmeverluste eines Gebäudes ein. Die aktuelle Bodentemperatur in der Tiefe z zum Zeitpunkt t kann über Differentialgleichungen errechnet werden. Randbedingungen dabei sind Bodenart, Feuchte und Bewuchs. Vereinfachend wurde hier für die Ermittlung der Bodentemperatur im Kellerbereich eine konstante mittlere Tiefe von 1,5 m angesetzt, da die Variation der Bodentemperatur in dem für die Transmission relevanten Bereich des Kellergeschoßes die Genauigkeit in diesem Falle nicht signifikant erhöht. Die Bodentemperatur geht somit äquivalent zur Lufttemperatur als Gangkurve über das Jahr in die Berechnung ein. Sie ist ein Maß für die Wärmeenergie des Erdreiches und resultiert aus dem Zusammenspiel von Wärmezufuhr und Wärmeverlust sowie Wärmekapazität und Wärmeleitfähigkeit des Bodens. Die Wärmezufuhr erfolgt zum größten Teil durch Sonnenstrahlung und ist somit abhängig vom Stand der Sonne, der Neigung der Oberfläche und dem Reflexionsgrad der Bodenoberfläche. Die Wärmeverluste entstehen

zum einen durch Abstrahlung und Konvektion, zum anderen durch Verdunstungsprozesse an der Oberfläche. Wärmekapazität und Wärmeleitung des Bodens sind in erster Linie vom Wassergehalt abhängig. Dies wird deutlich, wenn
man die spezifischen Wärmekapazitäten von Wasser und mineralischen Bodensubstanzen (ca. 1 kJ/kgK zu 0,4 kJ/kgK) bzw. die wesentlich größere Wärmeleitfähigkeit des Wassers betrachtet. Insgesamt wird die Bodentemperatur also von
vier Parametern (Strahlung, Wind, Bodensubstanz sowie Bewuchs) bestimmt,
und muß standortabhängig betrachtet werden. Weiterhin weist das horizontale
Temperaturprofil je nach Tiefe unterschiedliche Charakteristika auf: Die Temperatur nahe der Bodenoberfläche zeigt die größten Schwankungen und nimmt mit
zunehmender Tiefe schnell ab; in 0,7 bis 1 m Tiefe machen sich Tagesschwankungen nicht mehr bemerkbar. Der Jahresgang der Temperatur greift tiefer in den
Boden und ist selbst über 10 m Tiefe hinaus festzustellen. Ein weiteres Merkmal
ist das phasenverschobene, monatsmittlere Maximum von Lufttemperatur und
Bodentemperatur innerhalb eines Jahres, dessen zeitlicher Abstand mit zunehmender Tiefe aufgrund der thermischen Trägheit der Bodensubstanz anwächst.
Der Boden reagiert aufgrund seiner großen Wärmekapazität somit nur träge auf
Änderungen der Lufttemperatur, was sich auch auf den Temperaturgang des
Kellerraums überträgt. Mit sinkender Bodentemperatur steigt in der Regel der
Heizbedarf für den Keller, im Sommer kühlt die Erde den Kellerraum.

5.3.1.5 Architektur des Gebäudes

Der Baustil bestimmt die Anordnung der einzelnen Bauteile mit. Da insbesondere Bauteile der Außenhülle eine thermische Funktion erfüllen (Wärmedämmung)
und verschiedene thermische Charakteristika aufweisen, wird durch ihre Position
und Dimensionierung in der Fassade der Wärmehaushalt des Gebäudes mitbestimmt. Wände im Innenraum besitzen ebenfalls eine thermische Funktion: sie
können einfallende Sonnenstrahlung speichern und zeitversetzt wieder abgeben.

5.3.1.6 Kennwerte der Bauteile

Bauteile können vier thermische Funktionen erfüllen:

Wärmeabgabe

Liegt die Temperatur der Raumluft über dem Maximum, muß Wärme aus dem
Raum abgeführt werden. Ein bezüglich dem rationellen Einsatz von Energie eleganter Weg ist das (natürliche) Lüften durch Öffnen der Fenster, da hierfür keine
Fremdenergie benötigt wird.

Wärmedämmung

Ziel ist die Reduzierung der Wärmetransmission zwischen Innenraum und Umgebung. Diese Funktion wird von der Gebäudehülle übernommen.

Durchlaß von Sonnenstrahlung

Fenster ermöglichen nicht nur die natürliche Beleuchtung von Räumen, die eingestrahlte Energie reduziert auch den Wärmebedarf.

Speicherung von Sonnenstrahlung

Oftmals existiert eine Zeitdifferenz zwischen Bedarf und Angebot der in die Räume eingestrahlten Energie. Innenwände mit möglichst hoher Wärmekapazität speichern in Zeiten eines Strahlungsüberhangs (tags) Energie ein und geben diese dann bei erhöhtem Wärmebedarf (nachts) wieder ab. Das Innovationspotential der passiven Nutzung der Solarenergie läßt jedoch hoffen, zukünftig auch jahreszeitliche Schwankungen mittels geeigneter Speichermedien (z.B. Latentwärmespeicher) in einem ökonomisch vertretbaren Rahmen auszugleichen.

Mit welcher Effizienz die jeweilige Funktion erfüllt wird, ist von den spezifischen Kennwerten des Baustoffes abhängig. Zu beachten ist, daß diese Kennwerte z.B. von der Temperatur und Feuchtigkeit abhängen und aufgrund von Alterung über die Nutzungsphase hinweg nicht konstant sind.

5.3.1.7 Gebäudeausrichtung

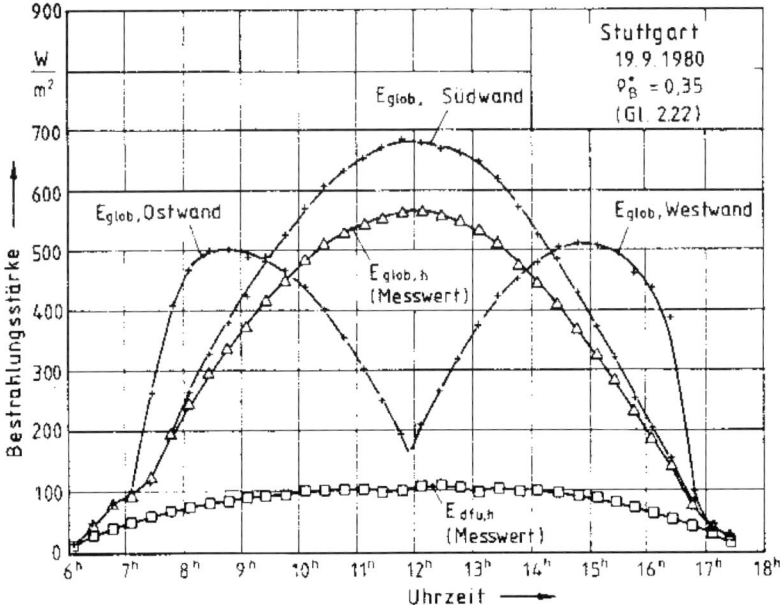

Abbildung 73: Umrechnung der horizontal gemessenen globalen und diffusen Bestrahlungsstärke auf verschieden orientierte Gebäudewände [94]

Entsprechend dem Sonnengang variiert die das Gebäude treffende Strahlung in Intensität und Richtung. Größte solare Energiegewinne ergeben sich erwartungsgemäß für die Südorientierung der Fassade, die geringsten in Richtung Norden.

Am Beispiel Stuttgart wird in Abbildung 73 die Abhängigkeit der Wandorientierung von der horizontal gemessenen Einstrahlungsstärke aufgezeigt.

Die Südwand wird gleichmäßig über den Tag bestrahlt mit einem Maximum am Mittag, die Ostwand hat vormittags, die Westwand nachmittags das Maximum. In der Gebäudenutzungsphase sind jedoch auch anders geneigte Flächen von Interesse. Speziell vertikal geneigte Flächen, aber auch beliebig geneigte Flächen sind zu beschreiben. Die Abbildung 74 zeigt die Abhängigkeit der jährlichen relativen Sonneneinstrahlung von der Himmelsrichtung und dem Neigungs- bzw. Anstellwinkel einer Fläche.

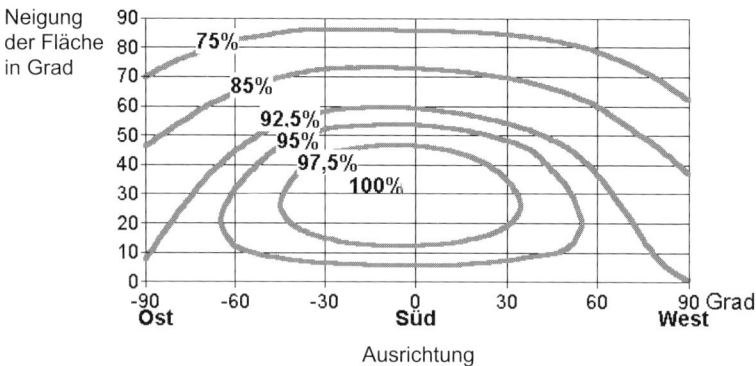

Abbildung 74: Einfluß des Neigungswinkels und der Himmelsrichtung auf die jährliche relative Sonnenbestrahlung einer Empfangsfläche [94]

100% der jährlichen Einstrahlung, die in Deutschland maximal 1055 kWh/m² beträgt, wird der Abbildung 74 zufolge auf einer nach Süden ausgerichteten Fläche mit einem Neigungs- oder Anstellwinkel von 30° erreicht. Der Neigungswinkel der Fläche ist primär im Zusammenhang mit spezifischen architektonischen Fragestellungen, der Solartechnik oder der Photovoltaik von Interesse. Fenster und Wände weisen überwiegend einen Neigungswinkel von 0° auf. Auf ein nicht verschattetes Südfenster fallen demnach ca. 94% der jährlichen Sonnenbestrahlung. Abbildung 75 verdeutlicht die starke zeitliche Abhängigkeit der Monatsummen der globalen Strahlung, die in der Summe zwischen 5–8 kWh/m² · d beträgt, von der Neigung der Fläche.

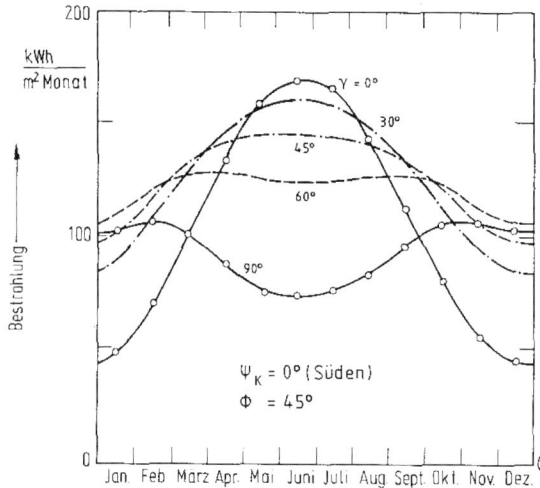

Abbildung 75:
Jahresverlauf der Monatssummen der globalen Bestrahlung für verschiedene Neigungswinkel einer nach Süden ausgerichteten Fläche [94]

Bei $\gamma = 0°$ (horizontale Ausrichtung) ist die Amplitude des Jahresganges maximal, d.h. im Sommer trifft auf diese Fläche am meisten Globalstrahlung, im Winter entsprechend am wenigsten. Bei der Solararchitektur (Ausrichtung der Fensterflächen, Kollektoreinsatz, Photovoltaikzellen, passive Systeme) muß deshalb neben der Ausrichtung nach der Himmelsrichtung auch bezüglich der Neigung geprüft werden, ob eine solare Wärmezufuhr erwünscht ist oder weitgehend unterbunden werden soll.

5.3.1.8 Innere Wärmequellen

Neben der vom Heizsystem bereitgestellten Wärme, stellen elektrische Geräte, Beleuchtung sowie Bewohner des Gebäudes weitere Wärmequellen dar. Die inneren Gewinne sind eng verknüpft mit dem Benutzerverhalten, grenzen sich jedoch als eher statische Randbedingungen ab (Anzahl der Glühbirnen, TV-Geräte,...).

Die Energieeffizienz der Geräte, beschrieben durch den Anteil der Abwärme an der elektrischen Leistungsaufnahme, wird zum einen durch die eingesetzte Technologie, zum anderen von der Funktion selbst bestimmt. Zu welcher Zeit Beleuchtung, TV, Herd etc. aktiv sind, bestimmt der Nutzer in der Regel täglich neu. Die Anzahl der eingebauten Einheiten ist eher statisch und in Intervallen zeitinvariant zu sehen.

Aufgrund seines Stoffwechsels gibt jede Person abhängig vom Aktivitätsgrad und der Körpergröße Wärme ab. Dies kann bei stark frequentierten Räumen zu einer erheblichen Steigerung der Raumtemperatur führen.

5.3.1.9 Resümee

In Tabelle 22 sind alle Einflüsse auf den Wärmehaushalt zusammengefaßt.

Tabelle 22: Beeinflussende Parameter des Wärmehaushalts eines Gebäudes

Parameter	Parameter hat Einfluß auf			Parameter wirkt	
	Transmission	Lüftung	Strahlung	dynamisch	statisch
Klima	X	X	X	X	
Bodentemperatur	X			X	
Externe Verschattung			X	X	
Benutzerverhalten	X	X	X	X	X
Architektur	X	X	X		X
Gebäudeausrichtung			X		X
Kennwerte der Bauteile	X	X	X		X

Die Parameter Klima und Bodentemperatur sind dynamischer Natur und nicht vom Benutzer zu beeinflussen. Auch der Parameter externe Verschattung wirkt dynamisch, kann jedoch vom Nutzer beeinflußt werden. Das Benutzerverhalten wirkt einerseits dynamisch (z.B. beim Öffnen der Fenster) anderseits können einige Verhaltensmuster des Benutzers auch als quasistatisch angesehen werden. Denkt man an die Wahl eines Ersatzfensters nach 30 Nutzungsjahren, werden für das nächste Nutzungsintervall Parameter wie bsw. der k-Wert quasi-statisch festgelegt. Auch die Gebäudeausrichtung ist quasistatisch, da der Parameter nicht variiert werden kann. Die Wirkung auf den Energiebedarf über die Zeit ist aufgrund der Einstrahlungsunterschiede dynamisch. Die Kennwerte der Bauteile können als quasistatisch angesehen werden.

Neben dem Lokalisieren der einflußnehmenden Faktoren des Wärmehaushalts ist es zur Bilanzierung der thermischen Nutzungsphase notwendig, mittels geeignetem Berechnungsverfahren die jeweiligen Wärmeströme zu quantifizieren. Bei einer detaillierten Untersuchung kommt hierfür nur ein dynamisches Verfahren in Frage, da keiner der eingehenden Parameter konstant ist. Diese Vorgehensweise ist zwar gegenüber statischen Berechnungsmethoden, etwa der Wärmeschutzverordnung 95, mit erheblichem Mehraufwand verbunden, jedoch können nur so zeitlich und räumlich hoch aufgelöste Ganglinien von Temperaturen und Energieströmen erzeugt werden. Das Hauptaugenmerk richtet sich hierbei auf die Parametervariation, welche unterschiedliche Szenarien energetisch analysiert. Dies ermöglicht das Abschätzen von Einfluß-Bandbreiten und die Validierung eingeschränkter Detailierungsgrade von statischen Berechnungsmethoden.

Es wurde ein repräsentatives Einfamilienhaus virtuell aufgebaut und dynamisch mit allen o.g. Einflußgrößen beaufschlagt [95]. Es zeigte sich, daß bei der Bestimmung des Wärmebedarfs des Gebäudes erhebliche Diskrepanzen gegenüber einer statischen Betrachtungsweise auftreten können. Insbesondere beim Abweichen der Raum- und Bodentemperatur von (statischen, in der Verordnung verwendeten) Standardwerten bilden sich signifikante Schwankungsbreiten der benötigten Mindestenergie aus. Die Abbildung 76 verdeutlicht, daß schon geringe Schwankungen der Bodentemperatur (aufgrund unterschiedlicher Bodenfeuchte, Substanz oder Bewuchs) zu signifikanten Änderungen im Wärmebedarf führen.

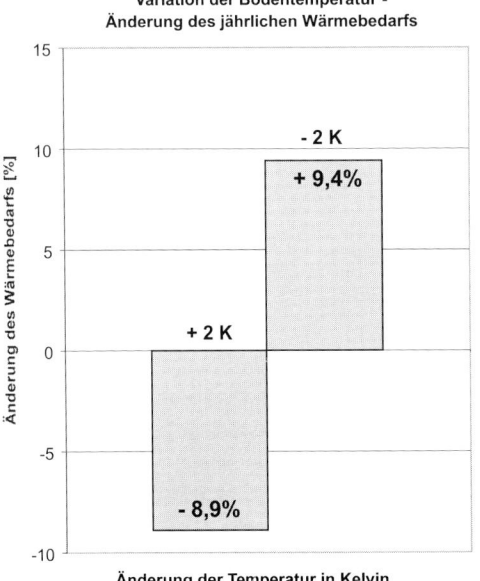

Abbildung 76:
Sensitivität des jährlichen Wärmebedarfs gegenüber Temperaturänderung der jahresmittleren Bodentemperatur

In statischen Berechnungsmethoden wird von einer gemittelten jährlichen Bodentemperatur ausgegangen und somit auf solche Unterschiede eingegangen. Die Abbildung 76 zeigt auch die Abhängigkeit von Standortbegebenheiten. Die Bodentemperatur schwankt in einer Tiefe von 1,5 m um ca. 12 K über das Jahr.

Dieses Beispiel zeigt deutlich, daß es sinnvoll ist, die Einflußgrößen auf den Wärmebedarf eines Gebäudes anhand dynamischer Simulation abzuschätzen.

Um die Sensitivität des Wärmebedarfs eines Gebäudes bezüglich der jeweiligen Einflußgrößen zu ermitteln, wird die Struktur der zu bilanzierenden Wärmeströme benötigt. Hat beispielsweise der Betrag der eingestrahlten Sonnenenergie bereits unter Standardbedingungen nur einen geringen Anteil an der Energiebilanz, so wird der Faktor „externe Verschattung" nur unwesentlich die Struktur des Wärmehaushaltes beeinflussen. Die Kontingente der dynamisch simulierten Wärmeströme des Einfamilienhauses zeigt Abbildung 77. Deutlich zu erkennen ist der Schwerpunkt „Transmissionsverlust". Im Mittelpunkt einer thermischen Optimierung des Gebäudes sollten in diesem Fall deshalb zunächst eine Verringerung dieses Wärmestroms stehen.

Die Deckung der Differenz zwischen Wärmeverlusten und Gewinnen übernimmt die Heizungs- bzw. Klimaanlage. Der Nutzungsgrad dieser Anlagen bestimmt die zuletzt aufzuwendende Endenergie zur Klimatisierung des Gebäudes. Maßnahmen zur Energieeinsparung auf der Deckungsseite, etwa durch Steigerung des Wirkungsgrades des Heizkessels oder der Wärmeverteilung, sind nur im Kontext zur Bedarfsoptimierung, z.B. durch Verminderung der Transmissionsverluste zu sehen und müssen gegeneinander gewichtet werden.

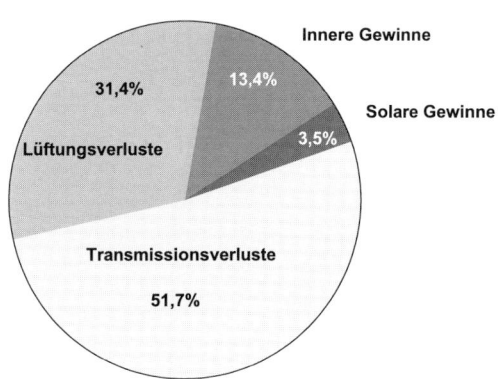

ile der Wärmeströme an der Energiebilanz

Abbildung 77: Kontingente der Energieströme am Wärmehaushalt eines EFH

Der Einsatz einer dynamischen Simulation zur Darstellung der Wärmeströme ist somit als Validierung der statischen Methoden zu sehen. Statische Methoden können mit hinreichender Genauigkeit Aussagen über durchschnittliche, architektonisch nicht aus dem Rahmen fallende Gebäude unter durchschnittlichen Randbedingungen treffen. Sind spezielle Konstruktionen vor allem in Richtung

Niedrig- oder Nullenergiehaus oder architektonisch untypische Gebäude der Betrachtungsgegenstand, ist eine dynamische Simulation zur Identifizierung der sensiblen Parameter bzw. Einflußgrößen dieser Situation sinnvoll.

Aufgrund der Komplexität von ganzheitlichen Bilanzierungen bzw. Ökobilanzen ist die direkte Integration dynamischer Simulationen in die Lebenszyklusanalyse unter den gegebenen Bedingungen nicht zielführend. Die Berechnungen würden in Aufwand und Zeit stark expandieren. Somit sind statische Berechnungen mit den jeweils an die Situation angepaßten Randbedingungen unter Kenntnis der sensiblen Parameter, eine geeignete Möglichkeit Szenarien, Zeitreihen und Prognosen über einen definierten Nutzungszeitraum zu rechnen.

Diesen statischen Berechnungen (getreu der Devise „so genau wie nötig, nicht so genau wie möglich") muß daher eine Betrachtung mit hohem Detailierungsgrad vorausgehen, da eine Legitimation gegeben ist. Das Aufdecken von Sensitivitäten und das Festlegen sinnvoller Randbedingungen stehen deshalb im Vordergrund beim Einsatz dynamischer Simulationen zur Entwicklung statischer Szenarien der thermischen Nutzungsphase.

Die ermittelten Bandbreiten des Wärmebedarfs durch Variation relevanter Parameter innerhalb eines plausiblen Wertespektrums zeigt Abbildung 78. Die signifikanten Abweichungen der bereitzustellenden Heizenergie vom Standardwert der statischen Methode „Wärmeschutzverordnung 95 (WSV)", verdeutlichen die Wichtigkeit der korrekten Randbedingungen bei der Simulation der thermischen Nutzungsphase. Aufgrund mangelnder Daten konnte die Schwankungsbreite bezüglich des Parameters „Klima BRD" nur partiell dargestellt werden, jedoch sind auch hier, wie bei den USA-Werten, deutliche Abweichungen gegenüber der WSV 95 zu erwarten. Wegen fehlender Extremklimate (z.B. Wüstenklima) werden diese jedoch geringer ausfallen.

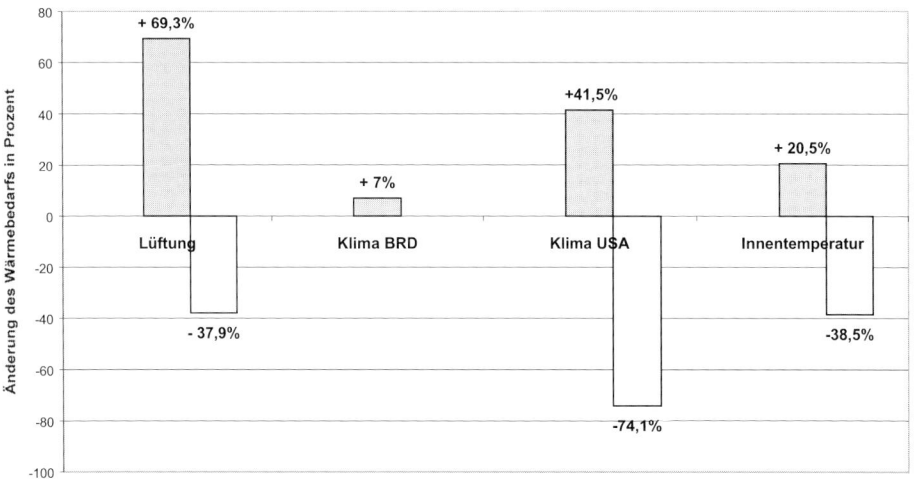

Abbildung 78: Bandbreiten des jährlichen Wärmebedarfs aufgrund variierter Parameter

Die Kenntnis der Ergebnisse einer dynamischen Simulation erleichtern die Interpretation der Szenarien einer Nutzungsphase. Es ist auch denkbar, verschiedene, bisher konstante Durchschnittswerte von Parametern einer statischen Simulation auf Grund der Ergebnisse der dynamischen Rechnung zu linearisieren. Beispielsweise kann basierend auf den Simulationsergebnissen eine Klassifizierung innerhalb der Parameter, z.B. im Falle der Lüftung in *dicht/nahezu dicht/normal/undicht* durchgeführt werden, um so die Detailtiefe des zu entwickelnden statischen Szenarios gegenüber dem dynamischen sinnvoll zu reduzieren, jedoch bezüglich konstanten Parametern Variationen durchführen zu können. Wird dieses Verfahren für verschiedene Funktionstypen von Gebäuden durchgeführt, erweitert sich der Anwendungsbereich der Methode.

Dieses Vorgehen erhöht die Genauigkeit der statischen Betrachtung der Nutzungsphase erheblich, ohne die Nachteile der schlechten Handhabung und des enormen Aufwands einer dynamischen Simulation zu übernehmen.

5.3.2 Die unterhaltsbedingte Nutzungsphase

Unter der unterhaltsbedingten Nutzungsphase sind alle Aufwendungen für Unterhalt, Wartung, Reparatur und Austausch zu verstehen, die in gewissen Intervallen in der Nutzungsphase auftreten oder anfallen.

Die Intervalle hängen stark vom Bauteil, der Nutzungssituation und dem Nutzer selbst ab, so daß diese den vorliegenden Randbedingungen individuell angepaßt werden müssen. Verallgemeinerte Aussagen lassen sich in diesem Zusammenhang kaum treffen. Es empfiehlt sich eine Szenarienrechnung mit unterschiedlichen Annahmen, um Bandbreiten und mögliche Einflüsse von Wartungs- oder Austauschintervallen zu identifizieren. Die zu variierenden Annahmen können Zeitintervall und Technologie betreffen. Die Szenarien müssen definiert und dokumentiert werden.

5.3.3 Randbedingungen der Nutzungsphase

Eine Szenarienrechnung sollte berücksichtigen, daß sich im Laufe einer langen Nutzungsphase nicht nur das ausgetauschte oder gewartete System ändert bzw. verbessert. Meist ändern sich im Laufe der Zeit auch die Energiebereitstellungssysteme und Energieverteilungssysteme, die nicht unerheblichen Einfluß auf die ökologische Relevanz einer Wartungsmaßnahme haben können.

Es ist somit sinnvoll, im Falle langer Nutzungsphasen Änderungen der Randbedingungen zuzulassen bzw. einzurechnen. Da es sich auch hier um Maßnahmen handelt, die in der Zukunft liegen können, ist es auch in diesem Falle angebracht, unterschiedliche, sinnvolle Szenarien zu definieren und zu rechnen.

Die Annahmen können auf Erfahrungen der Vergangenheit beruhen, sich an heute technisch-physikalisch Möglichem orientieren oder auch, mit entsprechender Dokumentation, zukünftig realisierbare Ansätze beinhalten.

Beispiel: Wird ein Fenster ausgewechselt und dadurch ein besserer k-Wert mit geringeren Transmissionswärmeverlusten erreicht, ist mit einer positiven Auswirkung der Maßnahme auf das ökologische Profil der Nutzung zu rechnen. Es ist jedoch ebenfalls zu prüfen ob sich im Laufe der Zeit die Energiebereitstellung oder -zusammenstellung des Brennstoffes, der die Transmissionswärmeverluste des Bauteils ausgleicht, geändert hat. Es können sich so signifikante Unterschiede im ökologischen Profil der ausgewechselten Komponente respektive des ganzen Hauses ergeben. Gleiches gilt für Bauteile und Geräte, die direkt oder indirekt Einfluß auf den Stromverbrauch eines Gebäudes haben.

5.3.4 Analyse der Nutzungsphasen für freigeschnittene Bauteile

Wie in Kapitel 5.1 beschrieben, ist es notwendig, die Modellierung eines Gebäudes und im besonderen der Nutzungsphase vor dem Hintergrund des Gesamtsystems aufzubauen. Dies heißt jedoch nicht, daß Aussagen auf Bauteilebene nicht von Interesse sind, sondern daß die Modellbildung Informationen benötigt, die nur auf Gebäudeebene beantwortet werden können. Beispielsweise können nicht ohne weiteres zwei Außenwand-Konstruktionen miteinander verglichen werden, ohne die Kenntnis, ob im Kontext zum Gebäude eine Verwendung aufgrund statischer Anforderungen von beiden Varianten gleichermaßen erfüllt werden kann (Beispiel: ländliches Einfamilienhaus zu innerstädtischem Wohnblock). Denkt man an die thermische Nutzungsphase (Heizenergie, Kühlenergie, Warmwasser) hat beispielsweise die absolute Größe der Nutzfläche entscheidenden Einfluß auf die Art des zu installierenden Heizsystems und somit auf anlagenspezifische Emissionen und den auf m²-bezogenen Energiebedarf (Beispiel: Stückholzbefeuerter Kamin zu Gasbrennwert-Heizgerät). Um Aussagen auf Bauteilebene zu generieren, ist daher die Kenntnis über die Zusammenhänge in Bezug auf das Gesamtsystem nötig.

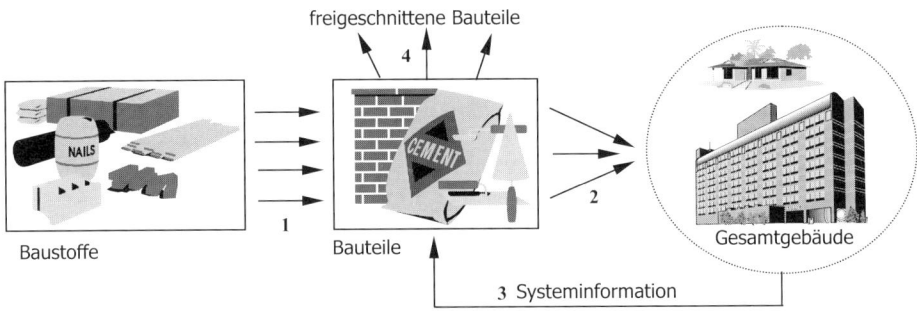

Abbildung 79: Vom Baustoff über Bauteile und Gebäude zu frei geschnittenen Bauteilen

Voraussetzung ist der Bezug der Bauteile auf vergleichbare Einheiten wie
- m² Außenwand, m² Dachfläche, m² Fensterfläche

sowie der Bezug der Bauteile auf eine vergleichbare Leistungen wie
- W/(m²K) Wärmedurchgang, DM Kosten, kN/m² bzw. kN/m Belastbarkeit, dB Schallschutz, Brandschutzklasse oder ähnliches.

Somit kann vom Gebäude unter Beachtung der konstruktiven und thermisch-nutzungsorientierten Randbedingungen und Voraussetzungen mit der entsprechenden Systeminformation auf Bauteile zurückgeschlossen werden. Ohne die Systeminformationen sind die Ergebnisse nicht auszuwerten. Diese Vorgehensweise ermöglicht eine aussagekräftige Analyse der frei geschnittenen Bauteile. Es besteht die Möglichkeit einer konsistenten, das System betrachtenden Interpretation der Ergebnisse.

Die Analyse der Ergebnisse kann auf unterschiedlichen Ebenen und mit wählbarer Detailtiefe durchgeführt werden.

1. Es können verschiedene Varianten von Konstruktionen bezüglich verschiedener Wirkkategorien, die in der Herstellung verursacht werden, gegenübergestellt werden. Somit können Aussagen über Trends konstruktiver Änderungen getroffen werden bzw. zu erwartende Auswirkungen einer neuen Konstruktion ermittelt werden.
Beispiel:

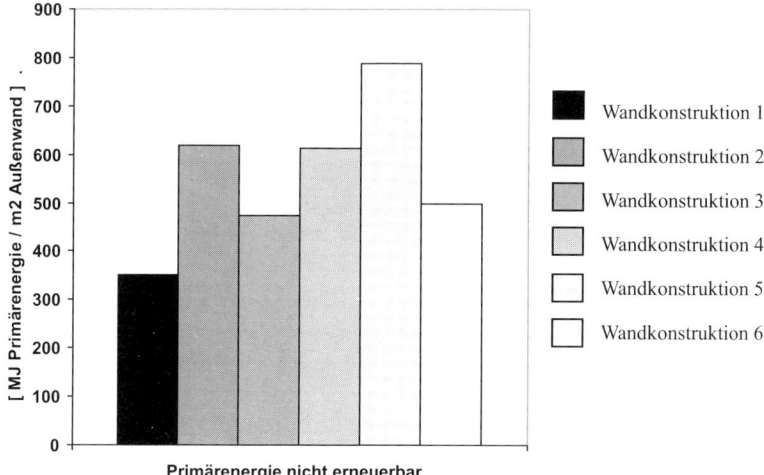

Abbildung 80: Gegenüberstellung verschiedener Konstruktionen mit gleichem Bezug und gleicher Leistung (z.B. m² Außenwand und k-Wert) am Beispiel Primärenergieverbrauch (nicht erneuerbar)

2. Eine Konstruktion kann bezüglich des umweltlichen Verhaltens in Herstellung und einer zeitlich variablen thermischen Nutzungsphase über verschiedene Wirkkategorien charakterisiert werden. Die Nutzungsphase kann durch iteratives Vorgehen in zeitliche Intervalle eingeteilt werden, auf deren Basis die Auswirkungen beliebiger Szenarien errechnet werden (siehe auch Kapitel 5.3.1,

5.3.2, 5.3.3). Es können beispielsweise verschiedene Heizsysteme über gewisse Zeitintervalle eingesetzt und sukzessive durch geänderte Technologien ersetzt werden. Der Detaillierung der Nutzungsphase sind aus Systemsicht kaum Grenzen gesetzt. Die umweltliche Verbesserung oder Verschlechterung der konstruktiven Maßnahme kann so unter verschiedenen Bedingungen errechnet werden, um geeignete oder optimale Anwendungsgebiete für die modifizierte Konstruktion zu identifizieren.

Beispiel:

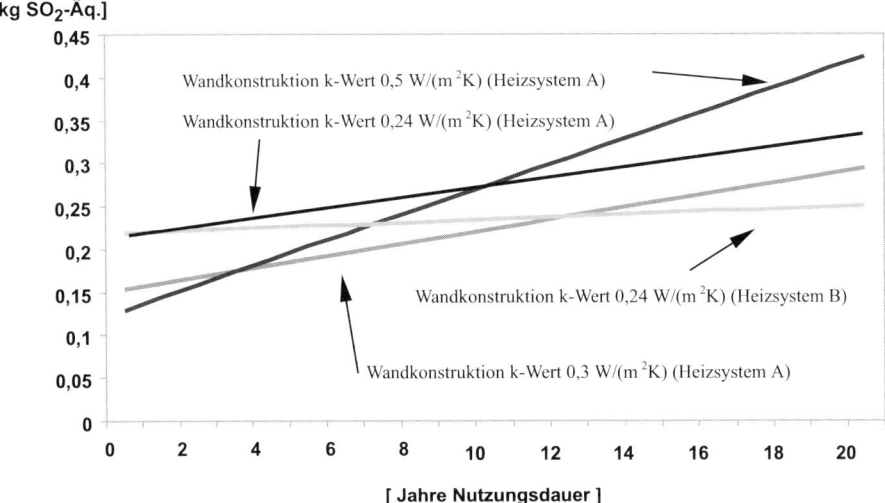

Abbildung 81: Szenarien diverser Konstruktionen bezüglich dem Versauerungspotential von Herstellung und Nutzung

Der y-Achsenabschnitt entspricht den in der Herstellung frei gewordenen Versauerungspotentialen und der Verlauf der Geraden dem Potential, das bei der Nutzung durch die Bereitstellung der Heizenergie verursacht wird. Diese Darstellung kann für jede Größe der Auswertung (z.B. Primärenergie, Treibhauspotential, usw.) erzeugt werden. Es können so optimierte Anwendungen und Konstruktionen beurteilt werden.

3. Die meist im Verbund von Materialien aufgebauten Bauteile können des weiteren in deren Bestandteile wie Subsysteme, Bau- und Werkstoffe disaggregiert werden. Diese Disaggregation ermöglicht die umweltliche Analyse der Bestandteile des Bauteils. Es sei hier noch einmal deutlich darauf hingewiesen, daß Trivialinterpretationen (Baustoff *x* innerhalb eines Bauteils hat am meisten Beitrag und ist daher am wenigsten umweltfreundlich) falsch und nicht zulässig sind, da die funktionelle Einheit nur durch den Verbund der Bau- und Werkstoffe gewährleistet ist. Die Substitution eines Bau- oder Werkstoffes innerhalb eines Bauteils ist nur dann hinreichend als umweltliche Verbesserung zu interpretieren, falls nach der Substitution vergleichbare Leistungsmerkmale vorliegen. Somit dient die Analyse der disaggregierten Darstellung der Identifikation von Potentialen einer Konstruktionsverbesserung.

Beispiel:

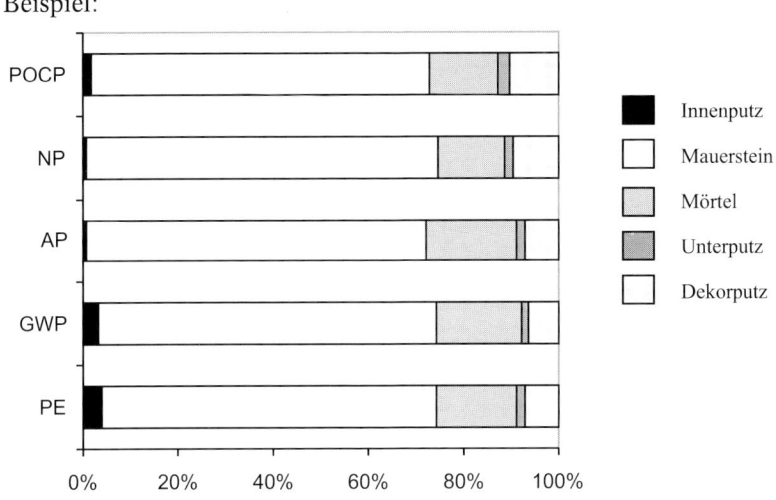

Abbildung 82: Analyseoptionen von Konstruktionsvarianten bezüglich des Aufbaus

5.4 End of Life/Recycling

Betrachtet man die jährlich in Deutschland anfallenden Abfall- und Reststoffmengen, so beträgt je nach zugrundegelegter Statistik der Anteil der Baurestmassen ca. zwei Drittel am Gesamtabfallaufkommen. Abbildung 83 gibt anhand einiger Beispiele einen Überblick über die Stoffvielfalt der Baureststoffe.

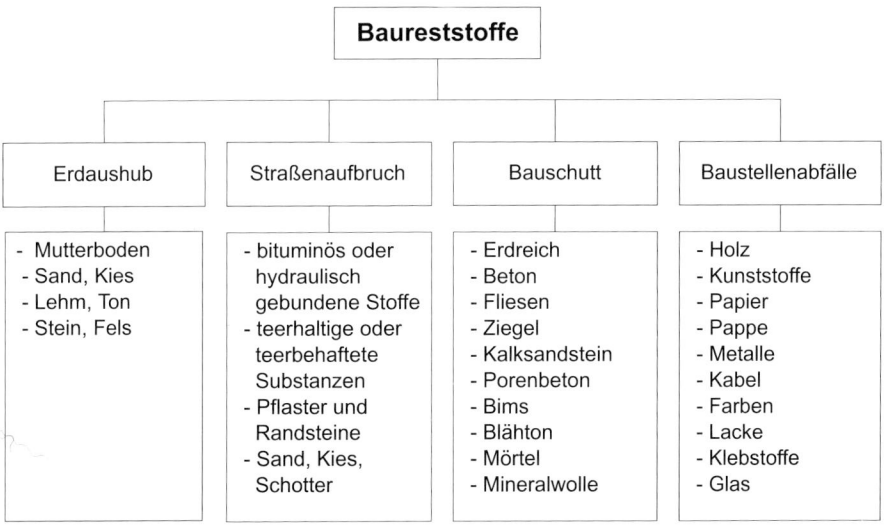

Abbildung 83: Zusammensetzung von Baureststoffen [93]

Der Schwerpunkt der nachfolgenden Betrachtungen liegt auf den Kategorien Bauschutt und Baustellenabfälle. Erdaushub sowie Straßenaufbruch spielen im Rahmen des Forschungsvorhabens keine bzw. nur eine untergeordnete Rolle. Über die im Jahre 1996 angefallenen Mengen an Baureststoffen (ohne Erdaushub) gibt Abbildung 84 Auskunft.

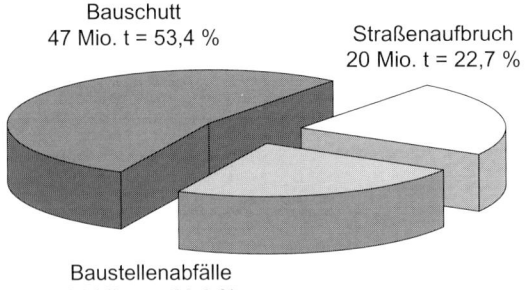

Bauschutt
47 Mio. t = 53,4 %

Straßenaufbruch
20 Mio. t = 22,7 %

Baustellenabfälle
21 Mio. t = 23,9 %

Abbildung 84:
Baurest- und Abbruchmassen 1996,
Gesamt: 88 Mio. t [96]

Die hier aufgeführten Mengen bilden die Basis für ein Recyclingpotential. Vergleicht man Bedarf und die im günstigsten Fall zur Verfügung stehende Menge an Recyclingbaustoffen ist zu erkennen, daß abgesehen von Einzelfällen dem Anteil von Recycling-Baustoffen in Bauwerken schnell Grenzen gesetzt sind. Nach Hochrechnungen des Bundesverbands Recyclingbaustoffe e.V. [96] wurden im Jahr 1996 273 Mio. Tonnen Sand und Kies eingesetzt. Demgegenüber stehen 88 Mio. Tonnen an Baureststoffen von denen 50 Mio. Tonnen als Recycling-Baustoffe eingesetzt wurden. Die aus dieser Situation entstehenden Konsequenzen innerhalb der Ganzheitlichen Bilanzierung werden im Kapitel 5.4.4 näher erläutert.

Vor dem Hintergrund der jährlich anfallenden Mengen kann auch im Bauwesen ein Recycling nicht mehr ignoriert werden. Für die Zukunft wird ein weiter steigendes Aufkommen an Baureststoffen bei gleichzeitig knapper werdenden Deponieräumen prognostiziert. Der Gesetzgeber stellt im Rahmen des Kreislaufwirtschaftsgesetzes die Forderung nach einem Schließen der Stoffkreisläufe, wobei jedoch ein Schließen der Stoffkreisläufe nicht notwendigerweise die ökologisch günstigste Variante bedeutet.

Recycling ist jedoch nicht nur aus dem Blickwinkel der Entsorgungsproblematik zu sehen. Ein ebenso wichtiger Aspekt ist die Substitution von Primärrohstoffen. Dies ist insbesondere im Hinblick auf die Rohstoffabhängigkeit der Bauindustrie von Bedeutung. Neue Steinbrüche oder Kiesgruben werden nicht ohne weiteres genehmigt. Zudem ist zumindest regional mit einem Versiegen abbauwürdiger Rohstoffvorkommen zu rechnen.

5.4.1 Status Quo der Nachnutzungsmaßnahmen

Baureststoffe fallen im Hochbau in der Regel im Rahmen von Instandsetzungen, Funktionsänderungen bzw. Umnutzungen sowie beim Abbruch am Ende der Nutzungsphase an. Laut Kreislaufwirtschaftsgesetz sind die dabei anfallenden Stoffe nach dem EU-Abfallbegriff als Abfall zu deklarieren. Dabei fallen unter den Begriff Abfall auch Materialien, die bisher als Reststoffe oder Wirtschaftsgüter bezeichnet wurden. Es wird zwischen Abfällen zur Beseitigung und Abfällen zur Verwertung unterschieden, wobei eine Verwertung sowohl stofflich als auch thermisch in Frage kommt. Auf die Problematik der Gesetzesumsetzung im Bauwesen sowie der Zuordenproblematik Verwertung - Beseitigung wird hier nicht näher eingegangen. Die entsprechenden Konsequenzen im Rahmen einer Bilanzierung sind in Abschnitt 5.4.4 dargelegt.

Der Wiedereinsatz der Gebäudesubstanz ist, wie am Beispiel Bauschutt, nicht nur auf stofflicher Ebene möglich. Prinzipiell gilt, je geringer der Umformungs- und Aufbereitungsaufwand, desto größer sind, zumindest was die Herstellung betrifft, die ökologischen Einsparpotentiale. Prinzipiell sind folgende Einsatzlevel denkbar:
- Materialebene
- Baustoffebene
- Bauteilebene
- Gebäudeebene

Heutzutage findet ein Recycling bis auf wenige Ausnahmen nur auf Material- oder Baustoffebene statt. Die Voraussetzungen für einen Wiedereinsatz ganzer Bauteile sind Aufgrund der Bauweisen des heutigen Gebäudebestandes nicht gegeben. Grundlegend für wiederholte Einsätze von Bauteilen sind demontierbare Bauweisen.

Ein kurzer Überblick über den Einsatz von Baureststoffen wird in Tabelle 23 dargestellt [93]. Es ist zu erkennen, daß Baureststoffe in der Regel nur in Bereichen mit untergeordneten Anforderungen eingesetzt werden. Vom Grundsatz her ist Recycling ein Einsatz auf gleichen Qualtitäts- und Wertschöpfungsniveau. Deshalb ist für die heutige Einsatzform der Baureststoffe der Begriff Downcycling eher zutreffend.

5.4.2 Verwertungsmöglichkeiten von Baureststoffen

Heutige Einsatzmöglichkeiten sowie Potentiale zur Verwertung auf höherem Qualitätsniveau sind in Tabelle 23 gegenübergestellt.

Die Abbildung 85 zeigt die Verwendung mineralischer Baureststoffe aufgeschlüsselt nach Menge und Anwendungsgebiet für das Jahr 1996. Es ist zu erkennen, daß der überwiegende Teil im Straßenbau eingesetzt wird. Anwendungen im Hochbau spielen keine Rolle.

Tabelle 23: Verwertung von Baureststoffen

Baureststoff	Ist-Zustand	Szenario Zukunft
Asphaltaufbruch	Bituminöse Tragschichten, ungebundene Tragschichten	Deckschichten
Straßenaufbruch	Verfüllmassen, Frostschutz, Schottertragschichten	Zuschlagstoffe für Beton, Hydraulische Schichten, Asphalt, Betonwaren
Hochbauabbruch, Ziegel, Leichtbausteine etc.	Verfüllmassen, untergeordnete Tragschichten, Pflaster	Tragschichten für Sportplätze, Bodensubstrate, Hochbausteine, Pflasterbettungsmaterial
Beton, bewehrt und unbewehrt	Verfüllmassen, Frostschutz, Schottertragschichten	Betonzuschlag, Betonwaren, Pflasterbettungsmaterial
Altbahnschotter	Bahnschotter, Splitte	Edelsplitte
Baumischstoffe	Deponie, (z.Z. noch fast 100%)	Trennung und Verwertung der Stoffe

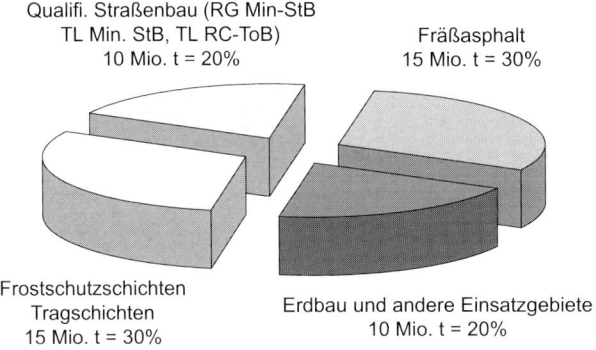

Abbildung 85: RC-Baustoff-Verwendung 1996, Gesamt 50 Mio. t [96]

    Im folgenden soll ein Einblick über Möglichkeiten der Verwertung von Bau-
reststoffen gegeben werden.

Beton

Forschungsaktivitäten in den letzten Jahren haben gezeigt, daß Beton mit gewissen Einschränkungen in Form von Rezyklat als Betonzuschlag wieder eingesetzt
werden kann. Für konkrete Anwendungen waren jedoch zeit- und kostenintensi-
ve Zustimmungen im Einzelfall notwendig. Mit dem Erscheinen der Richtlinie
Beton mit rezykliertem Zuschlag [97], herausgegeben vom Deutschen Ausschuß
für Stahlbeton, wurde die Grundlage für eine breite Anwendung von Altbetonre-
zyklat als Betonzuschlag geschaffen.

Es folgen Recylingmöglichkeiten anderer mineralischer Baustoffe [98].

Ziegel

Ziegel lassen sich bis zu 10–20 M.-% in gemahlener Form (sortenrein ohne Mörtelreste) als Magerungsmittel bzw. Füllstoff der Produktion zugeben. In [99] wird über die Herstellung von Mauersteinen in Plansteinqualität berichtet. Dabei werden 10% Ton (Primär), Ziegelsplitt, Braunkohleflugasche und Wasser verwendet. Ziegelreicher Bauschutt wird in der Hauptsache im Straßen- und Wegebau eingesetzt.

Bims

Unter bestimmten Voraussetzungen können Produktionsausschuß und Bimsbauschutt wieder in die Bimssteinproduktion zurückgeführt werden. Die Einsatzmenge ist abhängig von der Rohdichte und der Schüttdichte des Rezyklats und der angestrebten Rohdichteklasse des neuen Produkts [100].

Kalksandstein

Die Zugabe von sortenreinem Bruchmaterial ist unter bestimmten Voraussetzungen ohne größere Beeinträchtigung der Eigenschaften möglich. Dies gilt auch für Bruchmaterial mit Mörtelresten bis zu 11 M.-%. Bruchmaterial mit Fremdstoffen (WDV auf Polystyrolbasis, WDV auf Mineralwollebasis, Bestandteile aus Bitumendichtungsbahnen) führt zum Teil zu erheblichen Beeinträchtigungen (z.B. Druckfestigkeit) [101].

Porenbeton

Die Rücknahme sortenreiner Porenbetonabfälle wird durch die Porenbetonindustrie garantiert. Es ist dann eine Zugabe ohne Qualtitätsverlust bis zu 10 M.-% der Trockenmasse möglich [102]. In der Hauptsache werden Porenbetonabfälle jedoch als Wärmeschüttdämmung oder Substrat für Gründächer verwendet [103].

Mauermörtel

Für Werktrockenmörtel werden Produktionsrückstände wieder in den Herstellungsprozeß zurückgeführt [104]. Das Hauptproblem für einen Wiedereinsatz bildet die Trennung der Materialien, die nicht ohne vertretbaren Aufwand realisierbar ist.

Putze und Putzmörtel

Für Putze und Putzmörtel gilt Gleiches wie bei Mauermörtel.

Beispiele für die Verwertung nicht-mineralischer Baustoffe werden in [105] aufgezeigt. Es handelt sich um Tendenzen und grundsätzliche Verwendungsmöglichkeiten.

Holz

Um Holz wieder einsetzen zu können, muß es frei von Verunreinigungen wie Holzschutzmittel, Anstriche, etc. sein. Holz wird zerkleinert, zerspant, zerfasert als Rohstoff in Holzfaserplatten, Spanplatten oder Papier eingesetzt. Ebenso ist eine thermische Verwertung möglich.

Metalle

Metalle werden über entsprechende Recyclingpfade über den lokalen Schrotthandel entsorgt. Die Wiederverwertung durch Einschmelzen entspricht dem Stand der Technik. Stahl, Kupfer und Aluminium sind in Zusammenhang mit Gebäuden von übergeordneter Bedeutung. Zum Teil bestehen branchenspezifische Wertstoffkreisläufe durch Recyclinginitiativen. Technisch ist das Recycling von Metallen kein Problem. Es kommen überwiegend magnetische und mechanische Verfahren (z.B. Dichtetrennung) zum Einsatz. Ein positiver Marktwert der metallischen Reststoffe trägt zur Motivation, Recycling zu betreiben, bei.

Papier

Papier kann über die Gewerbemüllsortierung erfaßt werden, spielt im Bauwesen jedoch nur eine untergeordnete Rolle, und die Recyclingverfahren können als Stand der Technik angesehen werden. Es besteht ein Überangebot an Altpapier.

Kunststoffe

In etwa 25% der deutschen Kunststoffproduktion wird im Bauwesen eingesetzt. Kunststoffe finden in sortenreiner Form Abnehmer in der Kunststoffindustrie (Fensterrahmen, Bodenbeläge, PE-Folien, etc.). Ist jedoch bei Abfallgemischen der Reinigungs- und Sortieraufwand zu hoch, kann eine thermische Verwertung vorrangig sein [106]. Im Baustoff und Gebäudebereich fallen hauptsächlich PVC, PE, PUR, EPS, XPS und einige Polymerblends an. PE läßt sich als Thermoplast regranulieren, einschmelzen und erneut verarbeiten. Auch PVC (Fensterrahmen, Bodenbeläge, Dachbahnen Kabelummantelungen) läßt sich als thermoplastisches Polymer werkstofflich rezyklieren. Branchenspezifische Wertstoffkreisläufe existieren für Fensterrahmen, Bodenbeläge und Dachbahnen und sollen die Probleme mit unterschiedlichen Additivmischungen verringern. Die mechanischen Verfahren des Kabelrecyclings sind aufwendig. PUR wird als Weichschaum wie als Hartschaum eingesetzt. Solvolytische Verfahren (Hydrolyse, Alkoholyse) kommen zum Einsatz. EPS und XPS können zerkleinert und als Füllstoffe in Baustoffen und Substraten alternativen Anwendungen zugeführt werden oder aufgeschmolzen, gesintert, granuliert und in den Produktionsprozeß rückgeführt werden. Rohstoffliches Recycling ist ebenso möglich. Aufgrund ihres hohen Heizwertes können Kunststoffe natürlich alternativ auch einer thermischen Verwertung zugeführt werden.

Glas

Für Glasrecycling existieren die entsprechenden Recyclingpfade bereits. Demgegenüber steht jedoch ein übergroßes Angebot an Altglas.

Die hier aufgeführten Möglichkeiten, Baustoffe wieder in den Kreislauf zurückzuführen, lassen sich sicherlich noch um ein Vielfaches erweitern. Eine weitere umfangreiche Übersicht über Verwertungsmöglichkeiten findet sich in [107].

Die aufgezeigten Wege sind theoretisch möglich, zu beachten sind aber tatsächliche Verwertungsraten. Geschlossene Kreisläufe existieren im Bauwesen bis dato nur für Stahl, Aluminium, Kupfer, Edelmetalle und Papier.

Eine der wichtigsten Voraussetzungen für eine Erhöhung der Verwertungsquoten ist die Sortierung der Baureststoffe auf den Baustellen bzw. Abbruchplätzen, da für eine erfolgreiche Rückführung in den Stoffkreislauf fast immer die Sortenreinheit eine Grundvoraussetzung bildet. Ebenso wichtig wie die Trennung der Baureststoffe ist das rasche Erkennen einer Kontamination der Baureststoffe. Hierzu sind Schnellanalyseverfahren notwendig. Ebenso müssen das technische Know-how für den Einsatz von Baureststoffen bestehen und entsprechende Regelwerke vorhanden sein.

5.4.3 Aufwendungen von Recyclingprozessen

Umfragen unter Architekten und Bauingenieuren ergaben, daß nach Meinung der Befragten die Wiederverwendbarkeit mit einer der wichtigsten Aspekte für einen ökologischen Baustoff ist [108]. Aussagen dieser Art müssen auf eine gesicherte Basis gestellt werden. Die wichtigsten positiven Aspekte des Recycling sind:
• Deponieraumeinsparung,
• Ressourcenschonung,
• Energieeinsparung (muß im Einzelfall nachgewiesen werden).

Demgegenüber stehen Aufwendungen in Abhängigkeit von Material und Qualitätsanforderung, die notwendig sind, um Recyclingprodukte einzusetzen. Aufwendungen entstehen durch den Rückbauprozeß wie z.B. durch Sprengen oder den Einsatz von Demontagegeräten. Weitere Aufwendungen werden durch Transporte oder das zur Einhaltung entsprechender Qualitätsanforderungen notwendige Sortieren verursacht. Der größte Anteil ist jedoch der Aufbereitung an sich zuzuschreiben.

Der Ökologische Nutzen von Recyclingprozessen ergibt sich aus den Einsparpotentialen durch die Anwendung der Recyclingprodukte abzüglich der notwendigen Aufwendungen.

Ein Großteil der anfallenden Baurestmassen wird in Bauschuttaufbereitungsanlagen aufbereitet. Aus diesem Grund wurden die Recyclingaufwendungen für die Bauschuttaufbereitung bilanziert. Das umweltliche Profil ist zur besseren Übersicht aller Profile in Kapitel 4.21 beschrieben.

5.4.4 Integration von Recycling in die Ganzheitliche Bilanzierung

Die Lebensphase des Recycling ist zeitlich gesehen die am weitesten von der Herstellung entfernte Lebensphase. Im Zuge des ökologischen Bewußtseins wird zwar an recycling-gerechtes Konstruieren und Fertigen gedacht, doch wie nach einer Nutzung mit einem Material oder Bauteil letztlich umgegangen wird, ist eine hypothetische Aussage.

Der zeitliche Versatz von Herstellung und Nutzung ist meist kein Problem, da Emissionen und Rohstoffverbräuche additiv sind. Im Fall von Recycling können sich Effekte ergeben, die eine Art Gutschrift bewirken (z.B. Einsparung von Rohstoffen und Emissionen). Die Kombination von zeitlichem Versatz, von umweltlichen Interventionen und eventuellen negativen Vorzeichen läßt eine simple Addition der ermittelten Werte der Herstellung und Nutzung mit denen des Recycling als nicht sinnvoll erscheinen. Die Herstellung ist meist über Interventionen, die bereits geschehen sind bzw. in naher Zukunft geschehen, charakterisiert. Die Interventionen der Nutzung können meist sehr genau (über Szenarien) berechnet werden oder sind durch die Herstellung schon vorgegeben. Die Interventionen des Recycling liegen in fernerer Zukunft und hängen stark von der Nachnutzungsmaßnahme ab. Ferner hat die Nutzungsphase keinerlei Einfluß auf ein mögliches Recycling. Somit sind die umweltlichen Interventionen des Recyclings als Potentiale auszuweisen und können i.a. nicht direkt mit der Herstellung und Nutzung verrechnet werden.

Die folgenden Ausführungen beziehen sich auf das Recycling von Baustoffen. Ein Bauteilrecycling wird an dieser Stelle nicht betrachtet.

5.4.4.1 Produktionsrecycling

Produktionsrecycling ist innerhalb der Systemgrenze Werk zu betrachten. Im Unterschied zu anderen Recyclingformen entfällt hier die Nutzungsphase. Dabei spielt es keine Rolle, ob eine notwendige Aufbereitung direkt oder extern durchgeführt wird. Produktionsrecycling wird im folgenden nicht betrachtet. Die Effekte eines Produktionsrecyclings, wie beispielsweise Mehraufwendungen durch eine Aufbereitung oder die Schonung von Ressourcen, sind in den Baustoffprofilen integriert. Im konkreten Fall werden sie bei der Erfassung der Input- und Outputströme im Rahmen der Sachbilanz miterfaßt.

5.4.4.2 Closed-Loop-Recycling

Ein Closed-Loop-Recycling setzt eine Nutzungsphase voraus und bezeichnet die Wiederverwendung von Stoffen bei der Herstellung desselben Produkts. Diese Form des Recyclings ist vor allem für Baustoffhersteller von Interesse, die eine Rücknahme ihrer Produkte anbieten.

Die Integration in die Bilanz erfolgt durch Addition von Aufwendungen sowie durch Subtraktion von Einsparungen. Aufwendungen stammen beispielsweise aus Rückbau, Sortieren des Abbruchmaterials, aus Transporten und der Aufbereitung. Bei den Einsparungen sind z.B. die Schonung von Deponieraum, Ressourcen und Energie zu nennen.

Für die Betrachtung eines repräsentativen Durchschnittsprodukts für Deutschland richtet sich das Substitutionspotential nach dem Verhältnis tatsächlich eingesetzter Menge Rezyklat zur Gesamtproduktionsmenge des betrachteten Produkts. Für die Betrachtung von Potentialen ergeben sich zweierlei Grenzen:

- *Technik:* Die Grenze des Substitutionspotentials ist die technisch einsetzbare Menge. Dabei ist zu unterscheiden zwischen der einsetzbaren Menge, welche die Produktqualität nicht oder nur geringfügig ändert und der maximalen Menge die bei veränderter Produktqualität möglich ist.

- *Verfügbarkeit:* Die Grenze ergibt sich aus dem Quotient von anfallender Menge des betrachteten Baureststoffes zu Gesamtproduktionsmenge des Baustoffes.

5.4.4.3 Open-Loop-Recycling

Für ein Open-Loop-Recycling ist ebenso wie beim Closed-Loop-Recycling eine Nutzungsphase erforderlich. Open-Loop-Recycling bezeichnet einen Wiedereinsatz von Stoffen bei der Herstellung anderer Produkte. Der Stoff verläßt mit dem Ende des Lebenszyklus die Systemgrenzen und tritt als Input in einen anderen Produktlebenszyklus. Wie bei der Betrachtung von Kuppel- und Nebenprodukten bei Herstellungsprozessen stellt sich die Frage der Verteilung. Man steht vor dem Problem, Aufwendungen und Einsparungen zwischen dem abgebenden und aufnehmenden Lebenszyklus zu verteilen.

Für Steine-Erden-Baustoffe werden folgende Möglichkeiten zur Verteilung bei der Behandlung von Abfällen dargestellt [2].

Tabelle 24: Übersicht der Verteilungsregeln und zu setzenden Systemgrenzen in Abhängigkeit von Entsorgungsweg und Verwertungsweg

Beseitigung	Stoffliche und Energetische Verwertung	Recycling von Produkten
Abfälle zur Beseitigung	Abfälle zur Verwertung (negativer Marktwert)	Produkte und Abfälle zur Verwertung (positiver Marktwert)
Beseitigung ist innerhalb der Systemgrenzen des stoffabgebenden Lebenszyklus zu behandeln	Die Aufwendung der Aufbereitung trägt der stoffaufnehmende Lebenszyklus, eine Verteilung der Primärwerkstoffherstellung findet nicht statt	Die Aufwendung der Aufbereitung trägt der stoffabgebende Lebenszyklus, die Primärwerkstoffherstellung teilen sich beide Lebenszyklen, wenn das Material das System verläßt

Für Abfälle zur Beseitigung ist die Situation eindeutig. Da kein Eintritt in ein anderes System erfolgt, ist auch keine Verteilung notwendig. Abfälle zur Verwertung nach Kreislaufwirtschaftsgesetz wurden für eine Betrachtung innerhalb der Ganzheitlichen Bilanzierung in zwei Gruppen unterteilt. Einteilungskriterium ist der Marktwert vor einer eventuell notwendigen Aufbereitung. Nach KrWG sind Abfälle Güter, von denen sich sein Besitzer entledigen will oder muß. Ein negativer Marktwert gilt hier als Indikator dafür.

Betrachtet man die anfallenden Baurestmassen, ist der Marktwert, zumindest was die mineralischen Baustoffe betrifft, in der Regel kleiner Null. Die Aufwendungen für die Aufbereitung trägt der stoffaufnehmende Lebenszyklus. Positive

Effekte ergeben sich aus der Schonung der Ressourcen und je nach Anwendungsart in der Einsparung von Energie. Der positive Effekt für den stoffabgebenden Lebenszyklus ergibt sich aus dem Wegfall der Deponieaufwendungen.

Für Stoffe mit positivem Marktwert wie beispielsweise Stahl, Kupfer, Aluminium etc. sind entsprechende Verteilungsschlüssel erforderlich.

Prinzipiell sind zwei zeitabhängige Varianten für eine Betrachtung von Recycling von Interesse:

Gegenwart: Einsatz von Recyclingprodukten in aktuellen Bauvorhaben
Zukunft: Recycling als End-of-Life Szenario

Der Einsatz von Recyclingprodukten in aktuellen Bauvorhaben läßt sich unter Berücksichtigung der technischen Umsetzbarkeit und den Recyclingpotentialen relativ einfach durchführen. Die technischen Möglichkeiten lassen sich ermitteln, fehlende Daten können erhoben werden.

Wesentlich schwieriger ist die Betrachtung von Recycling als End-of-Life Szenario. Die verglichen mit vielen anderen Produkten relative hohe Lebensdauer von Gebäuden läßt Prognosen über die Verwertung zum jetzigen Zeitpunkt erstellter Gebäude sehr unsicher erscheinen. Neben direkt mit dem Recycling verbundenen Prozessen wie Abbruchverfahren, Aufbereitung etc., deren Wandel über die Zeit Einfluß auf das Bilanzergebnis haben, sind indirekte Einflußfaktoren wie ein geänderter Strommix oder eine veränderte Transportsituation zu berücksichtigen. Die Frage, ob man positive Effekte (die nicht abgesichert sind) der Zukunft Bilanzen mit dem Bezugszeitpunkt der Gegenwart gutschreiben kann, ist klar zu verneinen.

Vor einer Bewertung von Recyclingmaßnahmen steht wie im Rahmen jeder Ökobilanzierung eine Abbildung der potentiellen Umweltwirkungen in Wirkkategorien.

Besteht in einigen Wirkkategorien weitgehend Konsens, so ist dies bei den für das Recycling wichtigen Bereichen nicht der Fall. Dies gilt insbesondere für die Betrachtung von Ressourcenverbräuchen, Deponieräumen und Flächeninanspruchnahme. Ebenso ist die Wertung veränderter Produktqualitäten zu klären.

5.4.5 Beispiel Beton

Als Referenzbeton wurde der in Kapitel 4.5 beschrieben Transportbeton B 35 gewählt. Auch wenn ein B 25 für dieses Beispiel besser geeignet scheint, wird ein B 35 gewählt, da der in Kapitel 4 dargestellte Beton B 25 Flugasche enthält. Für Zement und Zuschlag wurden die in Kapitel 4 dargestellten Durchschnittswerte verwendet.

Für den ersten Beton wurde der Zuschlag (Sand und Kies) zu 100% durch Rezyklat ersetzt. Zusätzlich wurde das Wassersaugen des Rezyklats berücksichtigt. Für die Korngruppe 0/2 wurde ein Wassersaugen von 6 M.-%, für die Körnungen größer 2 mm ein Wassersaugen von 4 M.-% angenommen.

Im zweiten Fall wurde ein Beton betrachtet, bei welchen der Zementgehalt um 10% erhöht wurde. Der w/z-Wert wurde konstant gehalten was zu einer Erhöhung der Menge an Zugabewasser führt. Gleichzeitig sinkt die Menge an Gesamtzuschlag. Der Zuschlag wurde wiederum zu 100% durch Rezyklat ersetzt. Das Wassersaugen wurde wie beim zuvor betrachteten Beton berücksichtigt.

Den Abschluß bildete ein Beton nach der Richtlinie des Deutschen Ausschusses für Stahlbeton, Beton mit rezykliertem Zuschlag. Der Rezyklatanteil wurde nach Tabelle 1-1 der Richtlinie bestimmt. Betrachtet wurde ein Außenbauteil. Für die Körnungen > 2 mm dürfen demnach 20% des Zuschlags durch Rezyklat ersetzt werden. Für Körnungen < 2 mm ist kein Rezyklat zulässig. Der w/z-Wert und das Wassersaugen wurden wie zuvor berücksichtigt.

Eine eventuell notwendige Zugabe von Fließmittel wurde bei allen Betonen nicht berücksichtigt. Eine Übersicht über die Zusammensetzung der Betone gibt Tabelle 25.

Tabelle 25: Zusammensetzung der Betone

	Referenzbeton B 35	Zuschlag 100% Rezyklat	100% Rezyklat 10% mehr Zement	Richtlinie DAfStb Außenbauteil
	[kg]	[kg]	[kg]	[kg]
Zement	360	360	396	360
Wasser	180	180	198	180
Saugwasser	–	76	73	10
Zuschlag	1916	–	–	1608
Rezyklat	–	1687	1618	233

Die Systemgrenzen für den Beton mit Rezyklat erstrecken sich vom Ort des Abbruches auf der einen Seite bis zum Tor des Transportbetonwerkes auf der anderen Seite. Aufwendungen durch den Abbruch wurden nicht betrachtet. Nach [109] wurde eine durchschnittliche Entfernung zwischen Abbruchstelle und Aufbereitungsanlage von 14 km verrechnet.

Altbeton und Bauschutt besitzen an der Abbruchstelle einen Marktwert kleiner Null. Somit trägt nach Tabelle 24 der stoffaufnehmende Lebenszyklus die Aufwendungen der Aufbereitung. Eine Verteilung der Herstellung der Primärwerkstoffe findet nicht statt.

In Abbildung 86 werden die drei Betone mit Rezyklat dem Referenzbeton gegenübergestellt. Für alle drei Betone zeigt sich eine Erhöhung des Primärenergiebedarfs. Besonders deutlich zeigt sich dies bei der Erhöhung des Zementgehalts, da für Beton das Bindemittel Zement 85–90% des Primärenergiebedarfs ausmacht.

Durch den erhöhten Energiebedarf bedingt, erhöhen sich auch die Potentiale des Treibhauseffekts, der Versauerung, der Eutrophierung und der Bildung von Photooxidantien. Stoffe die direkt zum Ozonabbau beitragen, werden sowohl in den betrachteten Prozessen, als auch in den Vorstufen nicht freigesetzt, so daß der Wert unverändert Null ist. Der Abfall reduziert sich für die Betone mit Rezyklat. Lediglich bei der Erhöhung des Zementgehalts muß mit einer Zunahme des Abfallaufkommens gerechnet werden. Die einzelnen Abfallarten wurden für diese

Betrachtung aggregiert, um Tendenzen aufzuzeigen. Der Verbrauch stofflicher Ressourcen ist bei den Betonen mit Rezyklat deutlich zurückgegangen.

Mit Abbildung 86 soll kein direkter Vergleich der Betone geführt werden, im Sinne von „Beton mit Rezyklat ist besser oder schlechter als Beton mit Primärzuschlag". Es sollen die Konsequenzen des Einsatzes von Rezyklat als Zuschlag gezeigt werden. Bei direkten Vergleichen muß berücksichtigt werden, daß man von Betonen mit unterschiedlichen Eigenschaften und somit unterschiedlichen funktionellen Einheiten ausgeht.

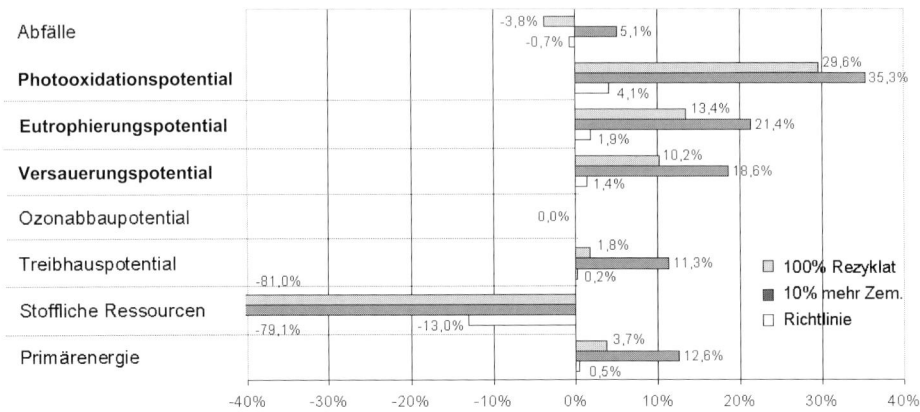

Abbildung 86: Einfluß des Rezyklatanteils auf das Bilanzergebnis

Für den Zuschlag des Referenzbetons wurde Sand und Kies gewählt. Bei der Verwendung von Splitt ist mit deutlich veränderten Ergebnissen zu rechnen. Der Anteil von Splitt als Betonzuschlag liegt in Deutschland jedoch nur bei ca. 16%.

Ebenso muß angemerkt werden, daß der Mehrverbrauch an Primärenergie ausgeglichen wird, wenn der jetzt angenommene Transportweg des Zuschlags des Referenzbetons um 35 km erhöht wird. Dies ist, betrachtet man die Sand- und Kieslagerstätten in Deutschland, ohne weiteres denkbar. Der Einsatz von Rezyklat ist dann unter ökologischen Aspekten in allen Bereichen die günstigere Variante.

Bei der Bewertung des Recyclings von Beton muß berücksichtigt werden, daß der aufbereitete Altbeton nur den Zuschlag substituieren kann. Es müssen immer Primärstoffe in Form von Zement und Wasser zugegeben werden.

Je nach Zusammensetzung des Betons mit Rezyklat ergeben sich unterschiedliche Abfallbilanzen. Im Mittel kann man annehmen, daß ca. 70% eines Kubikmeters Beton wieder in einem Kubikmeter Beton eingesetzt werden können. Betrachtet man jedoch die jährlich anfallenden Mengen Altbeton und die Gesamtmenge verbauten Betons, so kann theoretisch 100% des anfallendes Altbetons wieder verwertet werden.

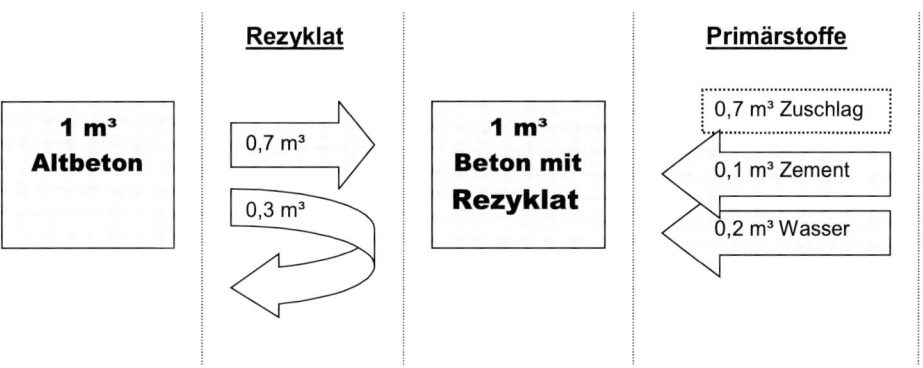

Abbildung 87: Abfallbilanz B 35

6 Softwareunterstützung zur Datenverwaltung und Bilanzierung von Gebäuden

6.1 Allgemeines

Ein Ziel des Projektes „Ganzheitliche Bilanzierung von Baustoffen und Gebäuden" war die Entwicklung einer praktikablen Methode zur Bilanzierung von Gebäuden. Grundsätzlich ist die Bilanzierung von Gebäuden und Gebäudeelementen auf Basis eines Abschlußberichtes in Papierform ohne weiteres möglich, der Aufwand, der hierzu getrieben werden muß, ist jedoch immens.

Da bei der Bilanzierung eine Reihe sich wiederholender Tätigkeiten wie z.B. die Massenermittlung je Quadratmeter Außenwand durchgeführt werden muß, ist die Bilanzierung von Gebäuden prädestiniert für eine Softwareunterstützung.

Auf spezifische Problemstellungen wie beispielsweise die Bilanzierung von Gebäuden zugeschnittene Software wird im Folgenden als DFE(*Design for Environment*)- Software bezeichnet.

6.2 Softwareunterstützung in der Bilanzierung – IKP Philosophie für DFE

Das gesamte Feld der Ganzheitlichen Bilanzierung ist aufgrund des immensen Datenvolumens und Modellierungsaufwandes heutzutage nicht mehr ohne Softwareunterstützung denkbar. Für das Erstellen von Ökobilanzen nach ISO 14040 ff. existieren dazu allgemeine Werkzeuge wie GaBi 3 o.ä. [9]. Diese Tools bieten eine maximale Modellierungsfreiheit für praktisch alle erdenklichen Problemstellungen zur Ganzheitlichen Bilanzierung. Aufgrund der vollständigen Freiheit der Modellierung sind zur Benutzung derartiger Werkzeuge zum einen ein gewisses Maß an Kenntnis der Bilanzierungsmethodik vonnöten, zum anderen ist die Software nicht an applikationsspezifische Bedürfnisse im Bauwesen angepaßt.

Im Gegensatz dazu sind DFE Tools vollständig auf die jeweilige spezifische Fragestellung hin zu entwickeln. Im Vordergrund steht die Integration des Tools in den normalen Arbeitsablauf des Planers, die Methodik für Massenermittlung und Bilanzierung läuft dabei vollständig im Hintergrund ab. Im optimalen Fall sind DFE Tools vollständig in den Konstruktions- bzw. Entwurfsprozeß integriert

oder sind in der Lage, über Schnittstellen Daten mit spezifischen Konstruktions-
programmen wie z.B. CAD auszutauschen.

Aufgrund der Eingliederung des DFE Tools in den Planungsprozeß ist die
Benutzergruppe im Unterschied zu allgemeinen Ökobilanzwerkzeugen nicht eine
Gruppe von Experten im ökologischen Sektor, sondern Konstrukteure und Planer, die eine schnelle und kostengünstige Abschätzung der ökologischen Wirkungen verschiedener Konstruktionsalternativen durchführen möchten. Das
Interesse liegt daher weniger auf einer Vielzahl disaggregierter Sachbilanzparameter, sondern vielmehr auf hochaggregierten Ergebnisgrößen. Diese sind leichter zu interpretieren und können die Entscheidungsfindung zwischen verschiedenen Konstruktionsalternativen wirkungsvoll unterstützen.

Aufgrund der Adaption an spezifische Fragestellungen ist die Abschätzung
von Umweltlasten in der Nutzungsphase eines Gebäudes für den Anwender eine
vergleichsweise einfache Fragestellung. Die für die Berechnung der Nutzungs-
phasenemissionen notwendigen Algorithmen werden bei der Konzeption des
DFE Tools dahingehend entwickelt, daß nach Möglichkeit eine Vielzahl der oh-
nehin vorhanden Eingabeparameter und Daten in die Berechnung einfließen.
Damit können Doppeleingaben vermieden und Dateneingaben auf die wesentlichen Parameter reduziert werden. Im unten näher erläuterten Beispiel *Build it* ist
zur Ermittlung der Umweltlasten über die Nutzungsphase lediglich die Spezifikation von Lüftungsanlage, Art der Heizung sowie die Eingabe des Gebäudevolu-
mens erforderlich. Ergebnisse wie k-Werte von Wandelementen oder der Jahres
Heizwärmebedarf fallen quasi als Abfallprodukt der Berechnungen an.

Vor dieser Vision lassen sich DFE Tools grundsätzlich nur für einen spezifischen Anwendungsfall entwickeln. Ein DFE Tool, daß sich sowohl im Bauwesen
als auch im Anlagenbau benutzen läßt, kann somit nicht existieren. Die grundle-
gende Problematik von DFE Tools besteht darin, den optimalen Ausgleich zwischen Benutzerfreundlichkeit und Flexibilität zu erreichen. Mit jedem Parameter,
der innerhalb des Systems errechnet wird, sinkt die Zahl der Benutzereingaben in
die Software, was zu einer Steigerung der Benutzerfreundlichkeit führt. Auf der
anderen Seite sinkt mit jedem automatisch berechneten Parameter die Flexibilität
des Tool. Sollte der Designer den vorgegebenen Rahmen potentieller Gestal-
tungsalternativen mit einer neuartigen Konstruktion durchbrechen, so kann ein
DFE Tool im Extremfall die Abbildung der Konstruktion nicht mehr erreichen.
Die Entwicklung von DFE Tools muß somit immer den trade-off zwischen An-
wenderfreundlichkeit und Flexibilität berücksichtigen, um eine für den Anwendungsfall optimale Lösung zu erreichen.

6.3 Systemaufbau von *Build it*

6.3.1 Entwicklungsumgebung

Als prototypische Entwicklung wurde *Build it* in Visual Basic for Applications,
basierend auf MS-EXCEL entwickelt. Hintergrund war die Verfügbarkeit der um-
fangreichen Objektbibliotheken und Funktionalität von MS-EXCEL. Diese er-

möglichten beispielsweise die Entwicklung gewisser Berechnungsmodelle auf Tabellenblättern, wodurch eine aufwendige Codierung dieser Funktionen eingespart werden konnte.

Der gesamte Entwicklungsprozeß konnte dadurch erheblich beschleunigt werden. Nachteil dieser Entwicklungsform ist im Unterschied zu vollwertigen Programmiersprachen die teilweise mangelnde Flexibilität bei der Gestaltung der Benutzeroberfläche.

6.3.2 Systemaufbau

Build it gliedert sich für den Benutzer sichtbar in die Elemente:
1. Eingabe und Bearbeitung von Regelkonstruktionen,
2. Vergleich von Regelkonstruktionen,
3. Aufbau von Gebäuden.

Abbildung 88 illustriert den Systemaufbau von Build it. Die rechteckig dargestellten Elemente stellen dabei die Schnittstellen zwischen Software und Benutzer dar, an diesen Stellen sind somit Dateneingaben möglich und erforderlich. Oval dargestellt sind die Datenbanken, die achteckigen Symbole stellen die wichtigsten internen Berechnungen in Build it dar.

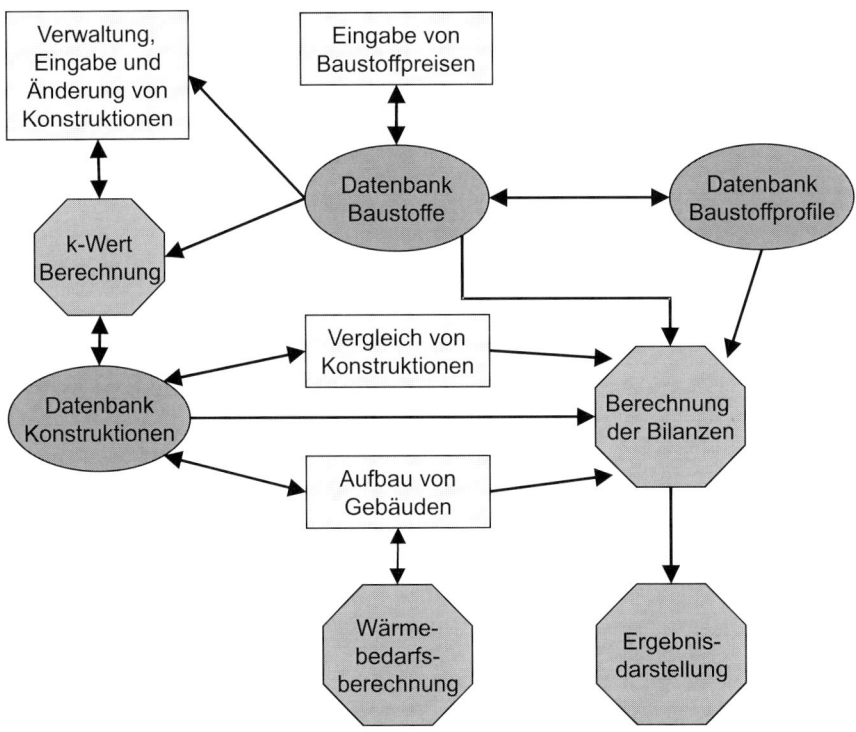

Abbildung 88: Systemaufbau Build it (schematisch)

6.4 Darstellung ausgewählter Eingabedialoge

6.4.1 Eingabedialog zum Aufbau von Dachkonstruktionen

Grundsätzlich gliedert *Build it* das Gebäude in die vier Objektklassen Außenwände, Innenwände, Decken, Dachelemente. Jede dieser Objektklassen gliedert sich dann wiederum in mehrere untergeordnete Objekte. Für jedes der verschiedenen Objekte sind verschiedene Algorithmen für die erforderlichen Berechnungen implementiert. Die Dateneingabe der konstruktiven Daten soll im folgenden exemplarisch anhand einer Dachkonstruktion veranschaulicht werden.

Abbildung 89 zeigt die Benutzerschnittstelle zur Eingabe von Dachkonstruktionen. Der Eingabedialog ist in die Registerblätter Schichtaufbau, Holzkonstruktion, Lattung innen und außen, Verbindungselemente, Dachfenster, k- Wert, Energie sowie ein freies Feld zur Dokumentation untergliedert.

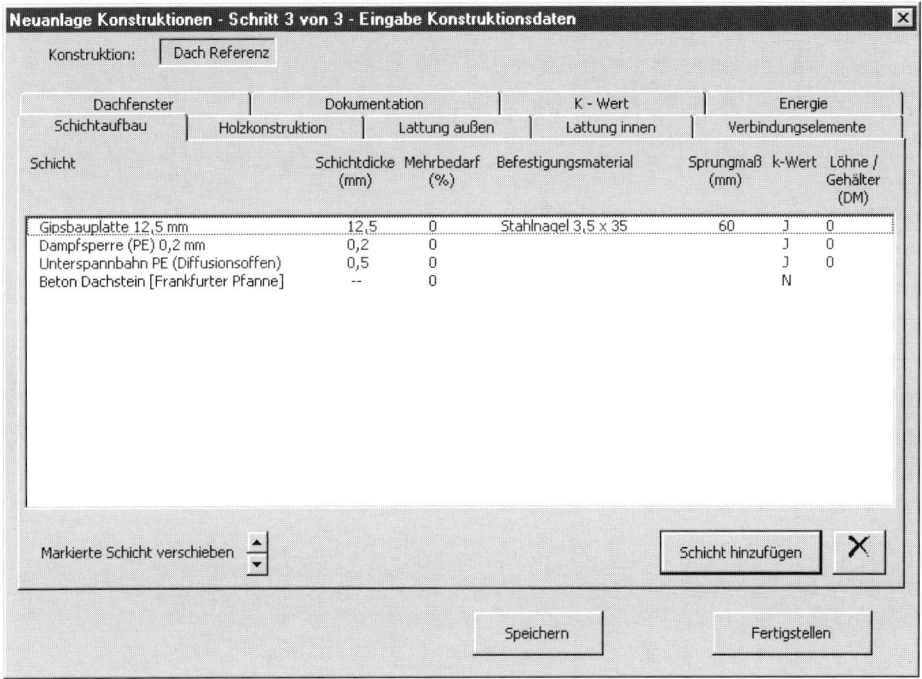

Abbildung 89: Eingabedialog Dachkonstruktion

Mittels der Registerseiten wird eine Gliederung der Dachkonstruktion in verschiedene konstruktive Elemente erreicht. Den Aufbau der Dachkonstruktion veranschaulicht Abbildung 90.

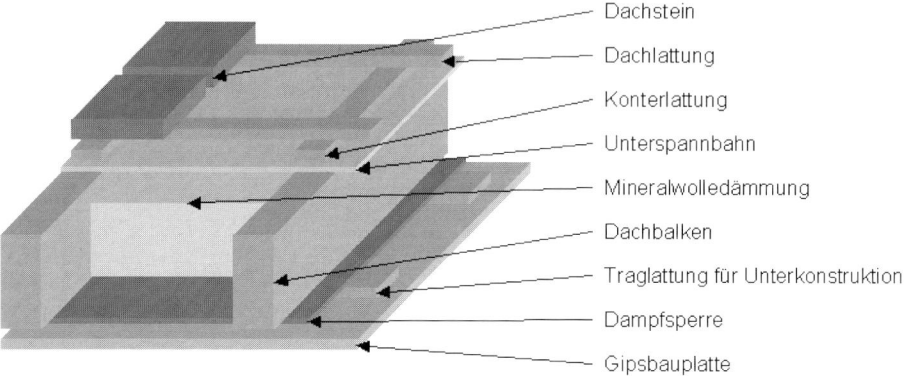

Abbildung 90: Aufbau der Dachkonstruktion

Die Registerseite „Schichtaufbau" nimmt alle diejenigen Schichten auf, die sich flächig durch die Konstruktion hindurchziehen.

Aus Abbildung 91 wird die oben angesprochene Anpassung von *Build it* an einen speziellen Anwendungsfall deutlich. So wird beispielsweise die Dimension der Dachsparren sowie die Dämmschichtdicke eingegeben, die Massenberechnungen erfolgen im Hintergrund.

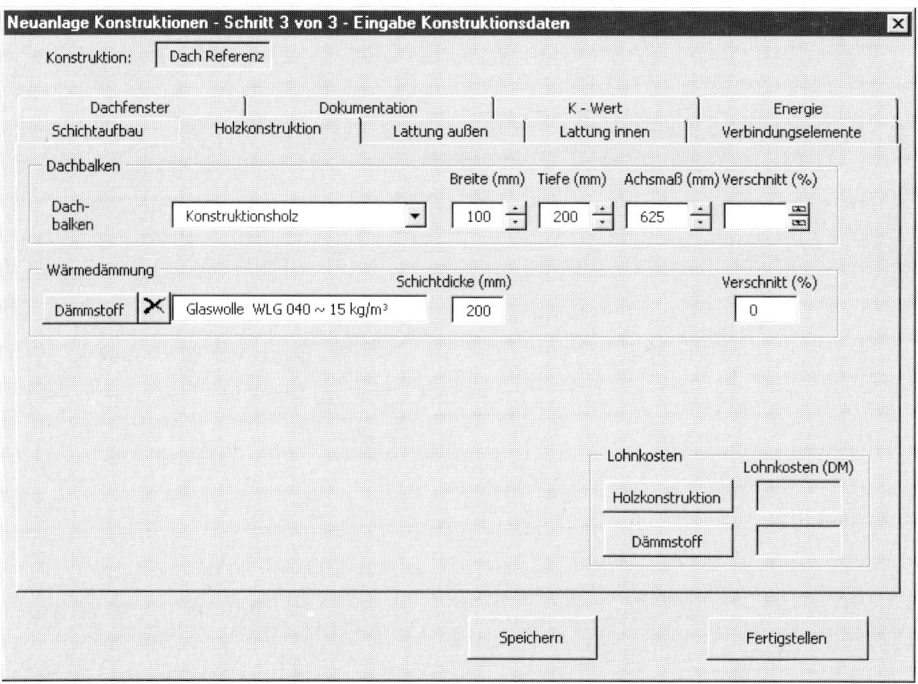

Abbildung 91: Maske zur Eingabe der Dachbalken und Wärmedämmung

Soll beispielsweise der Dämmstoff geändert werden, so werden dem Benutzer an dieser Stelle lediglich verschiedene Dämmstoffe zur Auswahl vorgeschlagen. Dies führt zu einer beschleunigten Auswahl des Dämmstoffes aus der Materialdatenbank. Offensichtlich ist diese starke Vorstrukturierung der Eingabemasken immer dann von Vorteil, wenn sie die Eingabe der vom Benutzer geforderten konstruktiven Elemente zuläßt, Probleme können dann auftreten, wenn vollkommen neuartige Konstruktionen entworfen werden sollen.

Hat der Benutzer sämtliche für seine Konstruktion relevanten Elemente spezifiziert, wird diese nach Berechnung des k-Wertes in der Konstruktionsdatenbank gespeichert und steht damit für den „Einbau" in Gebäude zur Verfügung.

6.4.2 Aufbau von Gebäuden (Projekten)

Abbildung 92 zeigt den Aufbau eines Gebäudes aus den in der Konstruktionsdatenbank gespeicherten Konstruktionen. Dazu müssen lediglich die Konstruktionen aus der Datenbank ausgewählt, Eigenschaften wie Länge/Breite, Orientierung, Öffnungen im Bauteil sowie ein Reduktionsfaktor für die Wärmebedarfsberechnung eingegeben werden (vgl. Abbildung 93).

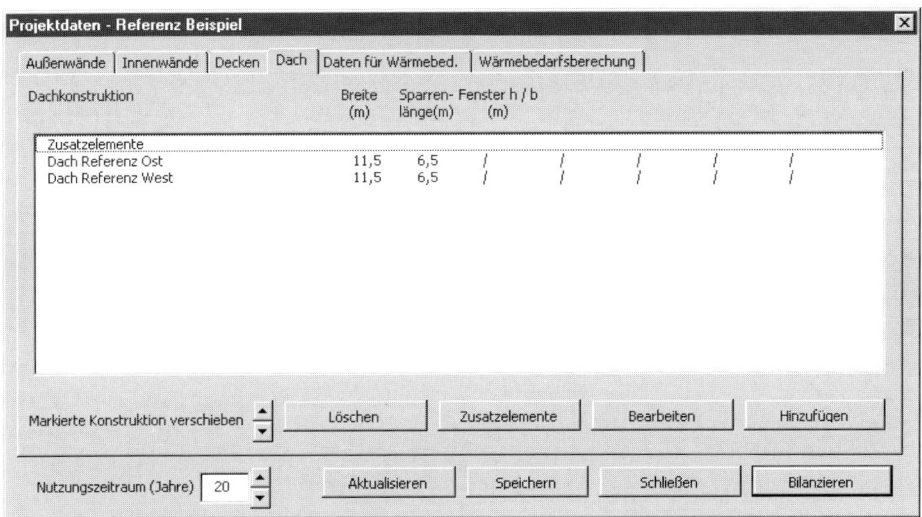

Abbildung 92: Aufbau eines Gebäudes

Mit Hilfe dieser Eingaben wird ein Wärmeschutznachweis nach DIN 4108 und WSO errechnet (siehe Abbildung 94).

Eine Aufteilung des Wärmebedarfes auf einzelne Flächen und damit deren Transmissionswärmeverluste sowie den Lüftungswärmebedarf veranschaulicht mögliche Optimierungspotentiale des Gebäudes.

Der berechnete Jahres Heizwärmebedarf bildet in Verbindung mit einem zu wählenden Heizsystem die Basis für die Berechnung der ökologischen Auswirkungen des Gebäudes über dessen Nutzungsphase.

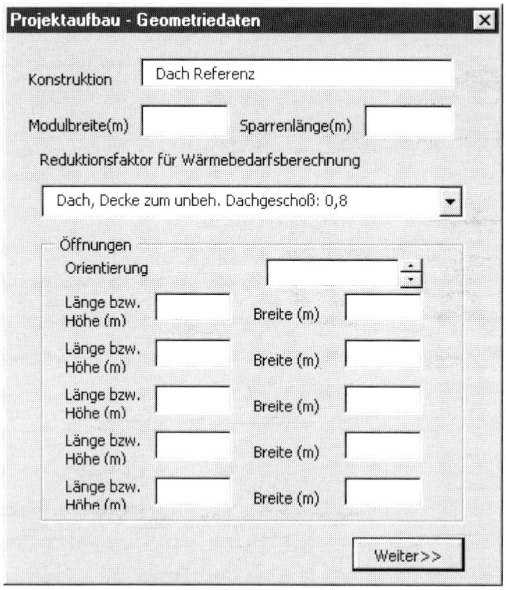

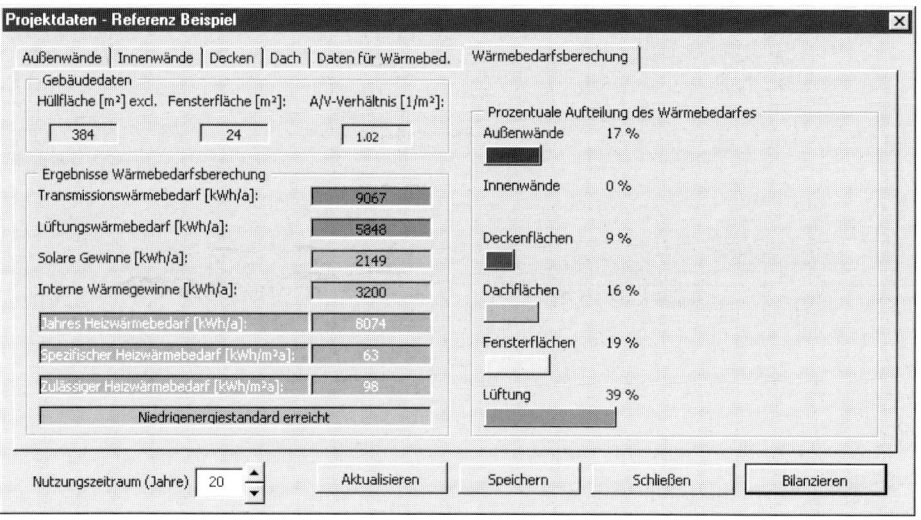

Abbildung 93: Spezifikation der Konstruktionseigenschaften im Gebäude

Abbildung 94: Ergebnisse der Wärmebedarfsberechnung

6.5 Darstellung ausgewählter Ergebnisse

Build it läßt sowohl den Vergleich von Einzelkonstruktionen als auch die Analyse gesamter Gebäude zu.

6.5.1 Vergleich von Konstruktionen

Im Rahmen des Konstruktionsvergleiches werden bis zu 4 verschiedene Konstruktionen einander gegenübergestellt. Diese lassen sich sowohl im Hinblick auf ihre Materialzusammensetzung mit den damit verbundenen Umweltwirkungen analysieren, als auch mit Blickwinkel auf die Nutzungsphase betrachten.

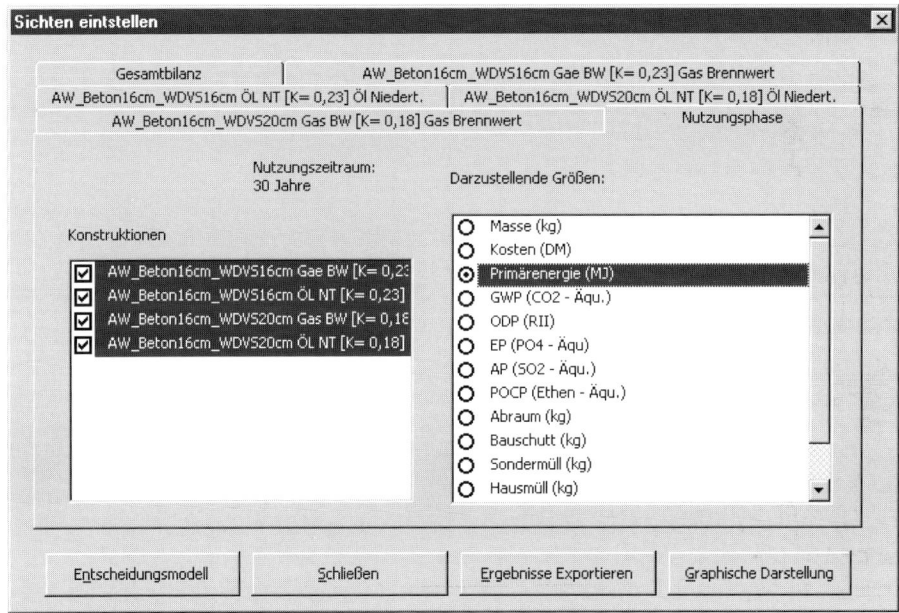

Abbildung 95: Auswahl der gewünschten Auswertungsgröße

Abbildung 95 zeigt das Dialogfeld zur Einstellung der gewünschten Analysegrößen. Als Auswertungsgrößen stehen dabei Masse, Kosten, GWP, ODP, EP, AP, POCP, Abraum, Bauschutt, Sondermüll, Hausmüll, Abfall zur Verwertung sowie Haldengut zur Verfügung.

Grundsätzlich wird im Rahmen des Vergleiches verschiedener Konstruktionen jeweils 1 m² der betreffenden Konstruktion analysiert. Zur Abschätzung der Umweltlasten der Konstruktion wird die Auswirkung auf den Jahres-Heizwärmebedarf dieser Konstruktion beim Einbau in ein typisches Einfamilienhaus betrachtet und auf die entsprechende Konstruktion alloziiert. Abbildung 96 und Abbildung 97 veranschaulichen die mit *Build it* generierten Ergebnisse des Vergleichs zweier Wandkonstruktionen. Die in das Ergebnis eingearbeitete Abschätzung der Nutzungsphase zeigt deutlich die Interaktion der Umweltauswirkungen aus Baustoffherstellung und Emissionen in der Nutzungsphase.

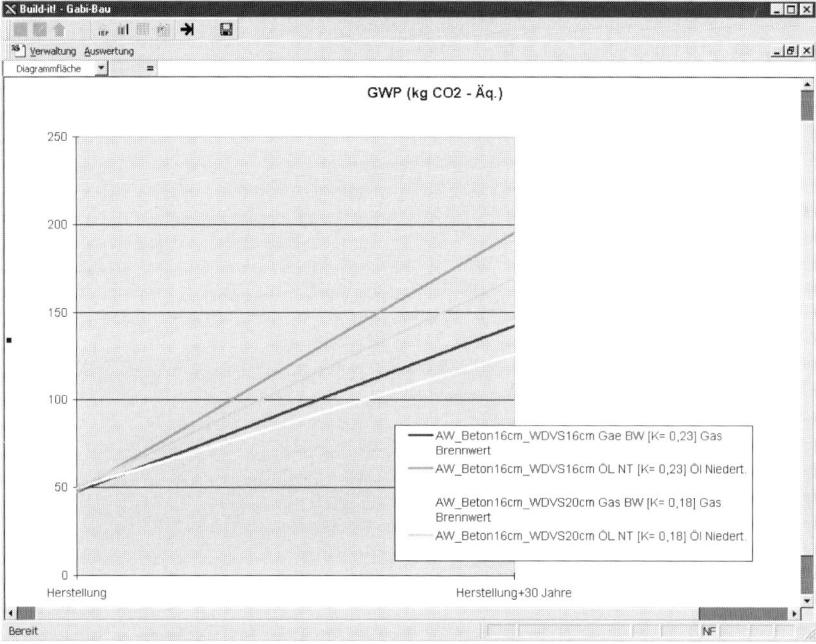

Abbildung 96: Gegenüberstellung zweier Außenwandkonstruktionen – GWP

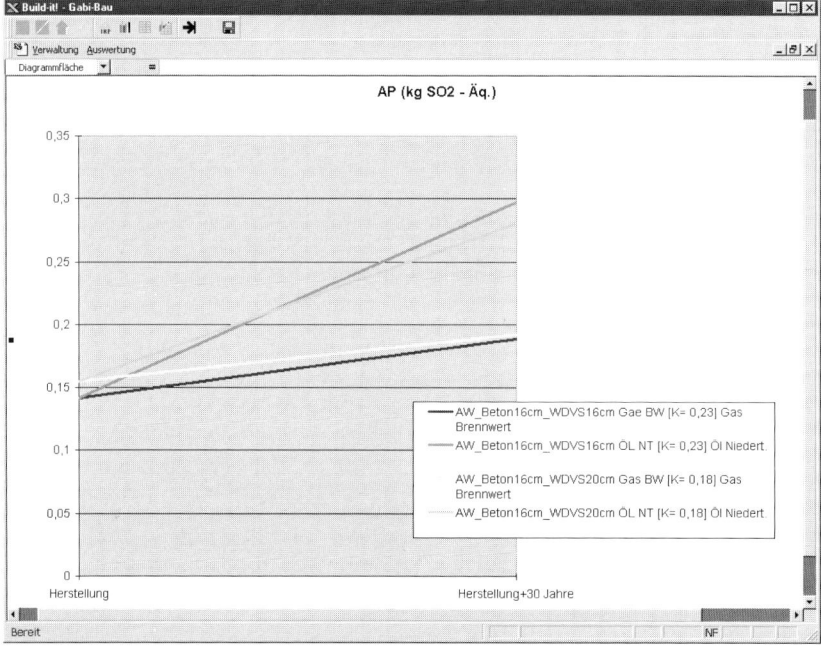

Abbildung 97: Gegenüberstellung zweier Außenwandkonstruktionen – AP

Die Detailanalyse der Zusammensetzung von Konstruktionen ist ebenfalls möglich, die Ergebnisdarstellung in *Build it* zeigt Abbildung 98.

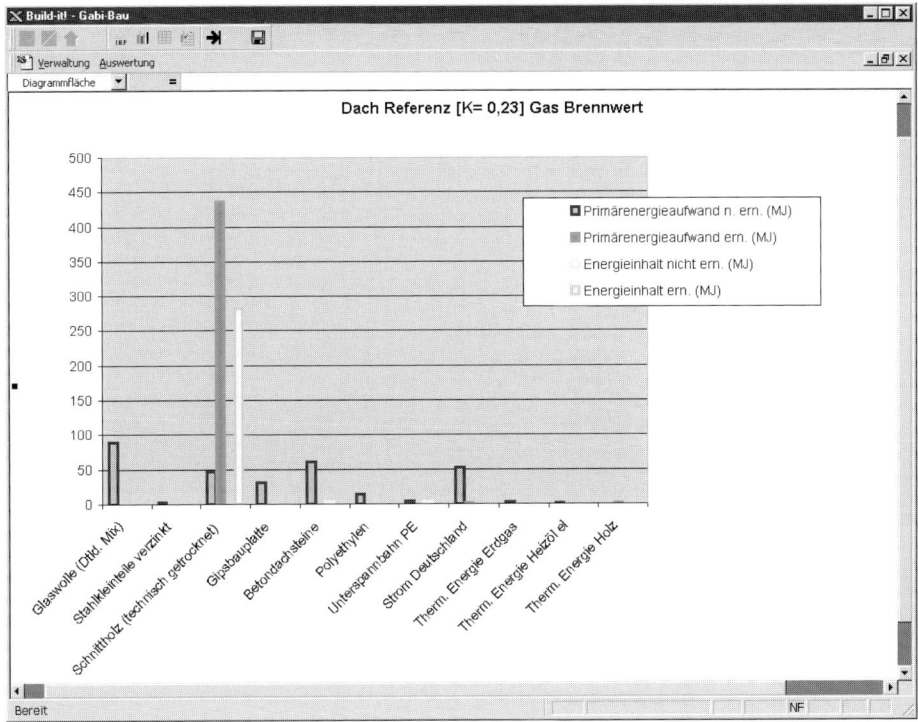

Abbildung 98: Detailanalyse einer Dachkonstruktion

6.5.2 Gebäude

Analog zu den Auswertungen und Vergleichen von Einzelkonstruktionen lassen sich Gebäude analysieren. Die Auswertungsmöglichkeiten entsprechen im wesentlichen den in Kapitel 6.5.1 für den Vergleich von Konstruktionen dargestellten. Im Unterschied zum Vergleich von Konstruktionen werden bei der Bilanzierung eines Gebäudes die Gewerke Außenwände, Innenwände, Decken und Dach aggregiert. Dies bedeutet daß beispielsweise sämtliche Außenwandkonstruktionen in einem Gebäude zu einem Wert für die gesamten Außenwände zusammengefaßt werden.

Abbildung 99 veranschaulicht diese Ergebnisse, interessant ist dabei die CO_2 Einbindung im Dach aufgrund des dort verwendeten Holzes. Eine Analyse der Nutzungsphase ist analog zum Konstruktionsvergleich ebenfalls möglich.

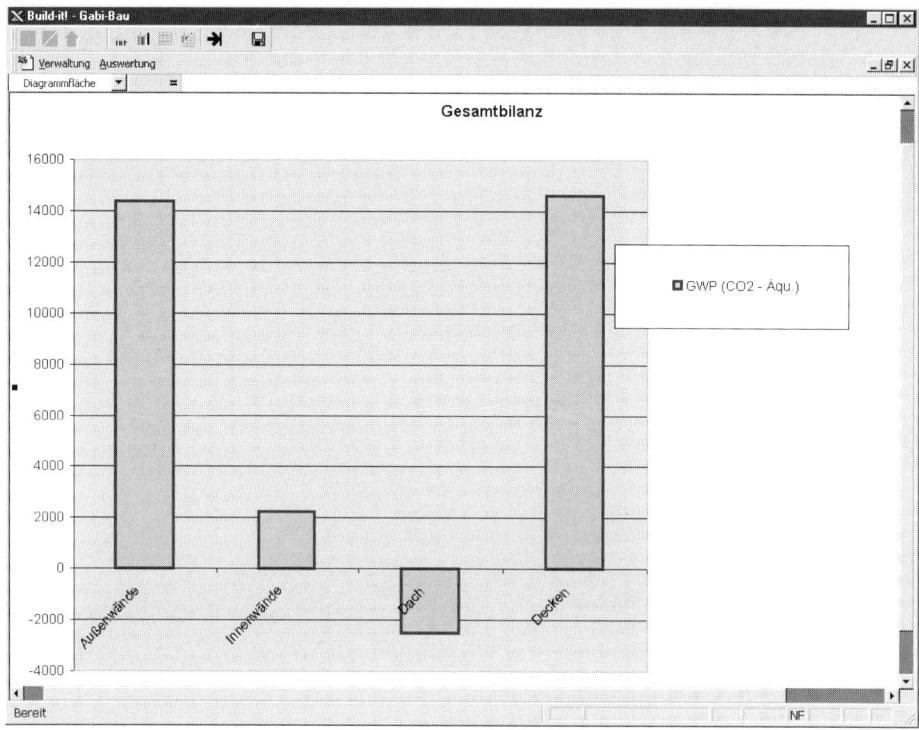

Abbildung 99: Materialinventare für ein Gebäude – GWP

6.6 Abschließende Bewertung – Perspektiven

DFE-Werkzeuge wie *Build it* können die Verwendung von Ökobilanzzahlen im Planungsprozeß von Gebäuden deutlich vereinfachen. Aufgrund der an die Anforderungen des Baugewerbes angepaßten Eingabeschnittstellen kann der Bilanzierungsprozeß wesentlich beschleunigt und damit planungsbegleitend durchgeführt werden. Die isolierte Abschätzung des Verhaltens eines Bauteiles in dessen Nutzungsphase bietet dem Planer wertvolle Anhaltspunkte für konstruktive Gestaltung beispielsweise von Wandaufbauten, da sich Interdependenzen von ökologischem Invest beispielsweise in eine verbesserte Wärmedämmung und etwaigen Einsparungen in der Nutzungsphase darstellen lassen.

Für die Zukunft erscheint die direkte Einbindung von DFE Werkzeugen wie *Build it* in die Planungsumgebung von Architekten und Planern als wünschenswert. In einem ersten Schritt in diese Richtung konnte am IKP der Prototyp einer Softwareschnittstelle von *Build it* zu CAD-Systemen implementiert werden. Eine vollständige Einbindung von DFE Werkzeugen in die gewohnte Planungsumgebung könnte den Eingabeaufwand weiter reduzieren und damit die Akzeptanz und Durchführbarkeit der planungsbegleitenden ökologischen Optimierung deutlich verbessern.

7 Verifikation der Methode an Beispiel-gebäuden

Im folgenden wird die bisher dargestellte Methodik an konkreten Beispielen angewandt.

Die Datengrundlage bilden die in Kapitel 4 dargestellten Baustoffprofile. Zusätzlich wurde auf die umfangreiche Bauprodukt-Bibliothek der Software *Build it* zurückgegriffen.

Die Bilanzierung wurde mit der Software *Build it* durchgeführt, so daß bestimmte Verfahrensschritte von vorne herein festgelegt wurden. Die Vorgehensweise bei der Bilanzierung mit *Build it* ist in Kapitel 6 erläutert.

Die in Kapitel 6 beschriebene Software liefert Berechnungen und Ergebnisse, die einer Auswertung im Sinne der in Kapitel 3 beschriebenen Ziele zugeführt werden können. Die exemplarisch ausgewählten Diagramme (Abbildungen 104 bis 108) zeigen einige Analysemöglichkeiten, die zu einer Entscheidungsunterstützung herangezogen werden können.

Steht Prozeßoptimierung oder die Optimierung von Bauteilen bezüglich der Herstellung im Vordergrund des Interesses, zeigt Abbildung 104 die Anteile eines untersuchten Bauteils an den gesamten Aufwendungen für die Herstellung eines Gebäudes. Es können bezüglich der vorliegenden Situation dominante Bauteile identifiziert werden, bzw. die Effektivität einer möglichen Optimierung geprüft werden.

Da nicht nur die Herstellung der Bauteile und Gebäude bezüglich deren Umweltbeeinflussung untersucht werden soll, sondern auch die Wirkung von Optimierungen oder bestehenden Konstruktionen bezüglich der Nutzung miteinbezogen werden muß, sind Analysemöglichkeiten auch diesbezüglich gegeben. In Abbildung 110 sind beispielsweise die Ergebnisse eines Szenarios für eine Herstellung inkl. Nutzung dargestellt. Die Abbildung bezieht sich auf ein vorgegebenes Nutzungsszenario mit definierten Instandsetzungs- und Austauschintervallen. Die Methode erlaubt die Definition beliebiger Szenarien. Somit kann ein Ziel einer solchen Auswertung die Identifikation von Anwendungsgebieten eines Baustoffs oder Bauteils sein, um optimale Nutzungsbedingungen zu schaffen.

Im folgenden sind die wesentlichen Ergebnisse der Gebäudebilanzierung dargestellt. Wesentlich ausführlicher lassen diese sich direkt im Softwaretool *Build it* betrachten.

7.1 Einfamilienhaus

7.1.1 Objektbeschreibung Einfamilienhaus

Beim betrachteten Einfamilienhaus handelte es sich um ein Gebäude in Massiv-
bauweise. Als Wandbaustoff für Innen- und Außenwände wurden ausschließlich
Bimssteine verwendet. Im Bereich der Außenwand wurde keine zusätzliche
Wärmedämmung verwendet.

Der umbaute Raum beträgt 662 m³ bei einer Gebäudegrundfläche von 85 m².
Das Gebäude ist voll unterkellert wobei der Keller beheizt wird. Das ausgebaute
Dachgeschoß ist vollständig in den Wohnbereich integriert. Die folgenden An-
sichten und Schnitte sollen einen Eindruck über die baulichen Gegebenheiten
und die Wohnsituation des Einfamilienhauses geben.

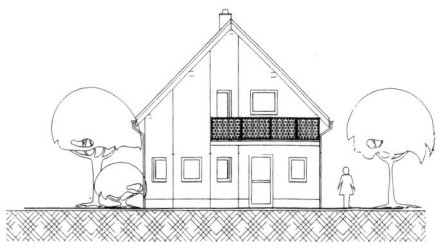

Abbildung 100: Frontansicht

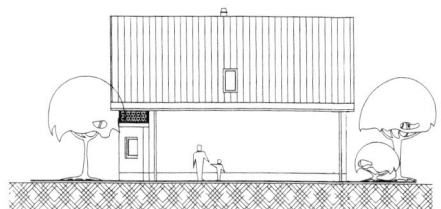

Abbildung 101: Seitenansicht

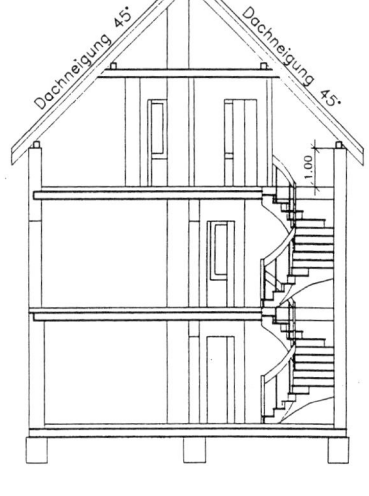

Abbildung 102: Schnitt

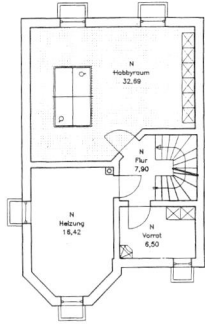
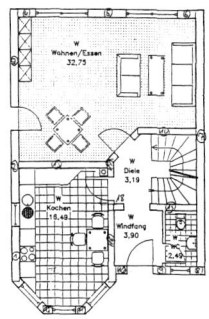
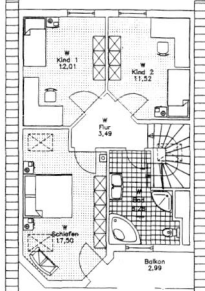

Abbildung 103: Grundrisse Keller, Erdgeschoß und Dachgeschoß

7.1.2 Herstellungsaufwendungen Einfamilienhaus

Im folgenden werden die Umwelteinwirkungen, verursacht durch die Herstellung der Baustoffe bzw. Bauteile, dargestellt. Dabei wird nicht zwischen den einzelnen Baustoffen unterschieden, sondern es werden Baugruppen betrachtet. Die im Einzelnen betrachteten Baugruppen sind:
- Außenwände,
- Innenwände,
- Decken,
- Dach,
- Fenster.

Tabelle 26 gibt Aufschluß über die eingesetzten Baustoffe. Bodenbeläge, Installationen, Tapeten, Anstriche, etc. wurden nicht berücksichtigt. Zur besseren Übersicht wurden die einzelnen Baugruppen weiter aufgeschlüsselt.

Tabelle 26: Spezifikation des Gebäudes

Element	Ausführung
Keller	
Außenwand	Bims, Vollblock; Bitumenbahn
Bodenplatte	Beton
Dämmplatte	Mineralwolle
Folie	Folie
Estrich	Zementestrich
Streifenfundamente	Beton
Außenwände	
Außenwände	Bims, Vollblock
Außenputz, Unterputz	Kalk-Zementputz
Außenputz, Dekorputz	Kalk-Zementputz
Innenputz	Gipsputz
Innenwände	
Innenwände	Bims, Vollblock
Innenputz	Gips
Treppe	Stahlbeton
Decken	
Deckenplatte	Stahlbeton
Dämmplatte	Mineralwolle
Folie	PVC
Estrich	Zementestrich

Bühnendecke	
Beplankung	Preßspanplatte
Holzbalken	Fichte
Dämmschicht	Mineralwolle
Verkleidung	Gipskartonplatte
Dach	
Eindeckung	Betondachsteine
Lattung	Fichte
Dachbalken	Fichte
Dämmschicht	Mineralwolle
Ausgleichslattung	Fichte
Verkleidung	Gipskartonplatte
Fenster	
Fenster, diverse	PVC-Fenster mit k_F = 1,4 W/m²K
Treppe	
Treppenkörper	Stahlbeton

Bilanzobjekt ist das vollständige Gebäude. Die funktionale Einheit ist im Beispiel ein Einfamilienhaus. Sie läßt sich jedoch ohne weiteres konkretisieren (z.B. m²-Wohnfläche oder m³ umbauter Raum). Betrachtet wurde die Herstellung der Baustoffe bis zum Verlassen des Werks beim Baustoffhersteller. Distributionsprozesse vom Werk zum Baustoffhandel und/oder Baustelle wurden nicht berücksichtigt. Im Hinblick auf den potentiellen Einfluß auf das Gesamtergebnis wurden Bauprozesse in diesem Beispiel nicht integriert.

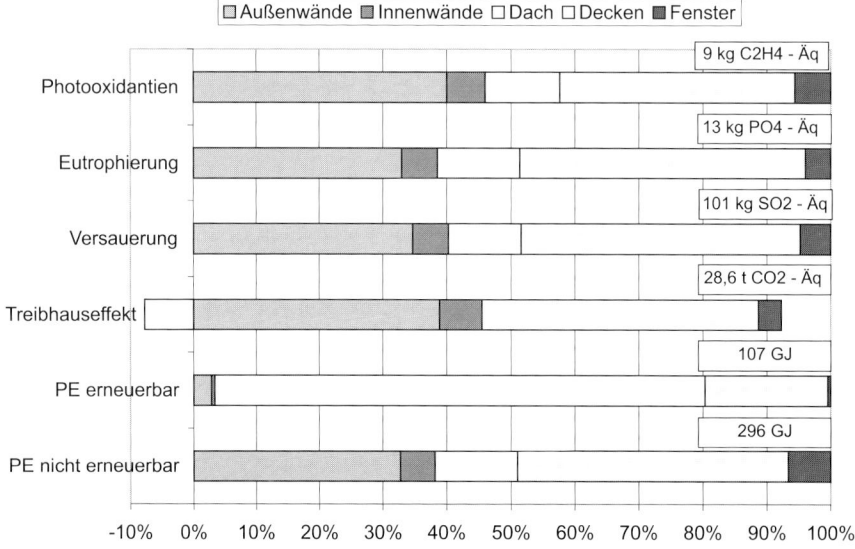

Abbildung 104: Bilanzergebnisse Gebäudeherstellung Einfamilienhaus

Abbildung 104 stellt die Ergebnisse der Bilanzierung auf Wirkbilanzebene dar. Die Auswahl der Wirkkategorien wurde analog zu den Baustoffprofilen getroffen. Zusätzlich ist der Primärenergieverbrauch unterteilt in Primärenergie (PE) nicht erneuerbar und Primärenergie erneuerbar aufgeführt.

Die Abbildung zeigt, daß sämtliche Wirkkategorien sowie die nicht erneuerbare Primärenergie durch die Baugruppen Außenwand und Decken maßgebend beeinflußt werden. Die Ausnahme bildet der erneuerbare Primärenergieverbrauch. Hier spielt die Baugruppe Dach die maßgebende Rolle. Der Hauptbetrag wird dabei durch das verbaute Holz im Dachstuhl beigesteuert. Aufgrund ihrer dominierenden Rolle werden im folgenden die Baugruppen Außenwand und Decke näher betrachtet.

Die Baugruppe Außenwand besteht im wesentlichen aus Bims-Mauerwerk (36,5 cm und 30 cm) bestehend aus Bimssteinen 12 DF und 20 DF sowie Leichtmörtel. Weiterhin gehören dazu ein Kalk-Gipsputz als Innenputz und ein Putzaufbau als Außenputz (Kalk-Zement-Dekorputz und Kalk-Zement-Leichtputz). Zur Abdichtung im Kellerbereich wurde eine Bitumenbahn verwendet.

Abbildung 105 gibt Aufschluß über die Verteilung der Primärenergie. Mit insgesamt 76% verursacht das Bims-Mauerwerk den Hauptanteil am Primärenergieverbrauch. An zweiter Stelle stehen mit insgesamt 16% der Innen- und Außenputz.

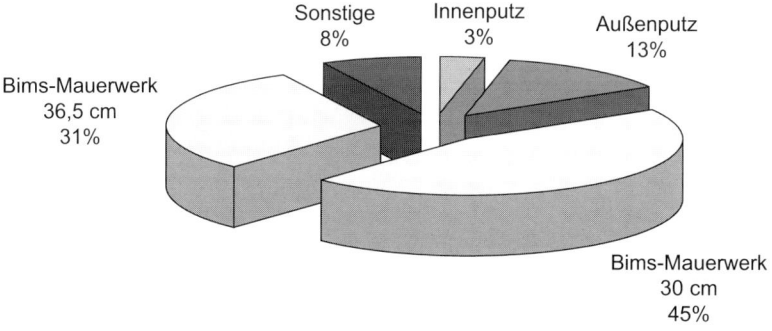

Abbildung 105: Verteilung Primärenergie (nicht erneuerbar), Baugruppe Außenwand

Die Primärenergieverteilung läßt sich im wesentlichen auf die einzelnen Wirkkategorien übertragen. Einen genaueren Aufschluß hierüber gibt Abbildung 106.

Die Baugruppe Decke besteht aus einer Deckenplatte aus Stahlbeton (Beton B 25, Betonstahl) einer Trittschalldämmung (Glaswolle) sowie einem Zementestrich. Ebenso zur Baugruppe Decke gehörend ist eine Bühnendecke, die im wesentlichen aus Kanthölzern, Spanplatten und Gipsbauplatten besteht.

Über die Verteilung der Primärenergie (nicht erneuerbar) gibt Abbildung 107 Aufschluß. Mit insgesamt 58% trägt die Stahlbetondecke maßgebend zum Primärenergieverbrauch der Baugruppe Decke bei. 17% sind dem Zementestrich sowie 15% der Trittschalldämmung zuzuschreiben.

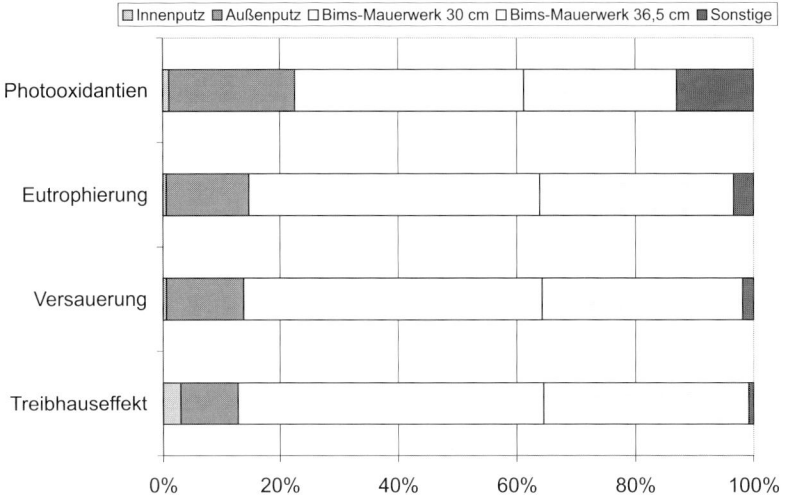

Abbildung 106: Verteilung der Wirkkategorien der Baugruppe Außenwand

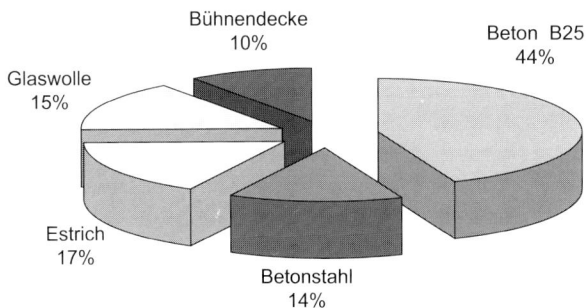

Abbildung 107: Verteilung Primärenergie (nicht erneuerbar), Baugruppe Decke

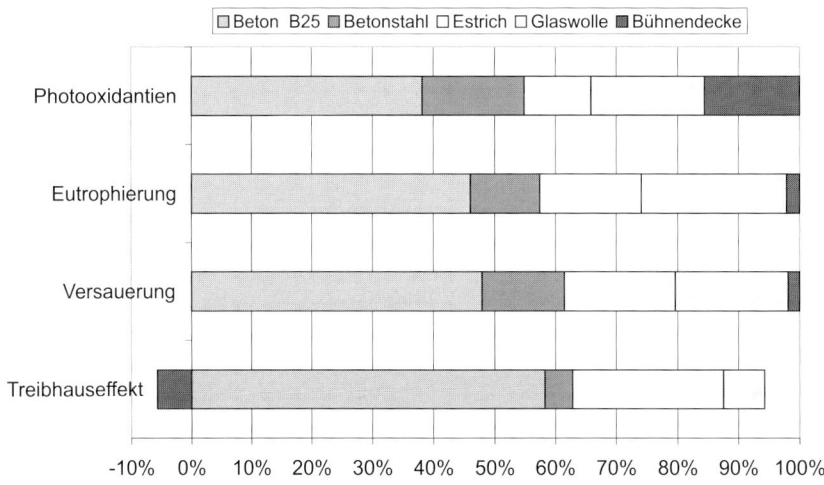

Abbildung 108: Verteilung der Wirkategorien der Baugruppe Decke

Die Anteile der einzelnen Baustoffe der Baugruppe Decke an den Wirkkategorien sind in Abbildung 108 dargestellt. Wie schon bei der Primärenergie trägt die Stahlbetondecke auch bei den dargestellten Wirkkategorien zu einem großen Teil bei.

Eine Auswertung der Abfälle ergab für das Gesamtgebäude 33 t Abraum, 5,4 t Haldengut, 201 kg Hausmüll und 24,5 kg Sondermüll.

Eine Beurteilung der bislang dargestellten Ergebnisse läßt sich unter Einbeziehung des Gesamtlebenszyklus durchführen. Aus diesem Grund wird im nachfolgenden Kapitel die Nutzungsphase eingehender betrachtet.

7.1.3 Nutzungsphase Einfamilienhaus

Jahresheizwärmebedarf

Der Jahres-Heizwärmebedarf wurde nach DIN 4108 und der Wärmeschutzverordnung für ein Gebäude mit normalen Innentemperaturen berechnet. Das Verhältnis von Umfassungsfläche zu Bauwerksvolumen ergibt ein A/V = 0,67. Für die Hüllfläche wurden 421 m^2 zuzüglich 20 m^2 Fensterfläche ermittelt. Es wurde eine vom Benutzer gesteuerte Belüftung angenommen. Die Ergebnisse der Wärmebedarfsrechnung sind in Tabelle 27 dargestellt.

Tabelle 27: Ergebnisse Wärmebedarfsberechnung

Transmissionswärmebedarf	[kWh/a]	12767
Lüftungswärmebedarf	[kWh/a]	12101
Solare Gewinne	[kWh/a]	1671
Interne Wärmegewinne	[kWh/a]	5296
Jahres-Heizwärmebedarf	[kWh/a]	15415
Spezifischer Heizwärmebedarf	[kWh/m^{2}a]	73
Zulässiger Heizwärmebedarf	[kWh/ m^{2}a]	79

Die Ergebnisse der Wärmebedarfsberechnung zeigen, daß die Anforderungen der Wärmeschutzverordnung eingehalten wurden.

Abbildung 109 zeigt die Wärmeverluste aufgeschlüsselt nach einzelnen Verursachern.

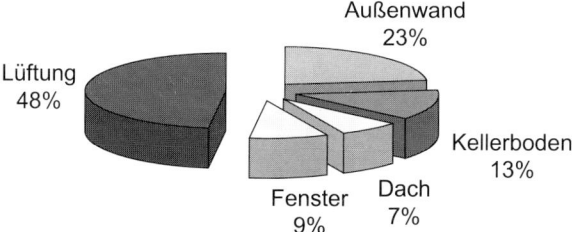

Abbildung 109: Verteilung der Wärmeverluste

7.1.4 Nutzungsszenario Einfamilienhaus

Die Integration der Nutzungsphase von Wohngebäuden kann in der Regel nur in Szenarien vor sich gehen. Für das vorliegende Gebäude wurde eine Gesamtnutzungsdauer von 60 Jahren angesetzt. Es wurden über die Nutzungsphase unterschiedliche Heizungssysteme angenommen sowie deren Herstellung berücksichtigt. Ebenso wurden Instandsetzungsarbeiten des Außenputzes und ein Austausch der Fenster betrachtet. Tabelle 28 gibt einen Überblick der getroffenen Annahmen.

Tabelle 28: Annahmen der Nutzungsphase

0–25 Jahre	Nutzung Gas Niedertemperatur Heizsystem	System 2 (vgl. Kapitel 4.18) Gas-Bereitstellung Bezugsjahr 1994
25. Jahr	Herstellung Gas-Brennwert Heizsystem	System 1 (vgl. Kapitel 4.18)
25–40 Jahre	Nutzung Gas-Brennwert Heizsystem	Gas-Bereitstellung Bezugsjahr 1994
40. Jahr	Erneuerung Außenputz	
	Austausch der Fenster	Neue Fenster (PVC) mit k-Wert: k_F=0,9 W/mK
40–50 Jahre	Nutzung Gas-Brennwert Heizsystem	Gas-Bereitstellung Bezugsjahr 1994
50. Jahr	Herstellung Wärmepumpe	Wärmepumpe mit angenommener Leistungszahl 8
50–60 Jahre	Nutzung Wärmepumpe	Strom-Bereitstellung Bezugsjahr 1994

Am Dach, ausgeführt in Betondachsteinen, wurden keine Instandsetzungsmaßnahmen berücksichtigt. Dies ist nach Herstellerangaben für diesen Nutzungszeitraum nicht notwendig. Ein Nachnutzungsszenario wurde nicht betrachtet.

Die Auswertung der Ergebnisse ergab für die Wirkkategorien und den Primärenergieverbrauch (nicht erneuerbar) folgende Werte:

Tabelle 29: Primärenergie (nicht erneuerbar) und Wirkkategorien für Herstellung und Nutzung (60 Jahre) des Beispielgebäudes

Primärenergie (nicht erneuerbar)		4280 GJ
Treibhauspotential (GWP)	CO_2-Äquivalent	255 t
Versauerungspotential (AP)	SO_2-Äquivalent	259 kg
Eutrophierungspotential (NP)	PO_4-Äquivalent	29 kg
Photooxidantienpotential (POCP)	C_2H_4-Äquivalent	54 kg

Die Abbildung 110 zeigt die Anteile der einzelnen Lebensphasen an den Wirkkategorien und dem Primärenergieverbrauch. Der Verbauch an nicht erneuerbarer Primärenergie wird eindeutig durch die Nutzungsphase dominiert. Die Herstellung des Gebäudes trägt mit unter 10% nur zu einem geringen Anteil zum Gesamtenergieverbrauch bei. Die Herstellung der Heizungssysteme sowie die Renovierungsmaßnahmen spielen bezüglich des Primärenergieverbrauchs keine Rolle.

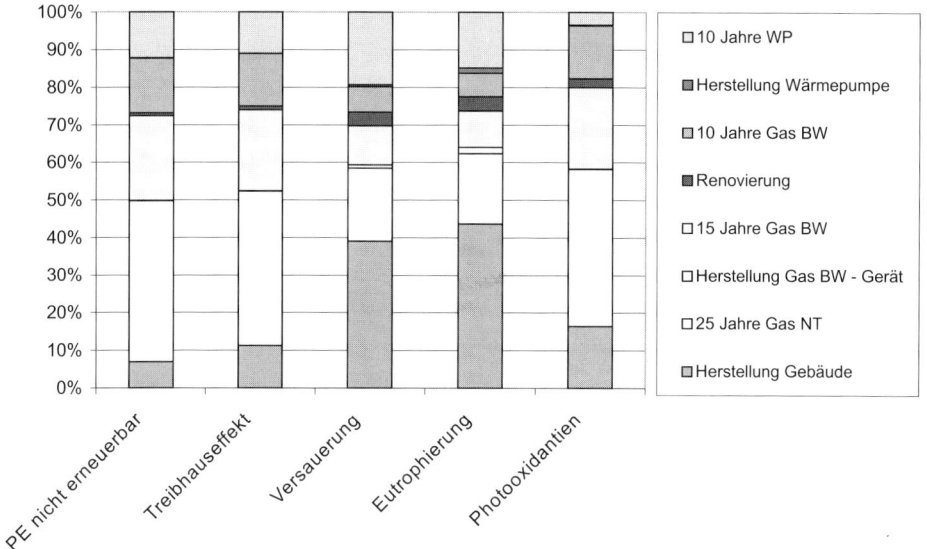

Abbildung 110: Anteile am Lebenszyklus von Primärenergie (nicht erneuerbar) und Wirkkategorien für Herstellung und Nutzung (60 Jahre) des Beispielgebäudes

Die Anteile am Treibhauspotential entsprechen im wesentlichen der Energieverteilung.

Anders verhält sich die Situation im Fall der Wirkkategorien Versauerung und Eutrophierung. Hier trägt der Anteil der Gebäudeherstellung zu rund 40% zum Potential bei. Addiert man die Aufwendungen der Renovierung und die Herstellung der Heizgeräte hinzu, beträgt der Anteil 50% des Potentials.

In Abbildung 111 ist der Primärenergieverbrauch über die Nutzungsphase aufgetragen. Auch hier ist deutlich erkennbar, daß die Herstellungsaufwendungen, was den Primärenergieverbrauch betrifft, nur eine untergeordnete Rolle spielen. Die Aufwendungen für die Herstellung der Heizgeräte sowie der Renovierung lassen sich in dieser Darstellung kaum ablesen. Die Effekte der Maßnahmen lassen sich jedoch an der Steigung der Teilabschnitte der Geraden erkennen.

Die Wirksamkeit einer Sanierungsmaßnahme läßt sich so an einer flacheren Kurve erkennen.

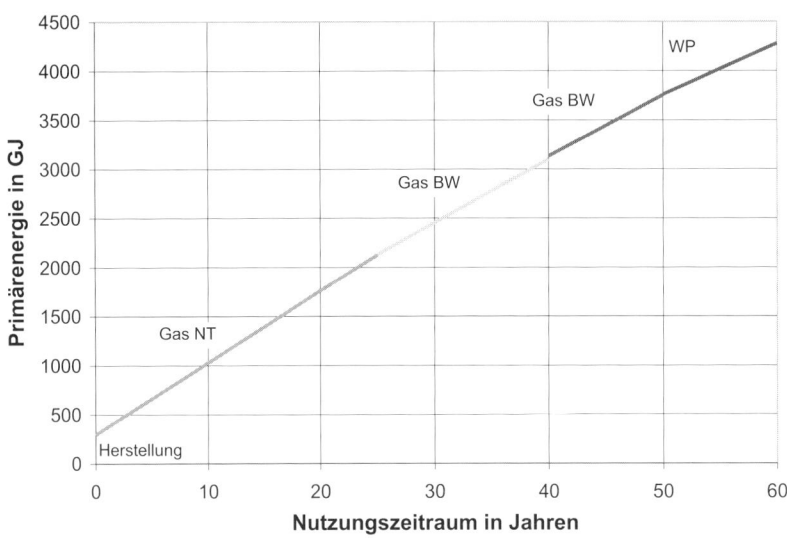

Abbildung 111: Primärenergieverbrauch des Szenarios über 60 Jahre Nutzungszeitraum

Der im Vergleich zum Primärenergieverbrauch gegenläufige Verlauf der Wirk-kategorien wird am Beispiel der Versauerung in der nachfolgenden Abbildung dargestellt. Deutlich ist hier der Anteil der Herstellung am Anfang der Nutzungs-phase zu erkennen. Die Aufwendungen der Renovierung nach 40 Jahren Nut-zung lassen sich ebenfalls deutlich erkennen. Der Einsatz der Wärmepumpe während der letzten Jahre der Nutzungsphase reduziert zwar den Energiever-brauch, führt jedoch unter der Randbedingung einer unveränderten Strombereit-stellung zu einer Erhöhung des Versauerungspotentials.

Die Umsetzung von Ergebnissen in Erkenntnisse oder entscheidungsunter-stützende Aussagen ist ein zentrales Ziel einer Ganzheitlichen Bilanzierung. Erst die Umsetzung modellhafter Ergebnisse an praktischen Anwendungsfällen er-möglicht die Freisetzung von Innovationspotential.

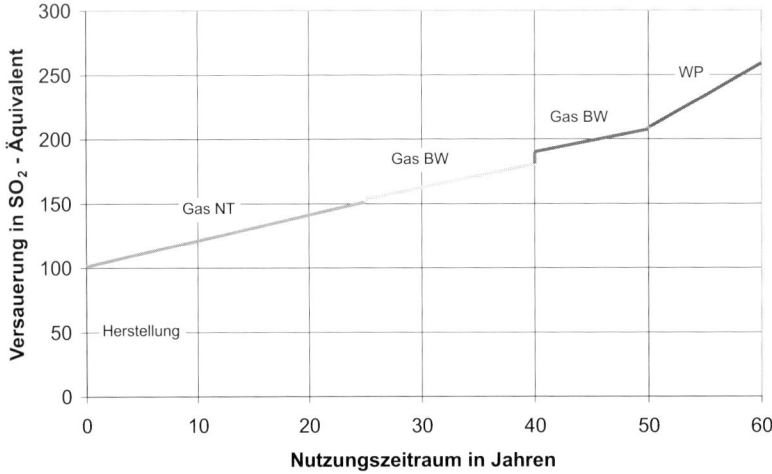

Abbildung 112: Versauerungspotential des Szenarios über 60 Jahre Nutzungszeitraum

7.2 Mehrfamilienhaus

Die Grundlagen für das folgende Beispiel wurden in Zusammenarbeit mit dem Verein Deutscher Zementwerke (VDZ) erarbeitet. Eine ausführlichere Dokumentation wird dazu noch separat veröffentlicht werden. Ziel des Beispiels ist es zu zeigen, daß auch größere Gebäude mit der in der Software *Build it* implementierten Methode abgebildet werden können.

Die Methode schließt dabei spezifische Randbedingungen der Herstellung nicht (z.B. spezifische Transportsituation) oder relativ grob (spezielle Fenster und Türen) ein, so daß deswegen die Ergebnisse zu einer genaueren spezifischen Modellierung differieren können.

7.2.1 Objektbeschreibung Mehrfamilienhaus

Beim betrachteten Mehrfamilienhaus handelt es sich um ein Gebäude in Massivbauweise, das zum überwiegenden Teil in Beton ausgeführt wurde. Die vorhandenen 12 Wohneinheiten sind auf 3 Geschosse verteilt. Ebenso gehört zum Gebäude eine Tiefgarage integriert als Teilbereich des Kellergeschosses. Der umbaute Raum beträgt 5829 m³. Die Gesamtwohnfläche ist mit 864 m² zu beziffern. Die nachfolgenden Schnitte und Grundrisse sollen einen Eindruck über die Wohnsituation sowie die baulichen Gegebenheiten geben.

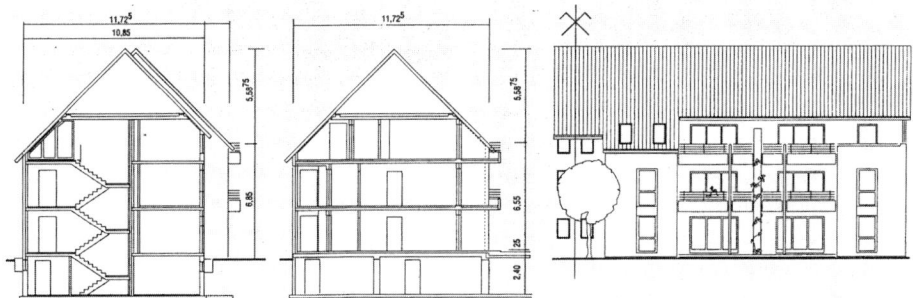

Abbildung 113: Schnitt und Seitenansicht

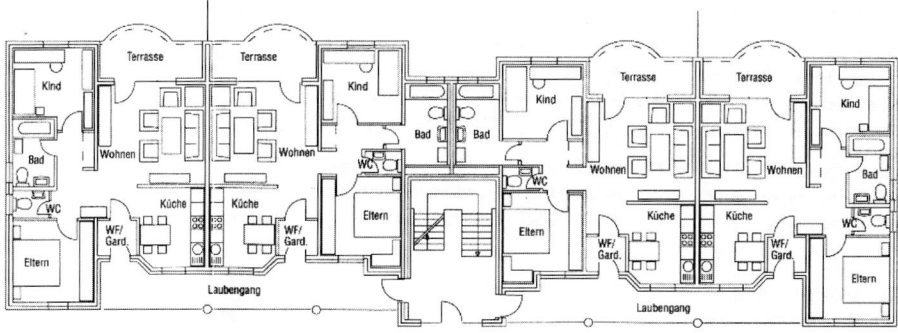

Abbildung 114: Grundriß EG

7.2.2 Herstellungsaufwendungen Mehrfamilienhaus

Die Umwelteinwirkungen, verursacht durch die Herstellung von Baustoffen bzw. Bauteilen, werden wie im Beispiel des Einfamilienhauses anhand von Baugruppen dargestellt. Es handelt sich dabei um die Baugruppen Außenwände, Innenwände, Decken, Dach und Fenster. Die nachfolgende Tabelle gibt Aufschluß über die eingesetzten Baustoffe. Zur besseren Übersicht wurden die einzelnen Baugruppen weiter aufgeschlüsselt.

Tabelle 30: Spezifikation des Mehrfamilienhauses

Element	Ausführung
Gründung	
Fundamente	Stahlbeton
Bodenplatte	Sauberkeitsschicht B 10, darüber Stahlbeton (B 25 wasserundurchlässig) mit Zementestrich
Keller und Tiefgarage	
Kelleraußenwände	B 25 (wasserundurchlässig)
Kellerinnenwände	B 25 und Kalksandstein
Stützen	Stahlbeton
Kellerfenster	Stahl- und PVC- Fenster
Lichtschächte	GFK mit verzinktem Stahlrost
Außenwände	
Außenwände	B 25
Fenster	PVC-Fenster mit PVC Rolladen
Außentüren	Aluminiumtüren
Bekleidung außen	WDVS (EPS) mit Silikat-Dispersionsputz, am Giebel Holzverschalung
Innenwände	
Tragende Innenwände	B 25 und Kalksandstein
Nichttragende Innenwände	Gipsbauplatten- Metallständerwand
Treppen	Stahlbeton-Fertigteile
Innentüren	Holztüren mit Stahlzarge
Decken	
Deckenkonstruktion	Stahlbeton Halbfertigteile
Deckenbelag	PUR oder Glaswolle Trittschalldämmung + Zementestrich
Balkonbrüstungen	Stahlbeton
Dach	
Dachkonstruktion	Stahlbeton- Fertigteile und Holz (Giebel)
Dachfenster	Holz Dachflächenfenster
Dachbelag	Glaswolle und EPS unter Beton- Dachsteinen auf Lattung
Dachentwässerung	Titanzink

Bilanzobjekt ist ebenso wie beim Einfamilienhaus das vollständige Gebäude. Betrachtet wurde die Herstellung der Baustoffe bis zum Verlassen des Werks beim Baustoffhersteller. Transporte vom Werk zum Baustoffhandel und/oder Baustelle wurden nicht berücksichtigt. Im Hinblick auf den potentiellen Einfluß auf das Gesamtergebnis wurden Bauprozesse in diesem Beispiel nicht integriert.

Die folgende Abbildung stellt die Ergebnisse der Bilanzierung auf Wirkbilanzebene dar. Zusätzlich zu den Wirkkategorien Treibhauspotential, Versauerungspotential, Überdüngungspotential und Photooxidantienpotential ist der nicht erneuerbare und der erneuerbare Primärenergiebedarf (PE) dargestellt.

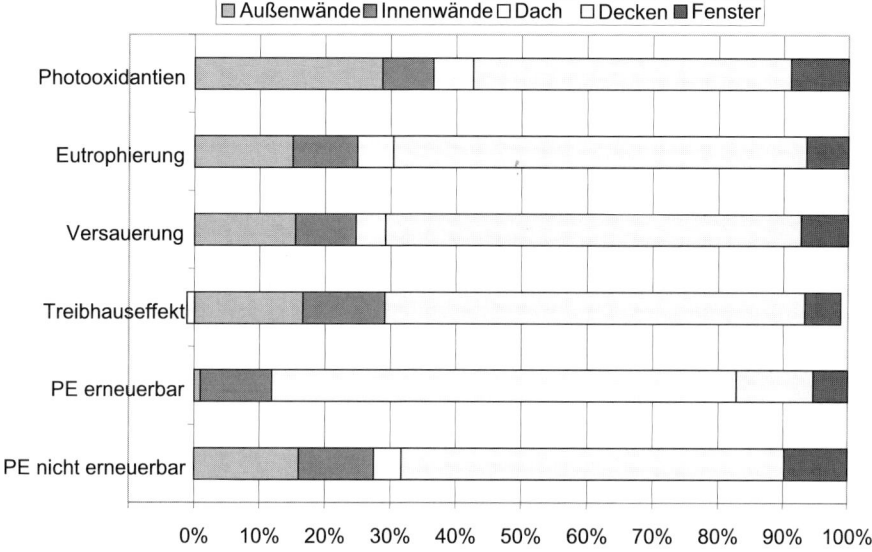

Abbildung 115: Relative Bilanzergebnisse Gebäudeherstellung Mehrfamilienhaus

Es zeigt sich, daß wie im Falle des Einfamilienhauses die Baugruppen Decke und Außenwand eine wichtige Rolle spielen. Eine Ausnahme bildet die erneuerbare Primärenergie. Diese Kategorie wird durch die Baugruppe Dach maßgebend beeinflußt, wobei das im Dachstuhl verbaute Holz den Hauptbeitrag liefert.

Im folgenden werden die Baugruppen Außenwand und Decke eingehender betrachtet.

Die Baugruppe Außenwand besteht aus unbewehrtem Beton B 25 mit einer Dicke zwischen 16 cm und 24 cm. Das dazugehörige Wärmedämm-Verbundsystem (WDVS) setzt sich aus einer Dämmschicht aus Polystyrol, mineralischem Kleber und Armierung, Glasgewebe sowie einem Silikat- Dispersionsputz zusammen.

Im Bereich des Kellers wurde ein wasserdichter Beton eingesetzt, welcher mit der Bilanz für B 35 abgeschätzt wurde. Im Kellerbereich wurde keine Dämmschicht berücksichtigt, da dieser unbeheizt ist.

Fundamente und Bodenplatte wurden der Baugruppe Decken zugeordnet.

In Abbildung 116 ist die Verteilung der nicht erneuerbaren Primärenergie dargestellt. Für das WDVS wurde zwischen Dämmschicht und dem übrigen Systemaufbau unterschieden.

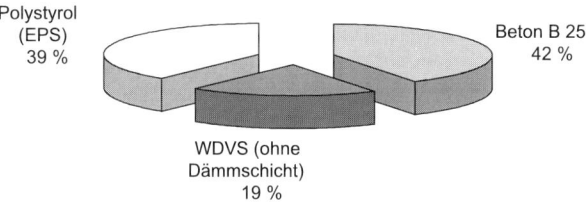

Abbildung 116: Primärenergie (nicht erneuerbar) der Baugruppe Außenwand (ohne Keller)

Mit insgesamt 58% ist dem WDVS der größte Anteil zuzuschreiben. Dabei spielen Kleber, Armierung, Gewebe und Putz eine nicht zu vernachlässigende Rolle.

Die Verteilung der Wirkkategorien ist in Abbildung 117 dargestellt. Beim Treibhaus-, Versauerungs- und Eutrophierungspotential ist der Anteil des Betons etwas höher.

Das Photooxidantienpotential wird in einem großen Maße durch das WDVS beeinflußt. (Silikat-Dispersionsputz).

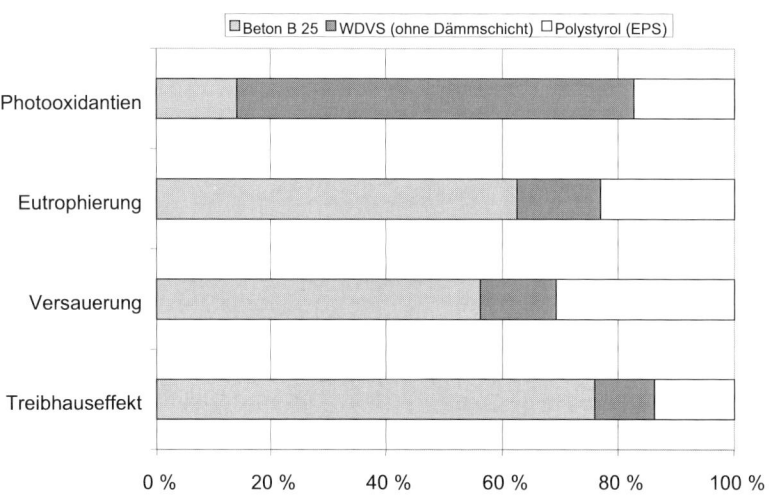

Abbildung 117: Verteilung der Wirkkategorien Baugruppe Außenwand

Die Decken bestehen im wesentlichen aus einer Stahlbeton-Deckenplatte, einer Trittschalldämmung und einem Zement-Fließestrich. Die Deckenplatte aus Stahlbeton wurde aus 4 cm dicken Filigran Fertigteilplatten sowie einer 12–16 cm dicken Schicht aus Beton B 25 hergestellt. Die Dämmung der Decken wurde im Erdgeschoß in Polyurethan, im 1. Obergeschoß sowie im Dachgeschoß in Polystyrol Hartschaum und Steinwolle ausgeführt.

Da Keller und Tiefgarage unbeheizt sind, ist die Bodenplatte, welche der Baugruppe Decken zugeordnet wird, ungedämmt ausgeführt.

Abbildung 118 gibt über die Verteilung der nicht erneuerbaren Primärenergie Aufschluß. Die Stahlbetondeckenplatten (incl. Bodenplatte und Fundament) tragen mit insgesamt 67% zum Primärenergieverbrauch bei. Mit 22% steht an zweiter Stelle die Trittschalldämmung gefolgt vom Estrich mit einem Anteil von 15%.

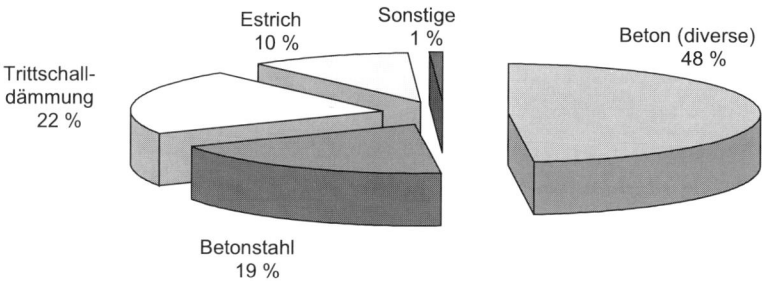

Abbildung 118: Primärenergie (nicht erneuerbar) der Baugruppe Decken

Die Anteile der einzelnen Baustoffe der Baugruppe Decke an den Wirkkategorien sind in Abbildung 119 dargestellt. Ähnlich wie beim Primärenergieverbrauch spielen die Stahlbetondeckenplatten eine wichtige Rolle.

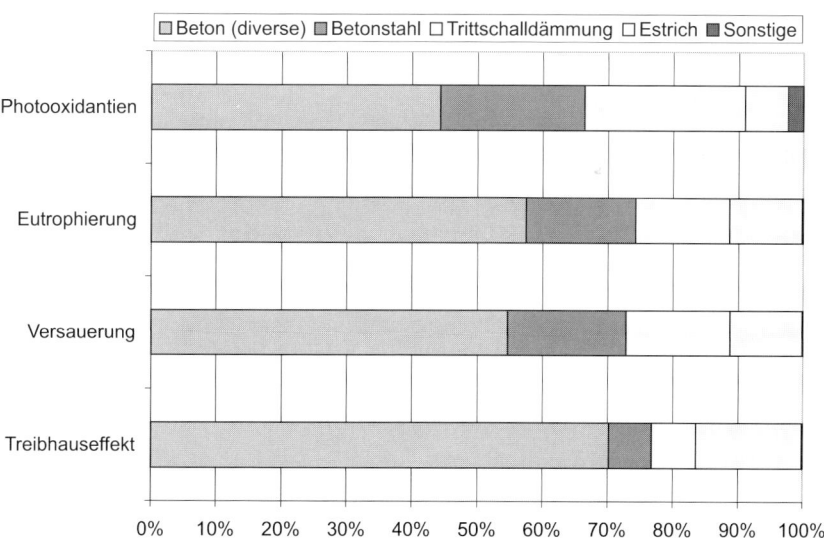

Abbildung 119: Verteilung der Wirkkategorien der Baugruppe Decken

7.2.3 Nutzungsphase Mehrfamilienhaus

Jahresheizwärmebedarf

Der Jahresheizwärmebedarf wurde nach der Wärmeschutzverordnung (WSVO) für ein Gebäude mit normalen Innentemperaturen berechnet. Das Verhältnis von Umfassungsfläche zu Bauwerksvolumen ergibt ein A/V = 0,58.

Tabelle 31: Ergebnisse Wärmebedarfsberechnung

Transmissionswärmebedarf	[kWh/a]	45524
Lüftungswärmebedarf	[kWh/a]	51333
Solare Gewinne	[kWh/a]	14214
Interne Wärmegewinne	[kWh/a]	23650
Jahres-Heizwärmebedarf	[kWh/a]	49308
Spezifischer Heizwärmebedarf	[kWh/m²a]	52,1
Zulässiger Heizwärmebedarf	[kWh/ m²a]	74,6

Die Ergebnisse zeigen, daß die Anforderungen der WSVO nicht nur eingehalten wurden sondern mit einem spezifischen Heizwärmebedarf von 52, kWh/m²a das Gebäude als Niedrigenergiehaus zu bezeichnen ist.

7.2.4 Nutzungsszenario Mehrfamilienhaus

Für die Integration der Nutzungsphase wurde eine Nutzungsdauer von 60 Jahren angesetzt. Zur Bereitstellung der Heizenergie wurde eine Sole-Wärmepumpe in Ansatz gebracht. Die Leistungszahl der Wärmepumpe beträgt 4,1. Die Umwälzpumpe hat eine Leistung von 350 W mit einer Laufzeit von 2200 h pro Jahr. Für den Betrieb der Lüftungsanlage wurde 12 x 40 W bei 5500 h Laufzeit pro Jahr veranschlagt.

Instandsetzungsmaßnahmen sowie ein Nachnutzungsszenario wurden nicht betrachtet.

Die Auswertung der Ergebnisse ergab für die Wirkkategorien und den nicht erneuerbaren Primärenergieverbrauch folgende Werte:

Tabelle 32: Primärenergie (nicht erneuerbar) und Wirkkategorien für die Herstellung und Nutzung (60 Jahre Heizung und Lüftung) des Mehrfamilienhauses

Primärenergie (nicht erneuerbar)		13 355 GJ
Treibhauspotential (GWP)	CO_2-Äquivalent	882 t
Versauerungspotential (AP)	SO_2-Äquivalent	2,0 t
Eutrophierungspotential (NP)	PO_4-Äquivalent	199 kg
Photooxidantienpotential (POCP)	C_2H_4-Äquivalent	131 kg

Die nachfolgende Abbildung verdeutlicht die Anteile von Nutzung und Herstellung des Gebäudes am Beispiel des Primärenergieverbrauchs. Für die Nutzungsphase wurde ein unveränderter Strommix zugrundegelegt, auch wenn man
davon ausgehen kann, daß für die Zukunft die Kurve aufgrund verbesserter Wirkungsgrade der Strombereitstellung etwas flacher verlaufen wird.

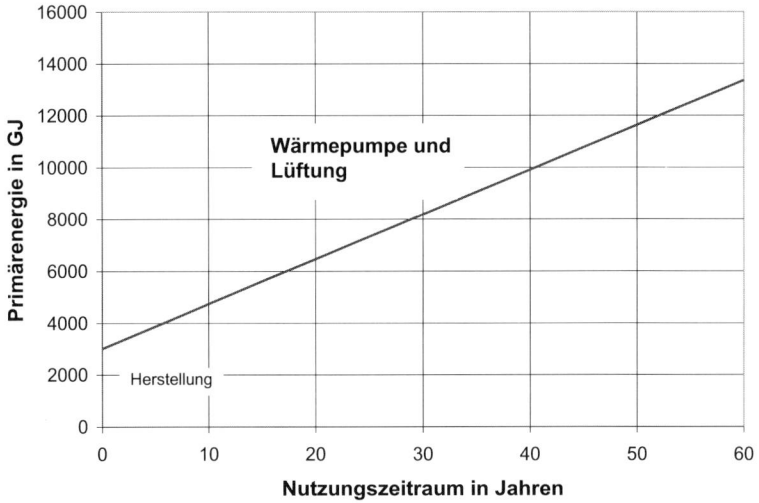

Abbildung 120: Primärenergieverbrauch (nicht erneuerbar) des Szenarios während des
Nutzungszeitraums von 60 Jahren

Es ist für die Nutzungsphase auch zu berücksichtigen, daß der Energieverbrauch für Warmwasserbereitung und Kochen sowie für Elektrogeräte (Beleuchtung, Kühlschrank, Waschmaschine etc.) in diese Betrachtungen nicht mit
einbezogen wurde.

Der Anteil der Nutzungsphase am gesamten Lebenszyklus ist dadurch eigentlich größer, als in Abbildung 120 dargestellt.

8 Zusammenfassung und Ausblick

Die grundlegenden Ziele des Forschungsvorhabens waren die Schaffung einer konsistenten Datenbasis bezüglich der Umweltbeeinfluß durch die Herstellung von Bauprodukten und die Entwicklung einer Methodik zur Bilanzierung von Gebäuden. Mit den im vorliegenden Forschungsbericht dargestellten Ergebnissen ist es nun möglich, die Bilanzierung kompletter Gebäude unter ökologischen Gesichtspunkten relativ rasch durchzuführen.

Eine Grundvoraussetzung für eine Anwendung der hier dargestellten Ergebnisse ist die Kenntnis der Grundlagen der Ökobilanz. Aus diesem Grund wurde der aktuelle Stand der Forschung auf dem Gebiet der Ökobilanzierung bezogen auf die Ganzheitliche Bilanzierung in den Bericht mit aufgenommen. Dabei wurde der Schwerpunkt auf die für die Forschungsaufgaben notwendigen Aspekte gerichtet.

Wie schon erwähnt, bildet eine konsistente Datenbasis eine weitere Grundvoraussetzung zur Bilanzierung von Gebäuden. Voraussetzung hierzu ist eine Vereinheitlichung bei der Erhebung von Daten. Hierzu wurden umfangreiche methodische Arbeiten durchgeführt und in [2] und [81] publiziert. Im Forschungsbericht sind Daten zu einer Vielzahl von Baustoffen aus dem Bereich Steine- Erden, wärmedämmende Produkte, Fenster und Heizsysteme dokumentiert. Darüber hinaus sind Daten zu Baustellenprozessen und Recycling enthalten. Somit sind die relevanten Daten zur Betrachtung von Lebenszyklen von Gebäuden vorhanden. Die Daten werden in digitaler Form der Projektgruppe im Softwaretool *Build it* bereitgestellt.

Die Tatsache, daß die Addition der Umwelteinflüße verursacht durch Einzelbaustoffe nicht notwendigerweise der Umweltbeeinfluß des Gesamtsystems Gebäude entspricht, erfordert eine Methodik zur Bilanzierung von Gebäuden. Um bewertende Aussagen treffen zu können, ist eine Analyse des Lebenszyklus unumgänglich. Die Umsetzung der Methode wird durch das Softwaretool *Build it* anwenderfreundlich gestaltet. Hier können nach dem Baukastenprinzip aus Regelkonstruktionen Gebäude entwickelt werden. Die Bauteile oder Regelkonstruktionen werden in die Kategorien Schichtaufbauten, Fachwerkaufbauten und Komplettbauteile unterteilt. Zusätzlich können Zusatzbauteile (z.B. Dachrinnen) integriert werden.

Von zentraler Bedeutung bei der Lebenswegbetrachtung von Gebäuden ist das Ziel der Herstellung von Gebäuden, die Nutzungsphase. Im Gegensatz zu anderen Produkten ist im Baubereich mit einer vergleichsweise langen Nutzungsdauer zu rechnen. Von wesentlicher Bedeutung ist der Einfluß der bereitgestellten Systemqualität auf die Nutzungsphase. Es hat sich gezeigt, daß die Anfangssystemqualität entscheidend für die Gesamtumweltbeeinfluß über den

Gesamtlebenszyklus ist. Effekte durch Nachbesserungen sind von geringerer Bedeutung.

Durch die Vielzahl der Wechselwirkungen und Stoffströme bei der Modellierung von Gebäuden ist eine computergestützte Anwendung unumgänglich. Aus diesem Grund wurde das Softwaretool *Build it* entwickelt. Hier sind die notwendigen Basisdaten hinterlegt. Darüber hinaus sind Bauteile enthalten die für den Fall von Neuentwicklungen modifiziert und ergänzt werden können. Ebenfalls enthalten sind die zur Verifikation der Methode betrachteten Beispielgebäude. Die Anwendung des Softwaretools wird im Forschungsbericht eingehend erläutert.

Die im Forschungsbericht dargestellten Ergebnisse ermöglichen es, ökologische Aspekte bei der Planung von Gebäuden zu integrieren. Ebenso ist eine Betrachtung von bestehenden Gebäudebeständen möglich. Darüber hinaus lassen sich die gewonnenen Erkenntnisse bei der Produktentwicklung anwenden. Die Anwendung setzt jedoch das notwendige Expertenwissen über die jeweiligen Konstruktionen voraus.

Die Anwendung der Ergebnisse erfordert eine integrierte oder ganzheitliche Planungsweise. Hierzu gibt es sicherlich erste Ansätze, die jedoch nicht in das Stadium einer verbreiteten Anwendung gelangt sind. Für eine verbreitete Anwendung sind Tools erforderlich, die auch Nicht-Experten ermöglichen, ökologische Aspekte in die Bauwerksplanung einfließen zu lassen. Hierzu sind Ansätze von einfachen Handlungsempfehlungen bis hin zu Expertensystemen oder einer CAD-Anbindung denkbar.

Eine Anwendung in Zukunft setzt auch eine Pflege der im Rahmen des Forschungsprojektes erhobenen Datenbasis voraus. Hierzu müssen die notwendigen Randbedingungen geschaffen werden.

Ein wichtiger Schritt für die Zukunft ist eine Anwendung in der Praxis, um die notwendigen Erfahrungen zu sammeln. Dies ist z.B. im Rahmen von Wettbewerben denkbar. Hier werden heute schon teilweise Aussagen von Ökobilanzen in der Ausschreibung gefordert. Dies setzt eine entsprechende Qualifizierung des Bearbeitenden voraus.

Auf einen Nenner gebracht, ist eine Anwendung der im Forschungsvorhaben erarbeiteten Ergebnisse der für die Zukunft wichtigste Schritt. Nur die Kenntnis der auftretenden Einwirkungen auf die Umwelt sowie deren Wechselwirkungen können eine Reduktion der Umweltbelastung bewirken. Voraussetzung dafür ist eine konsequente Anwendung und Berücksichtigung der Erkenntnisse aus diesem Forschungsprojekt.

Literatur und Quellen

[1]   **Eyerer P. et al.:** Ganzheitliche Bilanzierung – Werkzeug zum Planen und Wirtschaften in Kreisläufen. Buch. Springer Verlag Heidelberg 1996

[2]   **Kreißig, J.; Baitz, M.; Betz, M.; Eyerer, P.; Kümmel, J.; Reinhardt, H.-W.:** Leitfaden zur Erstellung von Sachbilanzen in Betrieben der Steine–Erden-Industrie, 1997.

[3]   **EN ISO 14040:** Umweltmanagement – Ökobilanz – Prinzipien und allgemeine Anforderungen, 1997

[4]   **EN ISO 14041:** Umweltmanagement – Ökobilanz – Festlegung des Ziels und des Untersuchungsrahmens sowie Sachbilanz, 1998

[5]   **ISO/DIS 14042:** Environmental management – Life cycle assessment – Life cycle impact assessment, 1998

[6]   **ISO/DIS 14043:** Environmental management – Life cycle assessment – Life cycle interpretation, 1998

[7]   **ISO TR 14049:** Illustrative examples on how to apply ISO 14041 – Life cycle assessment – Goal and scope definition and inventory analysis, 1998

[8]   **GaBi 2.0:** Software und Datenbank zur Ganzheitlichen Bilanzierung, IKP Universität Stuttgart und PE Product Engineering Dettingen/Teck, Februar 1996.

[9]   **GaBi 3:** Software und Datenbank zur Ganzheitlichen Bilanzierung, IKP Universität Stuttgart und PE Product Engineering Dettingen/Teck, 1998.

[10] **Schäfer, H.:** Fundamentals and methodology of investigating specific energy consumption. EG-Auftrag Nr. 145-74-ECIC, Brüssel 1974.

[11] **Müller-Wenk, R.:** Ein Vorschlag zur einzelwirtschaftlichen Sicht zur Realisierung einer umweltkonformen Wirtschaft. In: Wirtschaftspolitik in der Umweltkrise, Deutsche Verlags- Anstalt Stuttgart 1994, S. 268–286.

[12] **Hunt, R. et al.:** Resource and environmental profile analysis of nine beverage container alternatives. Midwest Research Institute, 1974.

[13] **Fink, P.:** Ökobilanzen – Grenzen und Möglichkeiten. GDI-Fachtagung Ökobilanzen, Gottlieb Duttweiler Institut, Rüschlikon/Zürich, 1992.

[14] **Boustead, I.:** Handbook of Industrial Energy Analysis. Ellis Horwood Ltd. Chichester, England 1979.

[15] **ENQUETE- Kommission „Schutz des Menschen und Umwelt" des Bundestages (Hrsg.):** Verantwortung für die Zukunft – Wege zum nachhaltigen Umgang mit Stoff- und Materialströmen, Economica Verlag, Bonn 1993.

[16] **Society of Environmental Toxicology and Chemistry (Hrsg.):** A Technical Framework for Life Cycle Assessment, SETAC Washington DC, Januar 1991.

[17] **Grießhammer, R. et. al.:** Entwicklung eines Verfahrens zur ökologischen Beurteilung und zum Vergleich verschiedener Wasch- und Reinigungsmittel. Band 1 und 2. Forschungsbericht 10206113, UBA FB 91-015. UBA Texte 16/91. Berlin 1991.

[18] **Frischknecht, R. et al.:** Ökoinventare für Energiesysteme – Grundlagen für den ökologischen Vergleich von Energiesystemen und den Einbezug von Energiesystemen in Ökobilanzen für die Schweiz, Zürich 1994.

[19] **Boustead, I.:** Association of Plastic Manufactures in Europe (APME): Eco-balance methodology for commodity thermoplastics, Brussels 1992.

[20] **Habersatter, K.:** Ökobilanz von Packstoffen 1990, Schweizerisches Bundesamt für Umwelt, Wald und Landschaft (BUWAL), Bern, 1991.

[21] **Fritsche, U. et al.:** Endbericht GEMIS (Gesamt-Emissions-Modell Integrierter Systeme) Version 2.0, Darmstadt, 1992.

[22] **Society of Environmental Toxicology and Chemistry (Hrsg.):** Guidelines for Life Cycle Assessment: A Code of Practice. SETAC Europe, Brussels 1993.

[23] **Kohler, N. et. al.:** Energie- und Stoffflußbilanzen von Gebäuden während ihrer Lebensdauer. BEW Forschungsprojekt, Schlußbericht, Karlsruhe 1994.

[24] **Arbeitsgruppe Ökobilanzen des Umweltbundesamt Berlin:** Ökobilanzen für Produkte. Bedeutung – Sachstand – Perspektiven. UBA Texte 38/92.

[25] **Umweltbundesamt (Hrsg.):** Methodik der produktbezogenen Ökobilanzen – Wirkungsbilanz und Bewertung. Forschungsbericht 10101102 UBA-FB 94-095 und 10101103 UBA-FB 95-034, Berlin 1995.

[26] **LCA-Nordic:** Technical Reports No 1–9, Tema Nord 1995:502, Nordic Council of Ministers.

[27] **US-EPA (Hrsg.):** LCA, Inventory Guidelines and Principles, EPA /600/R-92/245, February 1992.

[28] **Verein Deutscher Ingenieure (Hrsg.):** VDI-2243: Konstruieren recyclinggerechter technischer Produkte. VDI-Verlag: Düsseldorf, 1991.

[29] **Becker, A.:** Ganzheitliche Bilanzierung eines Einhandwinkelschleifers. Diplomarbeit am Institut für Kunststoffprüfung, Universität Stuttgart, 1996.

[30] **Scharai-Rad, M.; Zimmer, B.; Hasch, J.:** Grundlagen für Ökoprofile und Ökobilanzen in der Forst- und Holzwirtschaft, Deutsche Gesellschaft für Holzforschung (Hrgb.), München 1996.

[31] **Frühwald, A.; Scharai-Rad, M.; Hasch, J.; Wegener, G.; Zimmer, B.:** Informationsdienst Holz – Erstellung von Ökobilanzen für die Forst- und Holzwirtschaft. Deutsche Gesellschaft für Holzforschung (Hrgb.) München 1997.

[32] **Frühwald, A.; Scharai-Rad, J.; Wegener, G.; Zimmer, B.:** Informationsdienst Holz – Ökobilanzen Holz, Fakten lesen, verstehen und Handeln. Deutsche Gesellschaft für Holzforschung (Hrgb.) München 1997.

[33] **KrW-/AbfG:** Gesetz zur Förderung der Kreislaufwirtschaft und Sicherung der umweltverträglichen Beseitigung von Abfällen (Kreislaufwirtschafts- und Abfallgesetz vom 27.September 1994.

[34] **BGBl. III 2129-15:** 1. Gesetz über die Vermeidung und Entsorgung von Abfällen AbfG, vom 27. August 1986.

[35] **BGBl. III 2129-15-4:** Gesetz zur Bestimmung von Abfällen nach §2 Abs. 2 des Abfallgesetzes (Abfallbestimmungs-Verordnung – AbfBestV), vom 3. April 1990.

[36] **Braunschweig, A., Förster, R., Hofstetter, P., Müller-Wenk, R.:** Developements in LCA Valuation. Final Report of the project no. 5001-35066, Swiss National Science Foundation, Zürich/ St. Gallen 1995

[37] Internes Diskussionspapier zur Bewertung. IKP Universität Stuttgart, PE Product Engineering, ETH Zürich, 1996 (unveröffentlicht).

[38] **DIN/ NAGUS AA3/UA2:** Nationales Arbeitspapier, 1. Entwurf zum Positionspapier zu DIN ISO 14042, Wirkungsabschätzung und Bewertung, Februar 1996.

[39] **Houghton, L.G. et al.:** Climate Change 1994, Radiative Forcing of Climate Change and an Evaluation of the IPCC IS92 Emission Scenarios. Cambridge University Press 1995.

[40] **WMO (World Meteorological Organisation):** Scientific Assessment of Ozone Depletion 1991. WMO, Global Ozone Research and Monitoring Project - Report No. 25, 1992

[41] **Leeuw, F. de:** Assessment of the atmospheric Hazards and risks of new chemicals: Procedures to estimate „hazard potentials". National Institute of Public Health and Environmental Protection, 1993

[42] **Heijungs et al.:** Environmental life cycle assessment of products, guide and backgrounds LCA Centrum voor Milieukunde Leiden (CML), 1992.

[43] **Kreißig, J., Baitz, M., Betz, M., Eyerer, P.:** Land use in LCA – Requirements and possible solutions. Proposal to seventh annual Meeting of SETAC-Europe, 11 / 1996.

[44] **Baitz, M.; Kreißig, J.; Eyerer, P.:** A functional approach to characterise the change in the ecological quality of land use in LCA, SETAC 18th annual Meeting, San Francisco Nov. 1997.

[45] **Guinee, J. et al.:** LCA impact assessment of toxic releases; Generic modelling of fate, exposure and effect for ecosystems and human beings. (no. 1996/21) Centre of Environmental Science (CML) Leiden and National Institute of Public Health and Environmental Protection (RIVM), Bilthoven, May 1996.

[46] **Biet, J. et al.:** Ökobilanzen für Produkte: Bedeutung, Sachstand, Perspektiven. Umweltbundesamt Texte, Berlin 1992.

[47] **Bliefert, C.:** Umweltchemie. VCH Verlagsgesellschaft, Weinheim 1994.

[48] **BMU (Bundesministerium für Umwelt, Naturschutz und Reaktorsicherheit) (Hrsg.):** Konferenz der Vereinten Nationen für Umwelt und Entwicklung im Juni 1992 in Rio de Janeiro – Dokumente – Konvention für eine zukunftsfähige Entwicklung, Bonn 1992.

[49] **BUND, MISEREOR (Hrsg.):** Zukunftsfähiges Deutschland – Ein Beitrag zur global nachhaltigen Entwicklung. Studie des Wuppertal Institutes für Klima, Energie und Umwelt. Birkhäuser Verlag 1996.

[50] **Graedel, T.E.; Crutzen, P.J:** Chemie der Atmosphäre – Bedeutung für Klima und Umwelt. Spektrum Akademischer Verlag, Heidelberg 1993.

[51] **IPCC (Intergovernmental Panel on Climatic Change) (Hrsg.):** 1994 IPCC supplement. IPCC Secretariat, World Meteorological Organization, Genf 1994.

[52] **IPCC (Intergovernmental Panel on Climatic Change) (Hrsg.):** Climate Change 1995. The Science of Climate Change. IPCC Secretariat, World Meteorological Organization. MIT University Press, Cambridge 1996.

[53] **Saur, K.:** Bewertung zur Ganzheitlichen Bilanzierung. In: Eyerer, P. (Hrsg.) Die Ganzheitliche Bilanzierung – Ein Werkzeug zum Planen und Wirtschaften in Kreisläufen, Springer Verlag, Berlin 1996.

[54] **Saur, K.; Stichling, J; Wiedemann, M.:** Life Cycle Engineering – Methodological Framework, Reference and Teaching Manual. PE Product Engineering GmbH, Dettingen /Teck 1996.

[55] **Udo de Haes, H. (Hrsg.):** Towards a Methodology for Life Cycle Impact Assessment. SETAC Europe, Brüssel 1996.

[56] **Finkbeiner, M., Saur, K., Eyerer, P.:** „Does the Impact Category ODP relate to Stratospheric Ozone Depletion?"; Poster: 18th Annual Meeting of SETAC, 16.-20.11.1997, San Francisco, USA.

[57] **Enquete-Kommision des Deutschen Bundestages (Hrsg.):** Konzept Nachhaltigkeit – Fundamente für die Gesellschaft von morgen. Deutscher Bundestag, Bonn 1997.

[58] **EPA:** www.epa.gov/ozone/ods.html

[59]   **WMO:** Scientific Assessment of ozone Depletion 1994, WMO Global ozone Research and Monitoring Project – Report No. 37, UNEP, 1995.

[60]   **Bossel, H.:** Umweltwissen, Daten, Fakten, Zusammenhänge; 2. Auflage, Springer Verlag; Luftbelastungen;S.125 ff.

[61]   **Bossel, H.:** Umweltwissen, Daten, Fakten, Zusammenhänge; 2. Auflage, Springer Verlag; Gewässerbelastungen; S.133 ff.

[62]   **Odum, E.P.:** Fundamentals of Ecology. Saunders, Philadelphia 1971.

[63]   **Gebler, W.:** Ökobilanzen in der Abfallwirtschaft, Stuttgarter Berichte zur Abfallschaft, Bericht 42, 2. Auflage, Bielefeld 1992.

[64]   **Guineé, J.:** Data for the Normalisation step within LCA of products, CML Paper No. 14, Leiden 1993.

[65]   **Braunschweig, A.; Förster, R.; Hofstetter, P.; Müller-Wenk, R.:** Evaluation und Weiterentwicklung von Bewertungsmethoden in Ökobilanzen – Erste Ergebnisse, St. Gallen/Zürich 1994.

[66]   **Hrgb.:** Verkehrs- und Wasserwirtschaftsministerium der Niederlande (RIZA) u.a. (VROM): Drie referentieneveaus voor normalisatie in LCA, Niederlande 1997.

[67]   **Hrgb.:** Umweltbundesamt: Daten zur Umwelt, Der Zustand der Umwelt in Deutschland 1997, Berlin 1997.

[68]   **Stahl, B. et al.:** Ökobilanzen – Methodenentwicklung zur Bilanzierung und Bewertung der Umweltwirkungen von Prozessen und Produkten, Fraunhofer Institut Systemtechnik und Innovationsforschung, Karlsruhe 1997.

[69]   **Schmucki, D.:** Räumliche und zeitliche Betrachtung von Umweltschadstoffen, ETH Zürich, Schweiz 1996.

[70]   **Ankele, K.; Steinfeldt, S.:** Ökobilanz für typische YTONG-Produktanwendungen, Schriftenreihe des IÖW 105/96, Berlin 1996 ISBN 3-932092-01-5.

[71]   **N.N.:** BAUEN IN WEISS – Ökobilanz für den Baustoff Porenbeton und Porenbeton-Wandkonstruktionen. Arbeitsgruppe Porenstein im Bundesverband Kalksandsteinindustrie eV, 1997.

[72]   **Wagner, S.:** Ökologie und Ökonomie mit Hebel Porenbeton, Ökobilanz für das Hebel-Haus „Terra 108", 1996.

[73]   **Forschungsvereinigung Kalksandstein e.V. (Hrsg.):** Ökobilanz für den Baustoff Kalksandstein und Kalksandstein-Wandkonstruktionen, Forschungsbericht Nr.82, 1995.

[74]   **Scholz, R.; Jescher, R.; Fuchs, W.; Jennes, R.:** Umweltgesichtspunkte bei der Herstellung und Anwendung von Kalkprodukten, 1995.

[75]   **Bruck, M.:** D-A-CH Bericht, Ökobilanz Ziegel, Wien, 1996.

[76]   **Richter, K.:** Abschlußbericht über das BEW-Forschungsprojekt: Energie- und Stoffstrombilanzen bei der Herstellung von Wärmedämmstoffen, Dübendorf, 1995.

[77]   **APME (Hrsg.):** Association of Placstics Manufacturer in Europe, Eco-profiles of the European plastics industry, Report 4: Polystyrene, (2nd Edition), 1997.

[78]   **Süddeutsches Kunststoff-Zentrum (Hrsg.):** EPS-Partikelschaum, Unterlagen zu: Weiterbildungs- und Technologie-Forum Würzburg, 1997.

[79]   **Interdisziplinäre Forschungsgemeinschaft Kunststoff e.V. (Hrsg.):** EPS-Dämmstoffe, eine Lebenswegbilanz (Kurzfassung), Berlin 1993.

[80]   **Richter, K.; Brunner, K.; Bertschinger, H.:** Ökologische Bewertung von Wärmeschutzgläsern – Integraler Vergleich verschiedener Verglasungsvarianten, Dübendorf, Schweiz 1996.

[81]   **Kreißig, J.; Baitz, M.; Betz, M.; Eyerer, P.; Straub, W.:** Ganzheitliche Bilanzierung von Fenstern und Fassaden, IKP, Uni Stuttgart, 1998.

[82]   **Hutter, V., Saur, K.:** Ganzheitliche Bilanzierung von Heizsystemen und Ge-
        bäuden, (unveröffentlicht), PE Product Engineering, Dettingen/Teck, 1998.

[83]   **Knoflacher, H. M.; Tuschl, P.; Medwedeff, A.:** Die ökologische Standortbe-
        stimmung des in österreichischen Werken hergestellten Bindemittels Zement,
        Wien 1995.

[84]   **Bruck, M., Jasch, C., Tuschl, P.:** Handbuch für Ökologische Bilanzierung.
        Fachverband Stein- und Keramische Industrie Österreichs (Hrsg.), 1996.

[85]   **Karle, R.-G.:** Bilanzierung umweltrelevanter Daten bei der Gebäudeherstel-
        lung an einem Beispielbauwerk, Universität Stuttgart, Institut für Werkstoffe
        im Bauwesen, Diplomarbeit, 1996.

[86]   **N.N.:** PERI Handbuch, PERI GmbH, Weißenhorn 1995.

[87]   **Rathfelder, M.:** Moderne Schalungstechnik, Grundlagen, Systeme, Arbeits-
        weisen, Verlag Moderne Industrie, Landsberg Lech, 1992.

[88]   **BUWAL (Hrsg.):** Schadstoffemissionen und Treibstoffverbrauch von Bau-
        maschinen, Umweltmaterialien Nr. 23, Bundesamt für Umwelt, Wald und
        Landschaft, Bern Schweiz, 1994.

[89]   **Lünser, H.:** Ökobilanzen im Brückenbau: eine umweltbezogene, ganzheitliche
        Bewertung, Basel; Boston; Berlin: Birkhäuser-Verlag, 1999

[90]   **Hoffman; Kremer:** Zahlentafeln für Baubetrieb, 4. Auflagen Teuber Verlag,
        Stuttgart.

[91]   **Prognos AG (Hrsg.):** Energiereprot II. Die Energiemärkte Deutschlands im
        zusammenwachsenden Europa – Perspektiven bis zum Jahr 2020. Schäffer
        Poeschel Verlag, Stuttgart, 1996.

[92]   **Verein Deutscher Ingenieure (Hrsg.):** VDI Richtlinie 2078, Anhang 2.

[93]   **Kohler, G. (Hrsg.):** Recyclingpraxis Baustoffe, 2., aktualisierte und erweiterte
        Auflage, Verlag TÜV Rheinland, 1994.

[94]   **Fisch, N.:** Solartechnik I, Manuskript zur Vorlesung, Institut für Thermo-
        dynamik und Wärmetechnik, Universität Stuttgart, 1994/95.

[95]   **Hoffmann, R.:** Simulation der energetischen Nutzungsphase von Gebäuden
        zur Szenarioanalyse als Beitrag zur Ganzheitlichen Bilanzierung. Diplom-
        arbeit am Institut für Kunststoffprüfung und Kunststoffkunde (IKP) der Uni-
        versität Stuttgart, 1998.

[96]   **Pahl, G.:** Neues Marketing für Recyclingbaustoffe, Baustoffrecycling, April
        1998.

[97]   **N.N.:** Beton mit rezykliertem Zuschlag, DAfStb-Richtlinie, 12. Entwurf, Berlin,
        1998.

[98]   **Müller, Ch.:** Anforderungen an Werkstoffe für kreislaufgerechtes Bauen.
        Institut für Bauforschung der RWTH Aachen, Vortragsskript, 20. Aachener
        Baustofftag, 3. März 1998.

[99]   **Glitza, H.; Morgenroth, H.; Kwasny-Echterhagen, R.; Kolslowski, Th.:**
        Mauersteine in Plansteinqualität auf Basis von Ziegelsplitt und Braunkohle-
        asche, 13. Internationale Baustofftagung, Bauhausuniversität Weimar,
        24.-26. September 1997.

[100]   **Tebbe, H.; Hoffmann, S.:** Möglicher Einsatz von Recycling-Bims in der
        Leichtbetonherstellung zur Ressourcenschonung und Primärenergieeinspa-
        rung. Konsequenzen auf die Druckfestigkeit, Rohdichte, Wärme- und Schall-
        schutz und Auswirkungen auf die Ökobilanz (Energiebilanz) von Leichtbeton
        Mauersteinen. Forschungsbericht Nr. 9537, Materialprüfungs- und Versuchs-
        anstalt Neuwied, 1995.

[101]   **Eden, W.:** Herstellung von Kalksandsteinen aus Bruchmaterial von Kalksand-
        steinmauerwerk mit anhaftenden Resten von Dämmstoffen sowie weiterer

Baureststoffe, Forschungsbericht Nr. 9978, Forschungsvereinigung Kalk-Sand e.V., Hannover 1997.

[102]   **DINCERTCO Gesellschaft für Konformitätsbewertung:** Zertifizierungsprogramm: Richtlinien für die Erteilung einer Genehmigung zum Führen des DIN plus-Zeichens. Teil B: Besondere Bestimmungen für Porenbetonprodukte nach DIN 4165, DIN 4166 und DIN 4223 Berlin : DINCERTCO Gesellschaft für Konformitätsbewertung mbH, 1997.

[103]   **Weber, H.; Hullmann, H.:** Das Porenbeton Handbuch: Planen und Bauen mit System, 2. Aufl., Bauverlag, Wiesbaden 1995.

[104]   **Gänßmantel, J.:** Ökologische Aspekte von Putz- und Mauermörtel: Rohstoffe, Herstellung, Transport und Verarbeitung, S. 2.0703-2.0714 Weimar : Bauhaus-Universität, 1997. In: 13. International Baustofftagung, - ibausil -, Weimar , 24.–26. September 1997.

[105]   **Görisch, U.; in Kohler, G. (Hrsg.):** Recyclingpraxis Baustoffe, 2. aktualisierte und erweiterte Auflage, Verlag TÜV Rheinland, 1994.

[106]   **Brandrup, J.; Bittner, M.; Michaeli, W.; Menges, G.:** Die Wiederverwertung von Kunststoffen, Hanser Verlag, 1995.

[107]   **Andrä, H.P.; Schneider, R.; Henning, W.; Forster, C.:** Einsparung von Ressourcen im Hochbau, ecomed Umweltforschung Baden-Württemberg, Landsberg, 1995.

[108]   **N.N. Informationszentrum Beton:** Beton 1/95, Beton Verlag GmbH, Düsseldorf, 1995.

[109]   **Raichle, S.:** Recycling von Baureststoffen aus der Sicht der Ganzheitlichen Bilanzierung, Diplomarbeit, Institut für Werkstoffe im Bauwesen, Universität Stuttgart, 1998.

[110]   **Grübl, P.:** Baustoffkreislauf im Massivbau, Bauingenieur 72, Springer-VDI-Verlag 1997, 425–430

Stichwortverzeichnis